机组资源管理导论

陈东锋　籍尹超　张庆余　编著

国防工业出版社

·北京·

内 容 提 要

本书系统地介绍了机组资源管理训练的原理、内容及方法。全书共分五章：第一章，介绍机组资源管理训练的产生背景和历史发展；第二章，从事故致因理论、生理心理机制、安全管理原理等方面剖析机组资源管理训练的基本原理；第三章，围绕六项非技术能力介绍机组资源管理训练的主要内容；第四章，从训练实施的角度介绍机组资源管理训练的方式方法；第五章，从机组资源管理的角度针对典型案例进行针对性分析。

本书可用作飞行人员进行各类学习培训的理论教材，也可供部队飞行安全管理人员参考。

图书在版编目(CIP)数据

机组资源管理导论 / 陈东锋，籍尹超，张庆余编著.
—北京：国防工业出版社，2021.6
ISBN 978-7-118-12321-0

Ⅰ. ①机… Ⅱ. ①陈… ②籍… ③张… Ⅲ. ①航空运输管理-交通运输企业管理-研究 Ⅳ. ①F560.6

中国版本图书馆 CIP 数据核字(2021)第 103164 号

※

国防工业出版社出版发行
(北京市海淀区紫竹院南路 23 号　邮政编码 100048)
三河市德鑫印刷有限公司印刷
新华书店经售

*

开本 710×1000　1/16　印张 17¼　字数 311 千字
2021 年 7 月第 1 版第 1 次印刷　印数 1—1500 册　定价 89.00 元

(本书如有印装错误，我社负责调换)

国防书店：(010)88540777　　书店传真：(010)88540776
发行业务：(010)88540717　　发行传真：(010)88540762

前　言

自航空器诞生以来，飞行安全就一直成为人类航空活动的主题。在艰苦卓绝的实践过程中，人们对飞行安全特点规律的认识不断深化，并形成了一系列保证飞行安全、提高飞行效率的思想、理论、方法与手段。近年来，随着航空技术的发展、航空器控制自动化程度的提高，飞行训练与飞行安全管理也随之发生革命性变化。在此背景下，重视机组资源管理训练成为世界军民航领域飞行安全管理的重要思想与方法。

善于学习的中国航空人秉持开放理念，一直在学习研究机组资源管理训练。尤其是经过长期实践摸索，中国军民航领域形成了自己的优良传统和一整套相关成熟经验做法，这些传统与做法和外军的机组资源管理训练在许多方面都具有一致性。例如，实现飞行生训作管理的标准化、程序化与精细化，注重集体协作力，强调整体大于个体，关注人的因素，强调人的态度与行为，强调飞行人为差错管理和细节管理等。

但是，由于机组资源管理训练起源于西方发达国家，受文化、语境、体制等多种因素影响，机组资源管理训练自进入中国以来，在推广应用方面并非一帆风顺。有些飞行员或组训单位甚至对学习运用机组资源管理产生怀疑、诟病或无所适从，导致各类问题的原因，主要包括如下几个方面。一是没有吃透机组资源管理训练的实质内涵，尤其对飞行人因工程相关基础背景知识不了解、不掌握。二是没有用中国人或中国军人自己的语言表达出机组资源管理的精髓要义。语言是思维的外衣，如果仅靠支零破碎地翻译国外资料，势必难以完整准确地表达出机组资源管理的理论体系。三是没有将机组资源管理训练的思想与中国实际相结合。指导思想与训练体制不同，保证飞行安全的具体做法就必然有所差别。如果照搬照抄，势必无法解决自身的问题。最后，还是空喊"培养飞行员良好习惯"的口号，使非技术能力培养缺乏应然的知识、路径和方法。

本书作者在学习借鉴外军、民航机组资源管理的基础上，结合多年教学科研经验，力图系统全面地阐述机组资源管理训练的理论基础、目的要求和方法手段，同时辅以案例分析。全书内容丰富、结构严密、论述清晰，为飞行员或飞行组训人员开展非技术能力训练提供了一本教材和指南。

本书得到了中国博士后科学基金项目"基于直觉模糊图论的飞行安全风险耦合机理研究"(项目编号:2013M531755)、国家自然科学基金项目"基于直觉模糊集理论的飞行安全评估方法研究"(项目编号:61102120)、吉林省青年科研基金项目"基于直觉模糊事件树的飞行安全风险分析方法"(项目编号:20130522168JH)的资助,在此致以深深谢意。

虽然作者对于编著工作是严肃认真的,但受时间限制以及作者水平有限,书中难免有疏漏之处,恳请广大读者批评指正(作者信箱:31005632@qq.com)。

编著者
2020年10月

目 录

第一章 绪论 ... 1
- 第一节 基本概念 ... 1
- 第二节 产生背景 ... 9
- 第三节 历史发展 ... 14
- 参考文献 ... 19

第二章 基本原理 ... 20
- 第一节 飞行事故致因机理 ... 20
- 第二节 飞行中人为差错的特点、分类与防控策略 ... 37
- 第三节 飞行中人的个性心理特征与局限 ... 46
- 第四节 飞行中人的心理认知过程特点与局限 ... 64
- 第五节 高度对生理的影响 ... 73
- 第六节 加速度对生理的影响 ... 87
- 第七节 空间定向障碍 ... 95
- 第八节 睡眠、失眠与生物节律 ... 110
- 第九节 飞行精力自我管理 ... 114
- 第十节 飞行安全组织管理 ... 119
- 参考文献 ... 126

第三章 核能力 ... 128
- 第一节 情景意识 ... 128
- 第二节 判断决策 ... 140
- 第三节 交流 ... 153
- 第四节 领导与协作 ... 165
- 第五节 工作负荷与应激管理 ... 173
- 第六节 任务规划 ... 206
- 参考文献 ... 221

第四章 训练实施 ... 223
- 第一节 训练阶段、方式与内容 ... 223

第二节　训练方案制定 ··· 225
　　第三节　常用工具 ··· 226
　参考文献 ·· 234
第五章　典型案例 ·· 235
　　第一节　1977年荷兰航空与泛美航空特内里费空难 ············· 235
　　第二节　1978年美联航DC-8飞机重大飞行事故 ················· 241
　　第三节　2000年新加坡航空B747飞机特大飞行事故 ············ 242
　　第四节　1995年美国航空B757飞机特大飞行事故 ··············· 245
　　第五节　2001年意大利米兰机场MD-87飞机特大飞行事故 ···· 253
　　第六节　1989年飞虎航空B747飞机重大飞行事故 ··············· 255
　　第七节　2002年俄罗斯巴士基尔航空乌伯林根空难 ·············· 256
　　第八节　2009年全美航空A320飞机飞行事故 ····················· 258
　　第九节　1988年伊朗航空655号班机空难 ·························· 260
　参考文献 ·· 269

第一章 绪 论

机组资源管理(crew resource management)与座舱资源管理(cockpit resource management),都简称为CRM,首见于文献已有约40年的历史。学习、研究与实践CRM已成为各国军民航保证飞行安全的重要思想和方法。要准确把握机组资源管理的内容、方法、标准和要求,首先要深刻理解相关的基本概念以及产生背景与历史发展。

第一节 基本概念

安全是人类自古以来就面对的一大课题,它既是人们使用最多的词语之一,也是构建安全理论和从事安全工作的逻辑起点。在飞行安全领域,与之相关的基本概念还包括人为因素、人为差错等。

一、飞行安全

长期以来,人们一直认为安全和危险截然不同、相互对立。在日常生活与工作中,危险是指可能导致人员受伤、设备受损或不能完成预定功能的状态或事物。任何可能导致人员受到伤害,或者系统、设备、财产或环境受到破坏的条件或事物,都可称为危险源。

为了定性或定量评价危险会用到风险的概念。风险是指发生危险后果的可能性和严重性的综合描述,其基本意义包含未来结果的不确定性和损失。不确定性表明,当风险存在时,至少有损失和无损失两种可能的结果,只是无法确定哪种结果将出现。损失表明,后果中有一种可能性是不尽如人意的,如经济损失、人员伤亡、设备损坏、人的精神或心理方面痛苦等。

风险的大小可用下式表示,即

$$R = P \times S \tag{1-1}$$

式中　R——风险;

　　　P——危险发生的可能性(可用概率表示),指某种危险事件发展为事故的可能性;

S——危险的严重性,是对某种危险状况发生后可能导致的最严重后果的估计。

对可能性与严重性的等级划分应根据实际情况而定,划分越细致,对评价者的认知要求就越高,评价起来也就越费时费力。例如,危险发生的可能性(概率)可以分为频繁、很可能、有时、极少、不可能 5 个等级,危险的严重度可分为灾难性的、严重的、轻度的、轻微的 4 个等级。

安全和生产是人类生存和发展的两大根本性问题,安全一词的内涵以及概念的演变反映出人们基本的安全观。古人云:无危则安,无损则全,无危无损,谓之安全。《现代汉语词典》对安全的解释是:"没有危险,不受威胁,不出事故。"《韦氏大辞典》对安全的定义是:"没有伤害、损害或危险,不遭受危害或损害的威胁,或免除了危害、伤害或损失的威胁。"2005 年版的《中国空军百科全书》将飞行安全描述为:在训练和任务飞行活动中,无人员伤亡,没有航空器或地面设施损毁。飞行安全是飞行员素质、航空器品质和各种飞行保障质量在飞行活动中的综合反映。衡量飞行安全成效的基本标志,是在一段时间内没有发生飞行事故或严重飞行事故概率在规定的范围内。上述安全概念,反映出"安全就是不发生事故"的安全观。此外,关于安全内涵的理解,还存在如下几种观点,"安全就是摆脱危险源,即摆脱导致或可能导致伤害的因素""安全就是遵章守纪""安全就是避免差错""安全由每个人对不安全行为或状况的态度决定"等。

事实上,安全是人们通过对系统的危险性和允许接受的限度相比较而确定的[1],是主观认识对客观存在的反映,这个过程可通过图 1-1 进行说明。美国安全工程师学会编写的《安全专业术语词典》和《英汉安全专业术语词典》(中国标准出版社,1987)中,对安全的定义是:安全意味着可以容忍的风险程度。这一定义包含 3 层意思:一是人对系统的主观认识;二是可以容忍的风险标准;三是人对系统的主观认识结果与可以容忍的风险标准的比较分析过程。

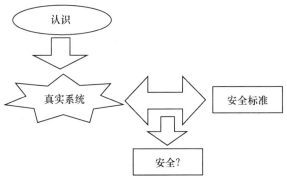

图 1-1 安全的认识逻辑过程

航空安全是航空领域的永恒主题,但凡飞行事故发生,很多情况都是机毁人亡,因此人们感觉飞行很不安全。其实,真实的情况并非如此。图1-2是美国某年的事故伤亡人数统计图。根据其中的数据可知,一年内因空难导致的死亡人数是110人,这与电击、蜜蜂叮咬导致的死亡人数相当,而人们常用的汽车、摩托车每年导致的死亡人数高达4万多人,所以飞机依然是最安全的交通工具。

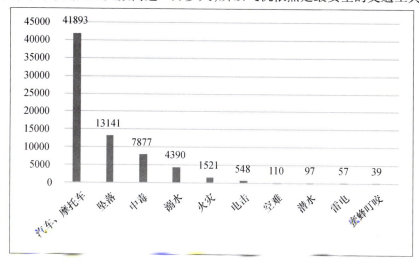

图1-2 不同类型事故伤亡人数统计

围绕什么是安全,如何衡量安全,一代又一代的航空人进行了不懈探索。根据2013年国际民航组织发布的《安全管理手册》(第3版),安全的定义是:安全是一种状态,即通过持续的危险源识别和风险管理过程,将人员伤害或财产损失的可能性,降低并保持在可接受的水平以下。这与传统上用事故描述安全概念的做法有本质区别,其特征主要表现在以下几个方面。

第一,安全是一种状态,不能简单用有无事故来衡量安全状况。国际航空界强调,在未出现伤亡、没有航空器或地面设施损毁的情况下,安全状态不一定好。

第二,安全是可控的,危险源识别和风险管理是保证和控制安全的基本方法和途径,这一过程处理好了,保证安全就是必然的结果。危险源是指可能导致不安全事件的某一个条件或事物。科学地讲,危险源是客观存在的,没有危险源的系统是不可能的,任何系统只要运行就必然面临风险。从结果来讲,只有各种条件的叠加,也就是危险源被触发,后果才能表现出来。安全工作的根本目的就是通过积极主动的行为,发现危险源、控制危险源,决不能等酿成后果才去被动处理。

第三,危险源识别和风险管理必须是"持续的",安全工作不存在阶段性,这是国际航空界提出的持续安全观念的理论基础。

第四,安全是发展、相对、动态的,风险是客观存在的,没有绝对的安全,凡是"安全"的系统也仅仅是其内在风险是可接受的。飞行活动实施过程中,装备、人员、环境等因素都在不断变化,风险是常态,没有"零风险""零隐患"。安全的标准即可以接受的水平,是一种人为设定的标准,是客观存在的标准;安全是一种不依人的主观感觉为转移的状态,并不包括主观感受的安全感。

二、人为因素

人为因素的英文是 human factors,在翻译成中文时有人为因素和人的因素两种表述方法。根据国际民航组织的建议(ICAO Circular227,1986),飞行中人的因素(human factors in flight)可定义为:关于人的科学。其研究的范围涉及航空系统中人的一切表现,它常用系统工程学框架,通过系统地运用人的科学知识,以寻求人的最佳表现。它的两个相互关联的目的是飞行安全和效益。关于这一定义,可从如下几个方面进行理解。

(1) 飞行中人的因素是研究航空活动中人的表现的科学。人的因素是研究人的机体和本性,人的机能和限制以及人在单独工作、与团队一起工作时的行为,其研究内容包括生命件与硬件、生命件与软件、生命件与环境、生命件与生命件之间的关系界面。在现代航空活动中,人、飞机、环境是构成航空系统的 3 个最主要的因素。无论航空器多么先进,自动化程度多么高,"人"始终是航空活动的主体。飞行中人的因素的研究重心正是侧重于航空活动中的人。人是系统的核心,是最关键的要素,其他要素必须与人的特征相匹配。

(2) 系统工程学是人的因素分析问题、解决问题的常用工具和手段。系统工程学于 20 世纪 40 年代产生于美国,70 年代初初步形成。它以系统为研究对象,用定量化的思想和方法来处理大型复杂系统的各种问题,其最终目的是使系统的整体效益达到最佳。由于飞行中人的因素的研究范围极其广泛,各种因素错综复杂地交织在一起,从客观上构成了一个复杂的大型系统。要解决大型复杂系统的问题,必须借助于系统工程学的思想和方法。

总体最优及平衡协调是系统论的基本观点。飞行中人的因素研究利用系统工程学的观点、方法,对系统中存在的安全隐患进行定性、定量的分析和评估,有针对性地采取措施,优化人与系统的界面,预防事故发生。对于每一起飞行事故,不管是大的事故还是小的事故征候,都应该看作系统漏洞导致的结果,而不应该仅仅看作个人的错误。

层次性是系统的基本属性。飞行中人的因素强调从个体、团队、组织 3 个层次理解人的能力与局限。从要素到系统,人的因素涉及个体、团队以及组织 3 个层次。一改以往航空领域人的因素教材过多专注于个体的性格和行为,本书系统地从个体、机组和组织3个层次上解释人的行为。

(3) 航空飞行系统是复杂社会技术系统。20世纪60年代初,英国Tavistock研究所的研究人员提出了社会技术系统(socio-technical systems)的概念与理论。从系统科学的观点看,这类系统又是由技术设施、人、组织三类元素构成。各类元素相互作用构成复杂的功能结构。这类系统积聚着巨大的能量,一旦发生事故,不仅人员伤亡及直接经济损失惨重,而且会造成超出自身范围的巨大不良社会影响。这种不良社会影响,不仅表现为巨大的社会恐慌,还可能引发公众对一切科学技术及其产物的不加区别的、强烈的否定态度,从而阻碍科学技术的发展及应用。经验还证明,在这类复杂社会技术系统中发生的危及安全的事件,往往都包含技术设施、人、组织三类元素的作用。

社会技术系统泛指那些技术密集和资金密集、积聚能量巨大的工业组织,又称复杂社会技术系统(complex socio technical systems),如核电、航天、航空、化工和石油化工等。这类系统往往率先应用科学技术发展的最新成果,自身积聚了巨大能量,因此,也称为高风险组织(high risk organization,HRO)、高可靠性组织(high reliability organization,HRO),其安全运行是企业效益和社会效益的根本保障。

飞行中人的因素强调其研究对象是由人和技术构成的复杂系统,具体要素涵盖飞行员的选拔、飞行训练、飞行程序、装备设计、训练监督、工作条件以及安全文化等多方面情况,这类系统是典型的复杂社会技术系统。从复杂性科学的角度出发,安全可以看作在一定环境下系统元素相互作用而产生的涌现(emergent)特性,而涌现特性受到与系统元素行为相关的约束(constraint)的控制或强制。相应地,事故致因中除了故障和人失误之外,还有元素之间非功能性的相互作用(dysfunctional interactions)。系统元素之间非功能性相互作用引起的事故称为系统事故(system accident),系统事故的发生是由于缺乏适当的控制来约束元素之间的相互作用。相应的安全理念是,防止事故需要辨识和消除或者减轻系统元素之间的不安全的相互作用,在系统开发、设计和运行过程中加强控制和强化有关的安全约束。

(4) 飞行中人的因素的最终目的是飞行安全和飞行效益。它通过研究与人构成界面的各个要素之间的相互关系、人自身的优势和局限,以寻求各个要素(硬件、软件、环境以及其他人)与飞行员的最佳匹配,使航空系统的整体效益达到最佳。通过研究人的错误的性质、类型和来源,从而寻找预防与克服人的错误的措施,最终达到保障飞行安全,提高飞行效益的目的。

三、人为差错

安全领域将人的行为划分为安全行为和不安全行为。不安全行为是指那些背离组织或行为主体意图或预期的行为(包括作为和不作为)。按照动机和意图的不同,不安全行为可划分为差错和违规。违规是指偏离既定规章、程序、标准或惯例的故意行为。差错是指导致背离组织或个人意图或期望的操作者的非故意行为。

四、机组资源管理

CRM最初是指"座舱资源管理",后来发展为"机组资源管理",与之相关的名称概念还包括航空决策(aviation decision making)、航空资源管理(aviation resource management)、机组领导能力与资源管理(crew leadership/resource management,CLR)、人为表现改善(human performance enhancement,HPE)和飞行操作资源管理(flight operations resource management,FORM)等。自诞生之日起,CRM就以座舱内的人际关系、机组人员交流决策技能和工作任务分配为重点,以改变机组人员的行为模式为目的,其本质特征包括:强调群体人员之间的相互作用,而不是个人技术的胜任或个体技术的简单累积;通过训练教会机组成员在正常情况下和高工作负荷以及高应激情境下维持机组整体效益的行为;教会机组成员使用提高机组效益的个人和集体领导艺术;通过训练为机组成员综合性实践他们飞行中的角色技能提供机会。

综上所述,给出CRM的如下定义:CRM是以转变机组人员行为模式为出发点,以情景意识、任务规划、领导与协作、沟通交流、判断决策、工作负荷与应激管理等为重点要素,有效利用信息、设备、人力、时间、精力等资源,识别应对风险、预防纠正差错、发现处置应急情况,以达到安全、高效、舒适飞行目的的方法。

根据上述分析,驾驶舱/机组资源管理这一概念可进行如下分解:座舱是飞行人员的操作空间,而机组不仅包括座舱内的飞行人员,还包括机务维护、空中交通管制和地面指挥以及其他有关人员。管理是指为提高飞行安全和效率,机组人员有效地运用飞行"人—机—环境—管—任务"系统中的一切可用资源的过程。资源则包括涉及飞行任务的一切硬件、软件和人员,如个人专业技能、机组集体表现、飞机系统、飞行程序、文件资料、规章、时间、飞行员、乘客、其他有关人员等。概括起来可分为人力资源、设备资源、信息资源和易耗资源四类。

1. 人力资源

20世纪初期,美国心理学家威廉·詹姆斯曾指出:一个普通的人,只运用了能力的10%,还有90%的潜力;美国学者玛格丽特·米德也在1964年指出,人的能力只用了6%,还有94%的潜力。20世纪70年代开始,美国众多管理人员开始提出:"人是一种可以发展的资源""人是一种能开发的,比其他任何资源都要重要的资源"[2]。从这种观点出发,对人力资源生产、开发、配置、使用等诸环节进行的目标管理称人力资源管理。这些目标涉及人员的工作能力和工作绩效,包括飞行人员的飞行技能、交流技能和团体协作技能等。

2. 设备资源

设备资源包括飞机与机载设备以及其他地面设备,又称为硬件资源,如通信设备、状态显示器、安全辅助系统等。设备资源是对人力资源的扩充,通过充分运用可使飞行更安全、更高效。

3. 信息资源

信息资源又称为软件资源。现代人机系统中,操作者的体力负荷越来越少,而对信息加工的要求和人的心理负荷则越来越大。在飞行过程中,飞行员通过获取信息建立情景意识,信息涉及飞行员有效计划和决策所需的所有来源,包括飞行手册、检查单、飞机手册、性能手册、飞行员操作手册、航图、机场细则等。显然,不可靠的情报、不良的计划、无效的交流都会影响安全,因此,信息应具备真实、有效和及时等特性。

4. 易耗资源

易耗资源是指在飞行过程中的消耗品,如燃油、人的精力以及时间等,这些资源数量有限、非常昂贵。其中,人的精力和时间是一种无形资源,如果飞行员身体疲劳、心力交瘁,显然会影响飞行安全。此外,时间作为一种重要资源,对于离场、进近、等待以及应急情况具有重要意义。因此,对飞行资源进行科学管理成为每名飞行员应该不断磨练的技能。飞行员应该时刻关注这些资源的使用情况、任务需要多少、现在有多少、够不够用、怎样有效使用等。

机组资源管理是关于在飞行环境中个人与团队相互协作的方法论,它是时代发展的必然产物,最终目的是减少或避免飞行人为差错。机组资源管理的本质特征包括如下几个方面。

(1) 侧重于群体相互作用的飞行机组功能,而不是个人技术上的胜任能力的简单叠加。

(2) 训练应该为空勤人员综合实践他们在飞行中的角色技能提供机会。

(3) 训练教会空勤人员怎样使用有助于提高机组整体效益的个人和集体领导艺术。

(4) 训练教会空勤人员在正常情况下和高工作负荷以及高应激环境下能维持机组整体效能的行为。

关于上述"资源",飞行人员需要澄清如下几点。

(1) 资源可能在驾驶舱内,也可能在驾驶舱外。

(2) 机型、课目、航线、任务不同的情况下,资源会有较大差异。飞行人员必须针对不同任务熟知相关资源,这是管理好这些资源的前提。

由于对机组资源管理的概念在不同国家和不同航空组织中存在一些误解,国际民航组织曾经指出关于机组资源管理的正确与不正确的概念,如表1-1所列。

表1-1 机组资源管理概念对比分析

正确的机组资源管理概念	关于错误机组资源管理概念的澄清
CRM是改善机组表现的综合系统	CRM不是独立于其他训练活动的某个单一系统
CRM适用于所有飞行员和所有机组	CRM不是针对个别飞行员进行训练的特殊形式
CRM可以延伸到所有形式的飞行训练中	CRM不是针对部分飞行员的特别训练系统
CRM侧重于飞行员的态度和行为以及对飞行安全的影响	CRM不是企图指挥驾驶舱行为的固定管理模式
CRM为飞行员提供检验其行为的机会	CRM不是局限于讲座等形式的课堂教学
CRM将机组作为一个单元进行训练	CRM不是速成技能

五、非技术能力

飞行员的能力素质可分为技术能力和非技术能力两个方面。技术能力是指飞行员操控和驾驶飞机的能力,即传统意义上的"杆舵"技能。非技术能力是指飞行员的本性素质和把握外部环境的能力。本性素质包含飞行员的生理状况、精神意志、思维情感,以及注意、观察、理解能力等所有内在品质。把握外部环境能力包含飞行员对工作生活环境的适应力、人际关系的调节力、法规制度的认知力、职业道德的趋向力、个体行为的约束力等。随着信息化武器装备的更新换代、战争形态和作战样式的深刻变化,飞行员的非技术能力成为影响部队战斗力建设的关键环节和导致飞行事故的主要原因。影响非技术能力的因素涉及生理、心理、环境、压力、家庭、政治政策以及精神文化等方面,这些因素互为条件、相互作用,共同构成并影响飞行员的非技术能力。

显然,机组资源管理能力训练关注的不是飞行员的技术能力及其相关知识,而强调的是飞行员的认知与人际技能。这些技能与飞行技能相互关联,密不可分。它们不仅适用于机组或群体,对于单座的战斗机飞行员同样适用。

一项关于F-16战斗机飞行员飞行核心胜任能力的测试研究表明,飞行员的核心胜任能力包括飞行任务规划、飞行战术、战斗战术、武器处理、信息管理、计划外情况处理和讲评等,其中管理技能、团队合作、情况评估和决策制定四类非技术技能是六项任务基本能力中可靠和有效的绩效预测指标。这也证明了技术和非技术技能之间的密切关系,同时也表明这两种技能的培训应该更好地整合而不是有先后和主次之分。

第二节 产 生 背 景

机组资源管理是国际军民航领域在研究和解决飞行安全实际问题中产生和发展起来的,其发展背景可以从航空技术、飞行训练和安全管理3个方面进行分析。

一、航空技术的发展

自从计算机出现后,人机工效学迅速发展,飞机的信息装置已占成本的50%~60%,"一杆两舵"的技术只能覆盖现代化飞机对人需要能力的25%。飞机的可靠性提高,而人的可靠性相对不稳定,飞行员的选拔从重视体能到重视智能,从重视生理到重视心理,飞行员的训练也从重视个人技术到重视整体协调转变。从20世纪70年代到80年代,人类发生了几次惨痛的事故,如1977年西班牙特内里费岛飞机相撞事故、1984年印度博帕尔毒气泄漏事故、1986年美国"挑战者"号航天飞机爆炸事故、1986年苏联切尔诺贝利核电站爆炸事故。通过分析表明,这些事故都涉及由技术、设备、人以及组织等要素构成的复杂社会技术系统。1990年,英国曼彻斯特大学的心理学家Reason总结了这种复杂系统的4个新特征。

(1) 系统越来越自动化。自动化是鉴于人的可靠性不如技术设备高和稳定而采用的措施。不幸的是,许多系统的自动化并未减少或控制人为差错的发生。相反,人为差错发生的可能性及影响却更大了。

(2) 系统越来越复杂和危险。这一特征与追求自动化的倾向相关联。小的技术失效或人为差错对系统的威胁比以往更大了。

(3) 系统越来越不透明。操作者的行为可能对系统产生什么效应,以及通过哪些功能子系统发生这种效应,都不为操作者和管理者直接感知。这给系统的安全控制和监管带来更多困难。

(4) 系统防御技术越来越多。为防止技术失效和人误对系统运行安全的威胁,系统设计普遍采用了"纵深防御(defense-in-depth)"思想,即增加系统的冗余性和容错性。

由于复杂系统的这些新特征,事故的因果关系发生了很大改变。任何技术失效或人为差错只是事故的必要而非充分条件。只有多种人为差错或技术失效的发生在时间上重合,才可能共同引发事故。

飞机的自动化改变了对飞行员身体、心理和技能的要求,事实证明,好的机组仍然会犯错并导致事故发生。法国工效学家 Amalberti 分析了民用航空和军用航空飞行事故,指出被忽略的两种组织错误。一个是自动化条件下的不充分的培训。飞行器自动化本身增加了飞行员的负荷,降低了警觉。另一个组织错误是航空组织中不健康的文化和气氛。飞行事故往往同地面的空中交通指挥人员同飞行员之间的理解和沟通很差相关联。反权威、冲动、不情愿、屈从外部控制等有害态度和气氛常常危及飞行安全。

显然,随着航空技术越来越先进,航空器控制自动化程度越来越高,飞行过程的控制方式由传统的以"操纵"为主转变为"监视—决策—控制"为主,这对机组的综合能力提出了更高要求。因此,在重视飞行技术知识与操纵技能培养的同时,应该强调飞行人员的机组资源管理训练。

二、传统飞行训练的不足

莱特兄弟发明飞机之际,飞机只是个简单装置,飞行员只能眼见、耳闻、四肢操作,依靠人的勇敢和体力。早期飞行员的选拔只要求身体合格,飞行员训练也偏重于与操纵杆和脚舵相关的技术。但航空事故调查表明,在多人制机组运行过程中,大部分事故与事故征候都涉及沟通不畅、团队决策不妥当、领导不胜任、情景意识下降或丧失、工作负荷分配不均和运行资源管理不当等问题[3]。究其根本原因,传统飞行训练的重点在于培养驾驶员的技术能力,主要体现为关注技术知识与操纵技能,偏重于个体的表现,同时认为个体表现的熟练程度和技术水平代表机组整体的熟练程度和技术水平,对于心理状态控制、团队集体决策、共同工作效率的提高等 CRM 能力的培养明显不足或缺失。

20 世纪 70 年代,美国国家航空航天局(national aeronautics and space administration,NASA)的研究结果表明,飞行事故的原因之一是飞行员缺乏领导、交流和机组管理方面的训练,而且大多数问题不是因为缺乏技术知识或技术技能,而是由于资源管理差。出错率高的机组人员在交流、安排工作重点、分担工作负荷等方面能力较差,而出错少的人员则在资源管理方面能力较强。

三、安全管理重点的变化

不同历史时期飞行事故发生的原因不同,导致飞行安全管理的重点随之发生转移。根据安全管理重点的不同,飞行安全的发展历史可分为 3 个时代,如图 1-3 所示。

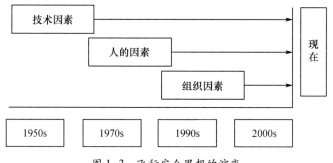

图 1-3 飞行安全思想的演变

1. 技术因素

第二次世界大战前后一直到 20 世纪 70 年代的早期,航空业称为"技术时代",安全的思想主要与技术因素结合在一起。航空业逐渐成为大规模运输行业,但是支持航空运行的技术仍然薄弱,技术故障往往是安全事故的原因。因此,安全方面的努力集中在调查和改进技术上,如飞机设计、发动机与仪表设备的改进等。一个典型的例子[4]是:19 世纪 50 年代,美国海军航空母舰由轴向飞行甲板改进为斜角甲板(图 1-4),从而让在舰首起飞的飞机与舰尾着陆的飞机保持不同的飞行方向,进而避免飞机相撞。

到了近现代,航空安全技术已经有了突飞猛进的发展,突出表现在航空安全信息系统、航空救生、空中危险接近预警及防相撞、飞行品质监控、航空安全风险预警等领域。目前,国际民航和各成员国均在航空安全信息领域进行了信息共享,建立了信息报告共享机制和信息管理系统。从 1975 年美国联邦航空局首次组织建立航空安全信息报告系统开始,安全信息得到航空界的重视,涵盖飞行事故、事故征候、自愿报告、超限事件、鸟撞、危险接近、风险管理等多样化的航空安全信息系统,为航空安全提供了数据支持。机载防撞系统可显示飞机周围的情况,并在需要时提供告警,同时帮助驾驶员以适当机动方式规避危险,这些都有助于避免灾难性事故的发生。飞行品质监控是对飞行数据记录器在飞机飞行中记录的一系列飞行数据进行科学分析,以发现安全隐患、提高飞行操作的安全性、改善空中交通管制程序、指导机场与飞机的设计与维护。

2. 人的因素

从世界航空安全历史发展趋势看,飞行事故万时率总体呈下降趋势,早期下降较明显,后期下降缓慢。其中人的因素导致事故的减少与装备和环境因素导致事故的减少并不同步,人的因素导致的事故下降要缓慢得多。特别是 1990 年以后,这种不同步下降趋势更加突出,人的因素相关事故所占比例持续增大,从早期的 30%~40% 逐步上升到 70% 以上;装备和环境因素相关事故所占比例从

图1-4 早期航空母舰飞行甲板角度的改进

早期的60%~70%逐步下降到30%以下,如图1-5所示。各项事故调查报告的更为详尽的统计表明,在各种飞行事故的主要原因中机组占主导地位,如图1-6所示。

美国空军对早期600起空中危险接近事件原因进行统计分析,其中86%发生在能见度大于9km的昼间简单气象条件。俄罗斯空军70%~80%的飞行事故原因是人为差错,其中非应急状态下人为差错导致的飞行事故占69%。这些数据都在证实,大多数飞行事故都是人的低级错误导致的,人为差错已成为危及世界航空安全的主要因素。

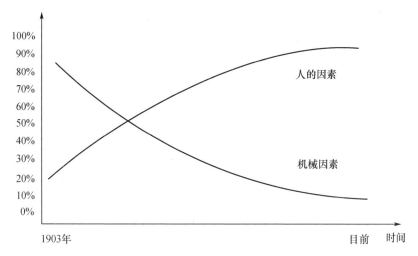

图1-5 飞行事故原因随时间变化情况

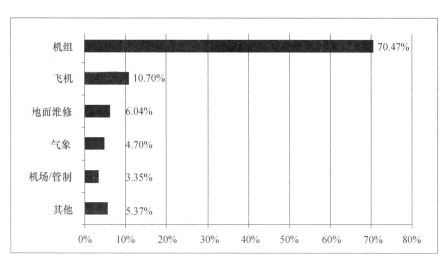

图1-6 波音公司关于1988年至1997年民航整机失事事故原因统计

20世纪70年代早期,随着喷气式发动机、雷达(空中和地面的)、自动驾驶仪、飞机控制仪的采用,技术进步改进了导航和通信能力,空中和地面提升航空绩效的技术使对安全的思考转移到人的错误上,由此开始了"人的因素时代"。对安全的关注转移到人的执行能力和人的因素上来,出现了机组资源管理、面向航线的飞行训练、以人为中心的自动化和其他关于人的因素的干预措施。20世纪70年代中期到90年代中期可谓是航空人的因素的"黄金时代",航空业投入巨额资金,试图将不可避免、无处不在的人为差错置于掌握之中。然而,尽管在减少人为差错方面进行了大量投入,但是截至20世纪90年代中期,人为差错还

13

是不断成为导致事故的原因。

3. 组织因素

现在看来,在人的因素的"黄金时代",安全思想的弱点很大程度上是:他们仅仅关注个人,而很少关注个人在完成其任务时所处的环境。直到20世纪90年代早期,人们才认识到,个人不是生活在真空里,而是在一个限定的环境中进行操作。尽管科学领域早就有环境影响个人行为并成为事件发生的决定因素的理论,但直到20世纪90年代,航空业才认识到,不管是阻碍还是推动,运行环境对个人的影响是非常巨大的。这种认识标志着"组织因素时代"的开始。直到这个时代,对安全的思考才扩展到系统观点上,包括组织的、人的和技术的因素。也是直到这个时候,组织事故这个概念才被航空业所接受。

第三节 历史发展

有句谚语说得好:"如果一个思想是新的,它可能并不好;如果一个思想是好的,那它可能就不新。"同样,机组资源管理作为一个概念可能是新的,但作为一种保证安全的思想方法却未必是新的。在回顾飞行发展历程的基础上梳理机组资源管理的发展历程,有助于我们从历史的角度深刻把握机组资源管理的实质内涵。

一、机组资源管理的历史起源

回顾飞行发展历程,航空领域在安全上的每一个进步都是用血的教训换来的。1951年,美国空军总监察长分析了1948年至1951年发生的7518起不安全事件后,提交了题为"协同配合是导致航空器事故的主要原因之一"的报告。该报告指出,组织因素、人为差错,尤其是协同配合是大部分飞行事故的原因,并提出了"团队配合训练大纲"的建议。20世纪70年代,美国空军开始用单座F-15战斗机取代双座F-4战斗机,紧急情况下飞行员工作负荷管理问题引起了关注。1978年5月,美国联邦航空局(federal aviation administration,FAA)允许所有航空公司在其训练大纲中使用面向航线飞行训练(line oriented flight training,LOFT),这是一种在现实条件下在座舱中让机组作为整体接受训练的概念。

但是,航空界关注某个问题通常要从一起灾难开始。1978年12月28日,美国联合航空公司一架载有189名乘客的DC-8型客机在俄勒冈州波特兰市着陆时坠毁。当飞机接近机场、放下起落架之后,飞行员发现一个指示灯没有亮,这一故障意味着飞机在着陆时可能毁坏一组机轮及其支撑装置,甚至发生飞行事故。机长决定不再继续接近机场,让飞机盘旋飞行,以确定起落架是否损坏。

随着盘旋飞行时间加长,燃油开始告警。机长全神贯注于那个不亮的指示灯,却未能注意到飞机其他状况,尽管飞行工程师再三警告说燃油越来越少,机长却充耳不闻,直到他做出反应并试图着陆时,已为时太晚。飞机4台发动机停止运转,飞机没有抵达跑道就坠落了,机上有10人丧生。事故调查表明,飞机的唯一问题就是该指示灯出了故障(虚警)。机长的错误在于在高度紧张情况下,对飞机的其他状况没有给予足够注意。1979年,调查波特兰事故的美国国家运输安全委员会(national transportation safety board,NTSB)在事故报告中首次提到驾驶舱资源管理的概念,并建议美国航空公司实施驾驶舱资源管理训练大纲。建议指出:"所有航空承运人为其机组成员提供驾驶舱资源管理原理教育,特别强调对机长的参与管理和其他驾驶舱机组成员的自信方面的训练",该指令为机组资源管理训练的开发和发展设定了基础。此外,1979年,NASA的一项研究也指出,航空事故的主要原因是人为差错,而这些差错背后的问题主要与交流、情景意识、判断决策以及团队协作有关。

1989年,美国联邦航空局在其通告中正式把Cockpit改为Crew,扩大了机组资源管理的范围,尤其将人力资源从驾驶舱内的机组人员、客舱中的乘务人员扩展到空中交通管制人员、地面维修人员及其他与飞行相关的人员,实际上已扩展到整个航空公司。

二、机组资源管理的发展历程

在航空飞行的历史上,机组资源管理的发展大致经历了4个时期。

1. 早期航空时代

虽然莱特兄弟性格完全不一样,但对于任务,他们是最佳的团队。他们的沟通特别好,每个人都了解自己以及兄弟的能力和弱点[5,6]。布莱尔特性格外向、喜欢炫耀。格伦·柯蒂斯严厉且特别遵守纪律。他们两人在1911年参加全球首届国际航空竞赛时在法国兰斯上空相遇。格伦·柯蒂斯获胜,但布莱尔特是使用动力驱动的飞机飞越英吉利海峡的第一人。虽然他们的性格迥然不同,但在管理信息与资源的方法方面是类似的。换言之,他们认真积极收集信息与资源来获得优势。他们了解发动机和航空器的限制、天气的细微差别,他们甚至相当了解当时刚诞生的航空学。他们自己既是机械员,又与其他机械员密切配合,据说他们还是优秀的通信员。虽然他们从未听说过CRM,但却运用了CRM的原理,并从中受益。

2. 第一次世界大战时期

直到第一次世界大战,航空才真正成为军事活动的重要组成部分,并通过战争造就了一批王牌飞行员。他们的共同特点是:学习能力很强,具有记忆重要信息的能力并在战争中恰当运用这些信息。根据美国海军的研究,航空飞行经历了漫长的过程,但这并不完全是因为技术进步。

3. 第二次世界大战时期

第二次世界大战中全球爆发激烈空战,大型航空器需要接受过严格训练的多人制机组,这就产生了新的术语——机组配合。航空器设计人员开始在技术开发时更注意考虑人—机界面问题。航空历史学家罗伯特·布特勒指出:"早在第二次世界大战,人们就认识到飞机的发展和设计的限制因素是人有效操作和管理所提供资源的能力。"随着我们从战后到20世纪50年代、60年代和70年代,驾驶舱机组没有有效利用资源而引起的航空器事故在不断上升,直至其最终成为主要的事故因素。

4. 现代时期

自从1979年NTSB首次提出驾驶舱资源管理的概念后,CRM在训练内容以及形式上都发生了很大变化,并演变出6代不同的机组资源管理。

第一代CRM是指1980年至1986年,这一代CRM方案强调改变个体的行为方式和矫正其不良行为,同时也强调个体的管理风格和人际技能,试图让每个人都能意识到问题所在。

第二代CRM是指1987年至1990年。由于"驾驶舱资源管理"这一概念从一开始便遭到了部分飞行人员的反对,因此,这一阶段的CRM训练对象扩大到了整个机组,同时训练重点也转变为座舱的团体动力学方面。与此同时,美国军方也很快意识到战斗机飞行员也可以从这类训练中获得成效。但单座战斗机飞行员并不能称为"机组",于是,美国空军将其改为"座舱/机组资源管理"。第二代方案旨在对机组成员进行团体训练,这时出现的训练课程内容涉及更为具体的飞行概念,包括团体组建、简令策略、情景意识和应激管理等。

第三代CRM是指20世纪90年代初期。第三代CRM不仅集中于飞行安全,而且也强调任务效率,其训练对象除扩展到通信和空中机械等领域外,还包括地面相关人员,如空中交通管制人员等。但是,这一代训练仍然淡化了减少人为差错这一主题。

第四代CRM又称为面向航线的飞行训练,它将CRM作为飞行训练的有机组成部分,似乎解决了人为差错问题。但是,飞行员对CRM基本概念的接受程度也仍随时间推移有所下降,并出现了无法与各国飞行员的民族文化交相融合的问题。

第五代CRM的产生前提是:人为差错是普遍存在和不可避免的,同时也是一种有用的信息来源。这一代训练内容涉及人的局限性、疲劳、工作负荷和空中特情等应激源的有害影响,以及情景意识、简令等。

20世纪90年代初,得克萨斯大学提出了威胁与差错(threat and error management,TEM)理论,即第六代CRM。根据威胁与差错管理理论,收集座舱外部环境状况和机组行为信息有助于保证飞行安全。得克萨斯大学的研究表明,大约60%的飞行中独立观察员至少发现1个差错,平均每次飞行发现1.5个差错;60%以上的差错未被机组察觉,1/3的差错被飞行机组察觉并纠正,还有4%的差错被察觉但诱发了更严重的后果[7]。在21世纪初,随着对威胁和差错管理研究的不断深入,航线运行安全审计形成了系统的观察、评价飞行中威胁与差错的方法。

威胁与差错管理的发展是航空行业经验集中的产物,这些经验促进了对如下问题的认识:在飞行活动中单纯考虑人的表现是远远不够的;要充分重视飞行中人与环境(如组织、规章、地理、空域等多方面的因素)之间的相互作用[8]。从飞行人员的角度来看,威胁与差错管理涉及3个基本组成部分,分别是威胁、差错和飞机的不安全状态,如图1-7所示。其中,威胁和差错是正常飞行的必然组成部分,但它们会诱发不利的飞机状态。因此,威胁和差错管理是飞行人员日常飞行所必须进行的一项任务。

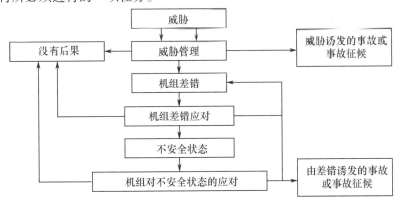

图1-7 威胁与差错管理模型

1. 威胁

威胁是指来自驾驶舱外部的、非机组人员造成的危险或危害,威胁提高了飞行操作的复杂程度且需要机组关注并加以管理才能保持飞行安全裕度。如不利的飞行天气和飞机设备故障等。威胁常常导致机组人员出现差错,也可能直接使飞机进入不安全状态。

一些威胁能被飞行人员预测到。例如,飞行人员提前准备应对雷暴的相应措施从而预见该雷暴的后果;或者在进近时针对机场的繁忙,提高对空中其他飞机的警觉性。

一些威胁会意外发生,事先没有任何警告,如在飞行中飞机突然发生故障。在这种情况下,飞行人员必须运用训练经验中产生的技能和知识对其进行处理。

一些威胁不会直接显现或者被飞行人员直接观察到,而是需要通过安全分析才能够发现,这种威胁被视为潜在危险,如设备设计问题、视觉幻觉或者时间错觉等。

无论威胁是可预期的、不可预期的还是潜在的,对飞行人员管理威胁能力的一种有效衡量方法是:飞行人员能否预测到威胁的存在,从而使用适当的对策对威胁做出反应。

威胁管理是差错管理和飞机不安全状态管理的基础。虽然威胁和差错之间没有直接的必然联系,但是数据统计表明:对威胁的不善管理通常与飞行人为差错有关,而差错又会直接诱发飞机的不安全状态。通过从根源上避免危及飞行安全状况的出现,威胁管理为保持飞行安全裕度提供了最提前主动的选择。飞行人员作为威胁管理者,是避免威胁影响飞行安全的最后一道防线。

2. 差错

差错是指偏离了机组或组织意图与期望的行为,差错降低了飞行的安全裕度并增加了不安全事件发生的可能性。差错不同于威胁,威胁不是机组人员造成的,而差错是机组人员造成的。

差错可以是自然产生的(与特定的、显著的威胁没有直接关系),也可以与威胁相关,还可以是差错链中的一部分。差错的例子包括不能保持稳定的进近参数、执行错误的自动运行模式、没有发出要求的喊话等。

不管是哪种类型的差错,其对安全的影响取决于在差错导致飞机的不安全状态和潜在的不安全后果之前,飞行人员是否对其觉察并做出反应。因而,差错与威胁管理的目标之一就是理解差错管理,而不是仅仅关注差错的因果关系(犯错误的原因和出现的后果)。从安全角度看,被及时发现并对其做出相应反应的飞行人为差错,不会导致飞机的不安全状态,也不会降低飞行的安全裕度,因此仅被视为不合理的操作。

正常差错管理具有重要的安全意义,主要内容包括差错是否被发现、何时被发现、被谁发现、对发现的差错采取何种措施以及差错产生的后果等。

差错与威胁管理理论还根据差错发生时刻飞行人员与各种资源的主要交互作用对人为差错进行分类。例如,如果飞机操纵差错,是指飞行员的主要交互对象是飞机(通过飞机的操纵杆、自动设备或系统对飞机进行操纵);程序差错,是指飞行员的主要交互对象是程序,如检查单或标准操作程序;交流差错,是指飞行员的主要交互对象是人,包括地面指挥人员、空中交通管制人员或其他机组成员等。

3. 飞机的不安全状态

飞机的不安全状态是指由于飞行员误用机载设备或误操作原因导致飞行安全裕度降低的飞机位置、速度或状态上出现的偏差或情况。换句话说，飞机的不安全状态出现表明飞机已进入到危险的情况，在很大程度上会造成飞行事故或事故征候。飞机不安全状态的典型例子包括进近着陆过程中飞机对准不正确的跑道、进近过程中飞机超出速度限制或在短跑道着陆时目测过高而不得不使用最大刹车。

如果对飞机的不安全状态进行有效的管理，飞行安全裕度就能够得以提高；否则，飞行员的差错就会导致事故征候或事故。

参 考 文 献

[1] 陈宝智. 安全原理[M]. 北京:冶金工业出版社,1995.
[2] 葛盛秋. 民航机组资源管理[G/OL].［2015－09－25］. http://blog.sina.com.cn/s/blog_62d0df5b0100frgc.html
[3] 中国民用航空局飞行标准司. 机组资源管理咨询通告[S]. 北京,2011:1-31.
[4] Wiegmann D A,Shappell S A. 飞行事故人的失误分析[M]. 马锐,译.北京:中国民航出版社,2006.
[5] 托尼·科恩. 进近与着陆[M]. 刘洪波,译.北京:中国民航出版社,2005.
[6] 托尼·科恩. 文化、环境与CRM[M]. 刘洪波,译.北京:中国民航出版社,2003.
[7] 赵廷渝,朱代武,杨俊. 飞行员航空理论教程[M]. 成都:西南交通大学出版社,2013.
[8] 庄志谦. 人为飞行差错研究[M]. 北京:蓝天出版社,2006.

第二章 基本原理

在人类的长期安全实践中,人们通过总结事故发生演化的特点规律,建立了一系列事故致因理论模型。同时,在航空百年的发展历史中,伴随着人因工程等相关学科的发展,人们对飞行中人的表现与局限的认识也日趋科学,对飞行人为差错的特点规律进行了总结,并相继提出了一系列飞行人为差错的预防策略。此外,在航空安全实践中,为提高飞行效率、保证飞行安全,一系列飞行安全管理的理论、工具、方法也不断出现,这些理论模型、策略方法蕴含着机组资源管理的基本原理,也共同构成了机组资源管理训练的理论基础。

第一节 飞行事故致因机理

人类对于防范意外事故的认识经历了漫长的岁月,早在20世纪30年代,美国的安全工程师海因里希(Heinrich)在对55万起伤害事故案例进行详细调查研究后,得出如下统计结论:每发生1起死亡或重伤事故,就会发生29起类似的轻伤事故和300起无伤害事故,即事故后果分别为严重伤害、轻微伤害和无伤害的事故次数之比为1∶29∶300,这一规律被称为事故法则。

巧合的是,外军在一项飞行事故统计分析中也发现,等级事故与飞行事故征候之比为1∶27,十分接近海因里希提出的1∶29,这对飞行事故预防具有重要的指导意义。也就是说,严重飞行事故犹如露出海面的冰山,而海面下的冰山主体好像是飞行事故征候,解决这冰山主体才是防止严重飞行事故的关键,如图2-1所示。安全工作的不足往往是只重视严重飞行事故,而忽视了飞行事故征候。这个法则提供了安全管理的方法,即发现并控制征兆,尤其是防控飞行人为差错。

1949年,美国人爱德华·墨菲(Edward Murphy)首次提出这样一个观点:If anything can go wrong, it will。意思是指:如果任何事物能够发生差错,这种差错总是会发生,这一规律被称为墨菲定律。这两个规律是安全理论研究领域早期的典型代表,随后,人们在不断积累经验教训的同时,也不断完善并形成了一系列安全理论[1-6],探讨这些理论的发展轨迹和规律,有助于系统完整地认识安全

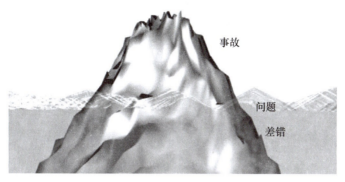

图 2-1　事故与差错之间的比例关系

的本质,对指导飞行安全实践具有重要意义。

事故致因理论主要经历了单一因素观点的事故致因理论、人物合一观点的事故致因理论和系统安全观点的事故致因理论等不同的历史时期。

一、单一因素观点的事故致因理论

所谓单一因素观点,即认为事故的发生是由单个因素或单一方面因素导致的。事故频发倾向论与事故遭遇倾向论是单一因素观点事故致因理论的典型代表,它们从不同侧面反映了事故发生发展的不同本质特征。

1. 事故频发倾向论

事故频发倾向是指个别容易发生事故的稳定的个人内在倾向。20世纪初,资本主义世界工业生产已初具规模,蒸汽动力和电力驱动的机械取代了手工作坊中的手工工具。这些机械在设计时很少甚至根本不考虑操作的安全和方便,几乎没有什么安全防护装置,工人没有受过培训,操作很不熟练,操作时间过长,伤亡事故频繁发生。面对广大工人的生命健康受到工业事故严重威胁的严峻情况,业主的态度是消极的。各地的诉讼程序也大同小异,只要能证明事故原因中有受伤害工人的过失,法庭总是袒护企业主。法庭判决的原则是,工人理应承受所从事的工作中通常可能面临的一切危险。

1919年,英国的格林伍德(M. Green Wood)和伍兹(H. H. Woods)对许多工厂里的伤亡事故数据中的事故发生次数按不同的统计分布(泊松分布、偏倚分布和非均分布等)进行了分析。结果发现,工人中的某些人较其他人更容易发生事故。在此研究基础上,1939年,法默(H. Farmer)和查姆勃(Chamber)等提出了事故频发倾向论。

根据这种理论,少数人具有事故频发倾向,是事故频发的主要原因。因此,防止事故频发倾向者是预防事故的基本措施:一方面,通过严格的生理、心理检验等,从众多的人员中选择身体、智力、性格特征及动作特征等方面优秀的人才;另一方面,一旦发现事故频发倾向者,便将其淘汰。显然,由优秀人员组成的团队是比较安全的。

对于发生事故次数较多的、可能是事故频发倾向者的人,可通过一系列的心理学测试来判别。例如,日本曾采用 Uchida Krapelin 测试(内田-克雷贝林测验)测试人员大脑工作状态曲线,采用 Yatabe-Guilford 测试(Y-G 测验)测试工人的性格以判别事故频发倾向者。另外,也可以通过对个体行为的观察发现事故频发倾向者。一般来说,具有事故频发倾向的人在进行操作时往往精神动摇、注意力不集中,因而,不能适应迅速变化的外界条件。日本的丰原恒男发现容易冲动的人、不协调的人、不守规矩的人、缺乏同情心的人和心理不平衡的人发生事故次数较多。国外相关文献介绍,事故频发倾向者往往有如下的性格特征:感情冲动,容易兴奋;脾气暴躁;厌倦工作,没有耐心;慌慌张张,不沉着;动作生硬,工作效率低;喜怒无常,感情多变等。

从组织管理的角度,开展飞行人员的心理选拔、在飞行训练过程中进行全程淘汰、通过心理测试与定期培训提高飞行人员与组训人员的综合能力素质,充分体现了"充分利用一切可以利用的资源"保证飞行安全的基本思想。

2. 事故遭遇倾向论

事故遭遇倾向是指某些人员在某些作业条件下容易发生事故的倾向。

第二次世界大战后,人们意识到把大多数事故的原因归结为事故频发倾向者是不完整的。实际上,有些人较另一些人容易发生事故与他们从事的作业有较高危险性有关。因此,不能把事故的责任简单地归结成人的不注意,应该强调机械的、物质的危险性质在事故致因中的作用。于是,出现了事故遭遇倾向论。

许多研究结果表明,事故发生次数与作业条件有关。例如,高勃(P. W. Gobh)曾考察了6年和12年两个时期事故频发倾向稳定性,结果发现事故发生次数与职业有关。当从事规则的、重复性作业时,事故频发倾向较为明显。

事故遭遇倾向论主要论点如下。

(1) 当每个人发生事故的概率相等且概率极小时,则一段时期内的事故发生次数服从泊松分布。根据泊松分布,大部分人不发生事故,少数人只发生一次,极少数人发生两次以上。

(2) 某一时期内发生事故次数多的人,以后发生事故次数不再多了。所以,人并非永远是事故频发倾向者。多年的研究表明,许多人发生事故与其行为的某种瞬时特征有关。相关研究表明,事故发生与人的年龄、工作经验和熟练程度都有关系。

(3) 人员选择是预防事故的重要措施。显然，人具有一定的职业适合性。当人的素质不符合职业要求时，人在操作中就会发生不安全行为，从而导致事故发生。危险性较高的、重要的操作，对人的素质则要求更高。

心理学家里森(J. T. Reason)认为，与其承认事故倾向性存在，不如归因于个性影响与环境因素的相互影响。年龄、经验、暴露的危险以及其他多元因素，对一个个体在某一段时间比其他人更容易发生事故的影响，可能更大于事故倾向性。对于飞行安全而言，新飞行员出现差错的概率较高、原因多元，中级飞行员往往在遵章守纪方面容易出现问题，而老飞行员容易产生懈怠心理、精力容易因职务或生活等原因而产生分散，这些现象背后在一定程度上契合了事故遭遇倾向论的基本观点。

二、人物合一观点的事故致因理论

人物合一观点的事故致因理论认为，在事故发生的过程中，人和物都起到重要的作用。该理论反映了人们对事故致因在时间和空间上的较为全面的、完整的认识。典型的人物合一观点的事故致因理论包括事故因果连锁论、现代事故因果连锁论和轨迹交叉论。

1. 海因里希因果连锁论

因果连锁论认为事故的发生不是一个孤立的事件，而是一系列相互作用的原因事件相继发生的结果。在事故因果连锁论中，以事故为中心，事故的结果是伤害，事故的原因包括直接原因、间接原因和基本原因3个层次。

海因里希认为事故因果连锁过程主要受以下4个因素影响。

(1) 遗传及社会环境。这是导致人的性格有缺点的原因。遗传因素可能形成鲁莽、固执等不良性格；社会环境可能妨碍受教育、助长性格缺点的发展。

(2) 人的缺点。这是使人产生不安全行为或造成机械、物质不安全状态的原因，它包括鲁莽、固执、过激、神经质、轻率等性格上的先天缺点，以及缺乏安全生产知识和技术等后天缺点。

(3) 人的不安全行为或物的不安全状态。那些曾经引起过事故，可能再次引起事故的人的行为或机械、物质的状态，它们是造成事故的直接原因。

(4) 事故。即由于人、物或环境的作用或反作用，使人员受到伤害或可能受到伤害的、意料之外的、失去控制的事件。

海因里希用"骨牌"形象地描述这种事故因果连锁关系，如图2-2所示。由于"骨牌"的英文是"domino"，因此，海因里希因果连锁理论又称多米诺理论或domino理论。在多米诺骨牌系列中，一颗骨牌被碰倒了，将发生连锁反应，其余的几颗骨牌相继倒下。如果移去中间的一颗骨牌，则连锁被破坏，事故过程被中止。由于防止人的不安全行为,消除机械的或物质的不安全状态是最直接、最有效的。因此,海因里希认为安全工作的中心是防止人的不安全行为、消除物的不安全状态。其中,消除物的不安全状态可通过采用或提高安全技术的途径来解决,而消除人的不安全行为则需要提高人的安全意识与能力。

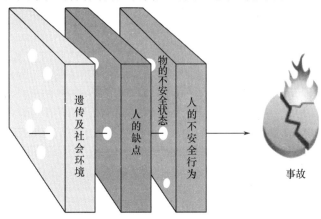

图 2-2　海因里希事故因果连锁示意图

2. 现代事故因果连锁论

博德(Frank Bird)在海因里希事故因果连锁的基础上,提出了反映现代安全观点的事故因果连锁,如图 2-3 所示。

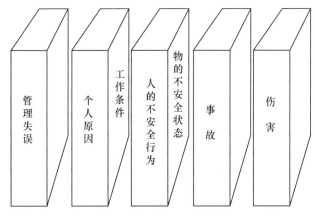

图 2-3　现代事故因果连锁论示意图

博德认为管理者的失误造成了人的不安全行为和物的不安全状态,是事故的根本原因。如果管理者充分发挥管理控制机能,则可以有效地控制人的不安全行为和物的不安全状态。

（1）根本原因——管理。事故因果连锁中一个最重要的因素是安全管理。安全管理者应该懂得管理的基本理论和原则,控制是管理职能(计划、组织、指导、协调等)中的重要组成部分。安全管理中的控制包括对人的不安全行为和物的不安全状态的控制,这是安全管理工作的核心。

事实上,完全依靠工程技术上的改进预防事故,既不经济也不现实。只有通过提高安全管理工作水平,经过较长时间的努力,才能防止事故的发生。管理者必须认识到只要未实现高度安全化,就有发生事故及伤害的可能性。因此,安全活动中必须包含有针对事故因果连锁中所有因素的控制对策。当然,管理系统需要不断发展完善,十全十美的管理系统并不存在。管理上的欠缺是导致事故发生的根本原因。

（2）间接原因——个人原因与工作条件。间接原因包括个人原因及与工作有关的原因。个人原因包括缺乏知识或技能、动机不正确、身体上或精神上的问题等;工作方面的原因包括操作规程不合适,设备、材料不合格,通常的磨损及异常的使用方法以及温度、压力、湿度、粉尘、有毒有害气体、蒸气、通风、噪声、照明、周围的状况等工作条件因素。只有找出这些基本原因,才能有效地预防事故的发生。

（3）直接原因——人的不安全行为和物的不安全状态。不安全行为和不安全状态是事故的直接原因。但是,直接原因不过是基本原因的征兆,是一种表面现象。在实际工作中,如果只抓住作为表面现象的直接原因而不追究其背后隐藏的深层原因,就永远不能从根本上杜绝事故的发生。另一方面,安全管理人员应该能够预测及发现这些作为管理缺欠的征兆的直接原因,采取恰当的改善措施;同时,为了在经济上及实际可能的情况下采取长期的控制对策,必须努力找出其基本原因。

（4）事故。从实用的目的出发,往往把事故定义为最终导致人员肉体损伤、死亡、财产损失的不希望的事件。但是,越来越多的学者从能量的观点把事故看作人的身体或构筑物、设备与超过其阈值的能量的接触,或人体与妨碍正常生活活动的物质的接触。于是,防止事故就是防止接触。为了防止接触,可以通过改进装置、材料及设施,防止能量释放,通过训练、提高工人识别危险的能力,佩戴个人防护用品等来实现。

（5）受伤、损坏。博德模型中的伤害包括了工伤、职业病以及对人员生理或心理等各个方面的不利影响。人员伤害及财物损坏统称为损失。在许多情况下,可以采取恰当的措施使事故造成的损失最大限度地减少。如对受伤人员迅速抢救、对设备进行抢修以及平时对人员进行应急训练等。

3. 轨迹交叉论

轨迹交叉论认为,在事故发展进程中,人的因素和物的因素在事故致因中占有同样重要的地位。人的因素运动轨迹与物的因素运动轨迹的交点就是事故发生的时空点,即人的不安全行为和物的不安全状态发生于同一时空或者说人的不安全行为与物的不安全状态相遇时,将发生事故。按照该理论,避免人与物两种运动轨迹交叉,即避免人的不安全行为和物的不安全状态同时同地出现,可以预防事故。

轨迹交叉理论将事故的发生发展过程描述如下:基本原因→间接原因→直接原因→事故→伤害,具体可分为人的因素运动轨迹和物的因素运动轨迹,如图2-4所示。

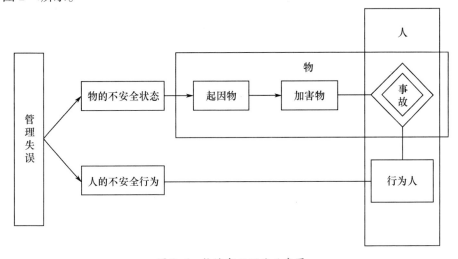

图2-4 轨迹交叉理论示意图

图2-4中的轨迹交叉模型把物的方面的问题进一步划分为起因物和加害物。前者是导致事故发生的机械、物质;后者是直接作用于人体的能量载体或危险物质。显然,从防患于未然的角度看,前者比后者更为重要。在人的因素方面,该模型强调行为人(肇事者)的不安全行为控制问题。

根据轨迹交叉论的观点,单独消除人的不安全行为、物的不安全状态都可以避免事故。例如,加强安全教育和技术培训,从生理、心理和管理上控制人的不安全行为;通过改进人机工效,根除飞行操控的危险条件等,都可以避免事故发生。

值得注意的是,许多情况下人的因素与物的因素又互为因果。例如,有时物的不安全状态诱发了人的不安全行为,而人的不安全行为又导致了物的不安全状态的发展,或导致新的不安全状态出现。总之,为有效防止事故,必须同时采取措施消除人的不安全行为和物的不安全状态。

人物合一观点的事故致因理论充分肯定了人的不安全行为、物的不安全状态以及组织管理的漏洞是导致事故的重要原因。因此,机组资源管理强调减少飞行和维护人为差错、提高人员的非技术能力,这也符合重视一切与飞行安全有关的所有资源(人力、设备等)的基本观点。

三、系统安全观点的事故致因理论

系统安全理论认为事故的发生是系统构成要素之间相互作用的结果。根据该理论,把人、机和环境作为一个整体,全面研究人、机和环境之间的相互作用、反馈与信息。

系统安全理论的主要观点包括安全是相对的、安全伴随系统生命周期、系统中的危险源是事故的根源。危险源是可能导致事故的潜在的不安全因素,任何系统都不可避免地存在某些危险源,而这些危险源只有在触发事件的触发下才会产生事故。有关危险源分类的方法有很多,最常用的是根据危险源作用机理分为第一类危险源和第二类危险源两种。第一类危险源是指产生能量的能量源或拥有能量的能量载体,第一类危险源的危险性与能量的高低、数量的多少有密切关系;第二类危险源是指导致约束、限制能量措施失效或破坏的各种不安全因素,主要包括物的故障、人的失误和环境因素。伤亡事故的发生往往是两类危险源共同作用的结果。第一类危险源是伤亡事故发生的能量主体,决定事故后果的严重程度;第二类危险源是第一类危险源造成事故的必要条件,决定事故发生的可能性。

1. SHELL 模型

1972 年,爱德华首先提出了 SHEL 模型,1975 年,霍金斯(Hawkins)又将其改进为 SHELL 模型,如图 2-5 所示。"SHELL"并不是一个单词,而是由软件(software)、硬件(hardware)、环境(environment)、人(liveware)的首写字母所组合而成。

"硬件"是构成系统的物理资源,例如座舱、仪表、电门、开关、杆舵、手柄等,这些物理资源的布局、位置和运动方向常常与人产生差错密切相关。

"软件"是指政策法规、飞行手册、程序、检查单、计算机软件、符号、专业知识等非物理性资源。

"环境"是指操作人员周围的各种条件,包括噪声、振动、温度、湿度、气压、加速度等。

"人"是系统中有生命的组成部分,也就是系统中的人,主要指飞行员和机组人员、指挥员等。

图 2-5 SHELL 模型

人是模型的中心,人具有很强的适应性。但是人的表现会变化很大,无法具有像硬件同样程度的标准化,所以代表人的方框边界不是简单的直线。人在与其工作环境中的各个组成部分相互作用时,不会完美匹配。当匹配出现异常时,就会影响飞行安全。

该模型涉及如下几个界面。

(1) 人—硬件(L-H),即人与设备、机器和设施的物理属性之间的关系。

(2) 人—软件(L-S),即人与工作场所中各种支持系统之间的关系,例如:规章、手册、检查单、出版物、标准操作程序以及计算机软件等。它还包括诸如最新的经验、准确性、格式和描述方式、用语、清晰度和符号表示等问题。

(3) 人—人界面(L-L),即工作环境中人与人之间的关系。飞行员、管制员、航空器维修工程师以及其他的操作人员,都是以团队的方式工作,所以,提倡良好的沟通和人际技巧,对于决定人的表现十分重要。飞行员与管理人员之间的关系以及整个组织机构文化,也都属于人—人界面的范畴。

(4) 人—环境界面(L-E),即人与内外环境的关系。内部环境包括诸如温度、周围光线、噪声、振动和空气质量等,外部环境包括天气因素、航空基础设施和地形等。这个界面还涉及人的内部环境与外部环境的关系。人—环境界面会导致产生疾病、疲劳、经济压力、同事关系、职业发展等心理和生理压力。航空环境还包括一些会扰乱正常生物节律和睡眠模式的情况。其他环境方面的因素与组织因素相关,它们可以影响决策过程,并且会造成压力,或者通过"变通"、偏离运行标准的情况影响安全。

该模型常用于分析飞行中飞行员错误的来源。从图 2-5 中可以看到,构成系统的硬件、软件、环境以及人等各要素之间构成的界面是凸凹不平的,意味着各界面之间必须谨慎匹配,否则,系统内的应力就会过高,最终引起系统的断裂或解体,事故也就在所难免。"飞行员"位于模型的中心,其他要素围绕在他的周围。显然,只要是有人驾驶的飞机,无论自动化程度有多高,飞行员都将始终是航空系统中最有价值、最重要的因素。但是,由于人类自身的局限,飞行员也最易变化、最不可靠。从某种意义上说,这正是飞行中人为事故居高不下的主要原因。因此,在设计航空系统时,不但飞行器的设计和制造必须考虑人的特点,其他要素也要适合于人的特点,更重要的是,模型中心的飞行员也必须了解与自己构成界面的其他要素的局限,并不断完善自身,才能避免出错,减少飞行事故。

2. Reason 模型

1990 年,詹姆斯·里森(James Reason)教授提出了"奶酪"模型,又称"Reason 模型"。该模型认为,飞行是一种有组织的系统活动,事故发生在系统中要素间交互发生问题的地方,这些问题损害了系统的完整性,可以用系统不同层次上的"洞"来描述,这些层面叠在一起,犹如有孔的奶酪片叠放在一起,如图 2-6 所示,该模型成为系统安全理论的典型代表。

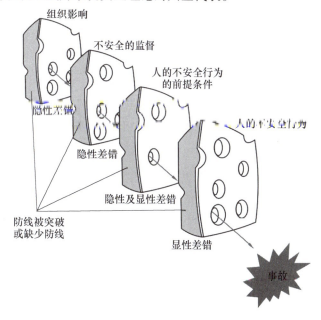

图 2-6　瑞士奶酪模型

根据 Reason 模型,导致事故的直接原因是人的不安全行为,即人的失误,是大多数事故的致因因素,是显性差错,是典型意义的最后层次的不安全行为。但是,导致人的失误的原因是多方面、多层次的,它只是系统漏洞的最后一个环节或者是表现形式,它的产生是由系统中的多个差错或失效导致的。而这些差错或失效是隐性的,一般不易发现。

在隐性差错的概念下,瑞士奶酪模型描述了 3 层以上的导致系统崩溃的失效。第一层是直接影响操作者绩效的条件,称为不安全行为的前提条件。包括心理疲劳、机组间或飞机与飞机之间协同不好和沟通不及时等原因。第二层描述不安全行为前提条件存在的原因,很多情况下,可以追溯到不安全监督,因为管理监督不充分、措施不到位,才导致不安全行为的发生。监督层次并不能完全解释系统的失效,组织系统中存在的其他不足或不良现象,同样影响飞行训练绩效,导致人的失误。因此,该模型把组织影响放在了第三层,也是最后的层次,也就是必须涉及组织里所有层次的致因因素。该模型表明:事故的发生通常不是孤立事件导致的,而是多种系统缺陷同时发生的结果。事故的发生是一系列处置不当,一环扣一环,最后酿成的。

瑞士奶酪模型运用系统的方法,对导致人的失误的各种原因进行逻辑分析,揭示出发生事故不仅与显性差错有关,而且还与组织内存在的隐性差错有关。瑞士奶酪模型的优势是:把人的失误观点整合成一个统一的框架。例如,该模型基于这样的前提,航空活动可以被认为是一个复杂的系统,由于上层管理人员和监督人员的决策可能导致中断运转。然而,这些不良的决策对系统安全运转的影响会潜伏很长时间,直到它们导致出现不安全的操作环境,如设备保养不良,以及机组的不安全状态(如疲劳),或者导致操作人员之间的信息被错误传递。所有这些因素,依次影响操作人员的信息加工能力和高效操作。结果常常会出现"飞行员差错",从而导致事故征候或事故。

瑞士奶酪模型的局限性在于:没有明确奶酪中各个"洞"的确切含义。作为飞行员、飞行安全管理人员,都想知道"奶酪"中洞的含义,都想知道组织和监督失效的具体表现,更想知道不安全行为的常见表现及类型,上述问题会在后续逐一解决。

3. STAMP 模型与社会技术框架

系统理论方法将系统作为一个整体考虑,在系统模型中,只有当事故致因因素(如人、技术和环境)同时存在于某一时间和空间内时事故才会发生。系统模型把事故看作突发现象,是由系统要素间复杂的交互作用引起的,这些复杂的交互可能导致系统性能的退化或引发事故,因此,系统安全理论要解释复杂系统中要素间(如技术、人、组织和管理)的复杂相互关系和相互依赖性所必需的原理、模型和定律。

以系统理论的方法来建模,系统被看作由相互作用的要素构成,这些要素之间通过信息和控制反馈循环维持平衡。系统不再被看作静态的设计,而是一个不断调整以实现其目标并应对系统本身及其环境变化的一个动态过程。系统的设计必须服从安全运行对其行为的限制,并且适应动态的变化以保持安全。事故被当作有缺陷的处理过程对待,包括人、社会和组织结构、工程活动以及系统软硬件之间的相互作用。

技术的迅猛发展和复杂性开发出了高风险的社会技术系统,这些系统由复杂的组织进行管理,而组织的运行环境具有高度不稳定的动态特性,例如,市场竞争、经济和政治压力。因此,用决定论的因果模型(如顺序事件链)研究高度适应性的社会技术系统中的失效和事故是不够的。20世纪60年代初,英国Tavistock人际关系研究所的研究人员提出了社会技术系统(socio-technical systems)[7,8]的概念,泛指各种技术密集、资金密集、积聚能量巨大的工业组织,如核电、航天、航空、化工和石油化工等。这类系统往往率先应用科学技术发展的最新成果,自身积聚了巨大能量,因此,也称高风险组织(high risk organization,HRO)、高可靠性组织(high reliability organization,HRO),其安全运行是企业效益和社会效益的根本保障,组织由非人系统(nonhuman system)与人的系统(human system)之间的关系构成,技术系统与人的系统的交互作用就形成了所谓的社会技术系统。

人们对社会技术系统的发现最早可以追溯到1951年,当时英国煤矿开始采用长壁开采技术。由于该技术切断了煤矿工人间的社会联系和自主性,又加之简单的重复性工作影响了矿工的责任心和工作积极性,在工作团队层次上,竞争和盯人战术又导致了紧张、欺骗、推卸责任及低士气,因此,该技术并没有马上提高生产力,直到后来开始强调社会联系,其有效性才得以发挥。Tavistock人际关系研究所的Trist认为,生产系统都具有技术和人或社会表征,而且是紧密联系和相互配合的。系统绩效决定于这种相互配合而不是个体要素。技术系统和社会系统的范畴如表2-1所列。

表2-1 技术系统和社会系统各自范畴

技术系统	机械、流程、程序和装置。通常把工厂看作技术系统
社会系统	人及其习惯、价值观、行为方式和人际关系,同时也包括奖励制度。它是组织展示的正式权力结构和根据知识及个人的影响力而衍生出的非正式的权力结构

目前,人们对复杂社会技术系统的界定还没有达成共识,一般认为其具有如下特征。

(1) 技术子系统与人、人群或团队间的高接触与紧耦合。

(2) 完备的免疫系统。

(3) 结构敏感性。

(4) 具有时间方向性和环境依赖性。

(5) 宏观行为高度不确定性和不可控性,即微观遵循严格的因果秩序,而宏观表现为弱因果秩序。

(6) 抽象模型多样性。

(7) 层次网状传导结构。

美国麻省理工学院航空航天软件工程研究实验室(MIT aero/astro software engineering research laboratory，SERL) Leveson 等人提出的新事故模型(systems theoretic accident modeling and process，STAMP)[9,10]认为，事故的起因并非是组件故障，而是在系统设计、开发和运行中不恰当控制或安全相关约束不充分的执行。不同于把事故看作开始(根原因)事件引发一系列事件导致损失，事故可以看作由组件间交互而导致系统安全约束的违背的结果。根据 STAMP 模型，事故是由人、技术和环境多种因素在特定时间和空间内共存导致的。

STAMP 模型从复杂性科学的角度出发，把安全看作在一定环境下系统元素相互作用而产生的涌现(emergent)特性，而涌现特性受到与系统元素行为相关的约束(constraint)的控制或强制。相应地，事故致因中除了故障和人失误之外，还有元素之间非功能性的相互作用(dysfunctional interactions)。系统元素之间非功能性相互作用引起的事故称为系统事故(system accident)，系统事故的发生是由于缺乏适当的控制来约束元素之间的相互作用。相应的安全理念是，防止事故需要辨识和消除或者减轻系统元素之间的不安全的相互作用，在系统开发、设计和运行过程中加强控制和强化有关的安全约束。

技术系统之上的是提供目的、目标和决策准则的社会系统。企业是社会的一部分，一个国家、一个地区的政治、经济、文化、科技发展水平等诸多因素都对企业内部事故的发生有着重要的影响。日本的北川彻三很早就注意到，事故的基本原因还应该包括学校教育的、社会的、历史的原因，防止事故不仅仅是企业的事情，还需要全社会的共同努力。拉斯姆逊等人认为，事故的发生是涉及立法、政府机构、工业协会和保险公司、企业管理者、工程技术人员和操作者在内的整个社会-技术系统的复杂过程。

根据 STAMP 模型，复杂社会-技术系统的安全控制呈阶层构造，阶层之间的交界面处运行着控制系统。事故是由于安全控制没有充分强化对系统设计和运行的约束造成的，因而主张在整个系统寿命期内通过复杂社会-技术系统各阶层，特别是较高阶层的控制活动不断强化安全约束，实现系统安全。

在日益复杂、相互关联紧密的复杂社会-技术系统中，个人已经没有能力控制其周围的危险，只能要求政府通过法律、法规和各种形式的监督管理担负起较大的防止事故责任。防止事故的责任正在从个人向组织转移。

拉斯姆森(Rasmussen)、拉斯姆森和斯文顿(Rasmussen & Suedung)以及库瑞斯(Qureshi)后来在其研究中，描述了拉斯姆森建立复杂社会技术系统的风险管理模型的概念性控制框架[11]，如图 2-7 所示。该框架包含两个部分：结构层次和系统动力学。

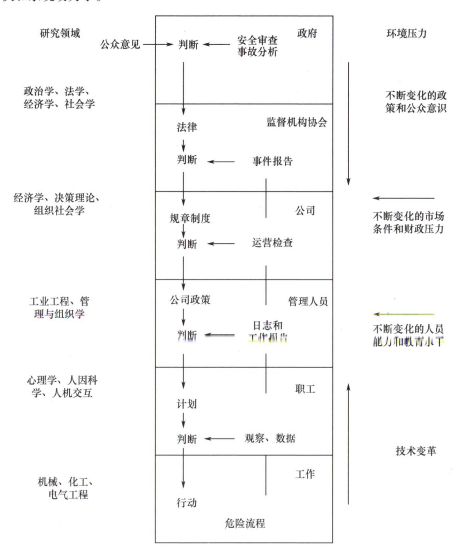

图 2-7　风险管理涉及的社会系统层次模型

（1）结构层次。拉斯姆森将风险管理视为社会技术系统中的一个控制问题，而人员伤害、环境污染和资产损失等意外后果的产生则是由于对时机过程缺乏控制造成的。在工作环境中的人的活动可能会触发事故的事件流程或改变正常的运行流程，这都可能导致危险事故的发生。因此，安全取决于人们控制这些过程以及避免事故伤害资产的能力。

拉斯姆森将风险管理所涉及的社会技术系统分成了几个层次,从立法机构、组织和运营管理到系统操作者。不同的行业中,层次的数量和内容都会有所不同。图2-7描述了社会技术系统的如下6个层次。

① 政府。这一层次描述了政府行为,政府可以通过证词、法律和预算等多个方面控制社会安全。

② 标准化组织和协会。这一层次描述了标准化组织、行业协会和组织的行为,这些机构负责各自领域的法规实施。理解前两层的内容,需要政治学、法学、经济学和社会学方面的知识。

③ 企业。这一层次关注企业的行为,一般需要经济学、组织行动、决策理论和社会学领域的知识。

④ 管理。这一层次关注企业中的管理层,以及他们领导、管理和控制员工的政策和行为,管理理论和工业组织心理学可以用来理解这一层级。

⑤ 员工。这一层次描述了具体员工的行为,他们与受控的技术和/或流程直接打交道。这些员工包括控制室操作员、机器操作员、维护人员、飞行员、医生等。这一层级需要心理学、人机交互、人的因素等学科的知识。

⑥ 工作。这一层次描述了在设计可能的危险设备和控制流程的时候,如何使用工程规范。比如,核电站如何发电、飞机如何安全飞行。理解这一层级需要不同工程学科的知识。

图2-7在每一个层次的左侧列出了评价不同层次所需要的知识类型,在右侧则列出了影响这些层次的外界压力。

传统上,每一层次都由特定的学科独立研究,例如,较高层次的风险管理就很少考虑较低层次上的流程。图2-7中的框架指出了横向研究工作中忽略的一个关键性问题:需要将各个层次在"纵向"上串联起来。更高层次上做出的组织管理决策应该能够向下传递,而较低层次上的流程信息也应该向上反馈。这种信息的纵向流动形成了一个闭环反馈系统,它对整个社会技术系统的安全性至关重要。因此,事故与各个层次上决策者的决策和行动有关,而不能全部归咎到流程控制层的工作人员身上。

如图2-7的右侧所示,复杂社会技术系统的不同层次承受了越来越多的外部压力,这些外部压力是不可预测、瞬息万变的,并且对社会技术系统的行为有着强有力的影响。当不同的层次面临不同的压力,每一个都运行在不同的时间尺度下,必须协调其他层级所施加的不断变化的限制,努力提高系统的安全性。

(2)系统安全观点的事故致因理论强调系统构成要素之间的相互作用是导致事故发生的原因,根据这个原理,影响飞行安全的若干因素可以进行不同的分类,如硬件与软件、技术能力与非技术能力、人-机-环-管-任务等。只有充分重视这些不同的因素,尤其是这些因素之间的相互作用关系,才能从系统的角度确保飞行安全。

四、变化观点的事故致因理论

世界是不断运动、变化的,飞行活动中的诸多因素也在不停地变化。针对各种条件、因素的变化,飞行事故预防工作也要随之改进,以适应情况的变化。外界条件发生变化本身会导致机械、设备发生故障,进而影响安全;如果飞行员不能或没有及时适应变化,则将发生操作失误;如果管理人员不能或没有及时适应变化,则将发生管理失误。显然,变化是导致事故发生的重要因素。

既然状态和要素发生变化可能对系统产生全局性或本质性影响,因此分析要素或局部变化对系统安全的影响、可能产生的结果,是系统安全分析的基本任务。在进行此类分析时,对系统内的"变化"引起的"失误",必须作为一种基本要素进行重点考虑。

当某一操作过程或训练活动失去控制时,显然会发生变化,可能的变化包括预期的有计划的变化以及意外变化。大多数事故原因都涉及状态、条件或要素的变化,所以说变化是重要的事故致因因素。同时,变化也可用来创造一些安全条件。"变化"还可以用来作为一种判断事件因果的方法。因此,应该把"变化"当作评价事故发生可能性的依据加以研究。

在动态和变化观点的指引下,1975年,约翰逊(Johnson)提出了"变化—失误"模型。在该模型中,约翰逊强调了变化在事故发生、发展中的作用,他把事故定义为一起不希望的或意外的能量释放,其发生是由于管理者的计划错误或操作者的行为失误,这些失误源于没有适应操作过程中物的因素或人的因素变化,从而导致不安全行为或不安全状态,破坏了对能量的屏蔽或控制,进而在操作过程中造成人员伤亡或财产损失。图2-8为约翰逊的变化观点的事故致因理论模型。

在系统安全研究中,人们注重事故致因的人的失误和物的故障。按照变化的观点,人的失误和物的故障的发生都与变化有关。例如,新的装备设备经过长时间运转,即时间变化,逐渐磨损、老化而发生故障,正常运转的装备设备由于运转条件突然发生变化而发生故障等。

在安全工作中,变化被看作一种潜在的事故致因,应该被尽早发现并采取相应措施。作为飞行人员或者安全管理人员必须要养成观察问题的习惯,学会从平静中看到波澜,从正常中看到异常,从变化中看到趋势,尤其要注意下述变化。

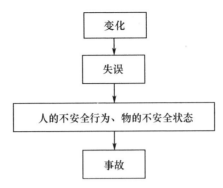

图 2-8　变化观点的事故致因理论

1. 组织内外的变化

组织外的社会环境,特别是国家政治、训练方针、政策法规的变化,对组训人员、参训人员的思想有巨大影响。例如,纵观军事飞行训练状况可以发现,如果部队出现重大调整和变化,内部秩序被影响或打乱了,相应事故就会出现上升趋势。针对组织外部的变化,飞行人员必须采取恰当措施适应这些变化。

2. 宏观变化和微观变化

宏观变化是指组训单位总体上的变化,如领导人的更新、新员的补充,人员的大幅调整、武器装备的变化等。微观变化是指一些具体事物的变化。通过微观的变化,安全管理人员应发现其背后隐藏的问题,及时采取恰当对策。

3. 计划内与计划外变化

外军有句口头禅,"再差的计划也是经过深思熟虑的"。对于飞行活动,如果计划发生了变化,应事先进行安全分析并采取安全措施;对于没有计划到的变化,首先是发现变化,然后根据发现的变化采取改善措施。

4. 实际变化和潜在变化

通过观测和检查,能够在很大程度上发现实际存在的变化。但是,要发现潜在的或可能出现的变化,则需要进行充分的调查研究和深入的分析研判。

5. 时间的变化

随着时间的流逝,装备的性能会劣化或降低,人员的警惕性也会降低,这些变化会与其他方面的变化相互作用,进而影响安全。

6. 技术变化

更换新的装备设备,采取新的技术或开始新的飞行任务,可能会因不熟悉或不熟悉变化而发生失误。

7. 人员变化

团队成员的变化,人员经验、能力、身体、技术、思想上的各方面变化会影响飞行中人的表现,进而引起操作失误及不安全行为。

8. 组织管理变化

组织管理方面的变化,可能引发任务交接不好、沟通不畅、工作不衔接,进而导致人的失误和不安全行为。

9. 训练法规与操作规程的变化

首先应该认识到,并非所有的变化都是有害的,关键在于在从事飞行活动时各类有关人员是否能够适应客观情况的变化。另外,在事故预防工作中也经常利用变化来防止发生人的失误。例如,相似的接头用不同的颜色进行标示,把操作手柄、操作按钮做成不同形状以防止混淆等。

第二节　飞行中人为差错的特点、分类与防控策略

安全是航空活动的永恒主题,随着人因时代的到来,预防人为差错成为航空安全工作的重点。其中,澄清飞行中人为差错的特点、分类与防控策略,是开展机组资源管理的前提与基础。

一、飞行中人为差错的特点

差错是指导致背离组织或个人意图或期望的操作者的非故意行为。

飞行事故总是引发人们思考一个问题:为什么一个经过专业培训的、经验丰富的飞行员会犯低级的错误?回答这个问题的第一步,就是运用人为差错理论揭示差错的特点、差错的产生机理。

英国皇家空军开展了一项涵盖20年的飞行中人为差错研究工作,研究发现差错的产生原因分为个体倾向性、直接原因、外界因素3个方面,每个方面又可细分为其他相关因素,研究结果如表2-2所列。统计结果表明,飞行事故通常是由多个因素共同导致的,并不存在占支配比例的主要原因。显然,预防飞行中人为差错并没有简单、通用的解决办法,而多管齐下、综合防治才是解决之道。

理论与实践均表明,飞行中人为差错具有以下几个特点。这些特点是人为差错本质和内在规律的具体反映。

1. 客观性

2000多年前的罗马演说家西塞罗说过:人都有犯错误的倾向,错误是人类行为的必然组成部分。墨菲定律指出:"人们做某件事情,如果存在一种错误的做法,迟早会有人按这种错误做法去做。"研究表明,重复做一个简单动作,人犯错误的频率为$1/1000 \sim 1/100$,也就是说,在简单重复性操作动作中,每$100 \sim 1000$次

表 2-2　飞行中人为差错的影响因素

个体倾向性		外界因素	
人格	22%	人机工效	22%
缺少经验	20%	训练	18%
生活应激	14%	管理	17%
直接原因			
急性应激	25%	错误假设	13%
认知错误	18%	空间定向	12%
注意力分散	16%	视性错觉	12%

操作发生一次错误是正常的,这是人类行为固有的倾向。因此,差错与人的行为密不可分,差错和行为就像硬币的正反两面。但是,进一步的研究表明,经过训练,人的操作可靠性大为改善,在简单重复性操作中的错误频率可降低到 1/10000～1/1000。显然,尽管人的失误在所难免,但通过采取措施,是可以有效抑制的。

2. 传递性

在操作过程中,前一个差错往往诱发后一个差错,每一个差错都为下一个差错创造了条件,或者它的后果被下一个差错放大。所有差错相连接,最终形成差错链而导致事故。事实上,大部分事故都是一系列差错的结果。如飞机着陆过程中,未控制好速度,大速度着陆;飞行员急于减速刹车,又导致轮胎爆破;最后飞机冲出跑道严重损毁。

3. 可逆性

差错是可以修正弥补的,任何差错在导致后果前,都可以采取措施及时发现和纠正。例如,转场飞行中,飞行员忘收起落架,途中检查发现耗油量偏大,及时收上起落架,从而避免了可能导致的严重后果。

4. 差异性

由于不同的人具有不同的遗传品质、生活环境和生活经历,因而在特定的工作环境中便有不同的错误频率。在同等紧急情况下,有的人比别人具有更高的差错发生率。此外,相同的差错,其原因可能不同。例如,同样是目测高的偏差,既可能是由于飞行经验的不足,也可能是粗心大意所致。显然,人为差错具有较大的个体差异性。

5. 可见性

可见性又称为可探测性。人-机界面大多能够提供清晰的差错告警信号,从而帮助飞行员及时识别和修正差错。同时,飞行讲评、教员的指导、双向测问等也会让差错提前被发现。

6. 重复性

巴基斯坦空军飞行安全管理中心有一句警句:"没有新原因的事故,只有不断犯错误的新人。"这既说明了解决人为因素事故的难度,也说明了人为差错具有重复性特征。同样的差错在一段时间或一部分人身上可能重复出现。例如,飞行错觉、失速螺旋、丢失状态、特技过顶点速度小等人为差错屡见不鲜。具体原因如下。一是人为差错往往集中于少数人,少数具有事故倾向性品质的人。二是没有找到针对性措施。如失速螺旋,20世纪50年代和70年代共发生169起事故,直到70年代末采取措施后才有效解决了该问题。三是没有消除产生人为差错的条件。差错背后的组织环境、管理监督和组织计划,都对人为差错产生影响,而这些情况的改善是一个长期过程,这种滞后性也会导致同一差错重复出现。

二、飞行人为差错的分类

有比较才会有鉴别,从不同角度对人为差错进行分类,有助于操作人员把握差错的特征,进而采取有针对性的措施办法。

划分人为差错的方式有很多种,但是,到现在为止还没有一种通用的方法。每一种分类法都是为特定目的而规定的,没有任何一种单一的分类框架可以满足所有的需求。1990年,里森(Reason)将众多人为差错分类方法的分类基础归为3个层次,即行为、情境和概念。这3个层次分别对应于"发生了什么(what)""在哪里发生(where)"和"如何发生(how)"3个问题。1983年斯温和古特曼(Swain & Guttmann)提出的遗漏型和执行型差错,1983年拉斯姆森(Rasmussen)提出的技能、规则、知识行为模型,1990年里森提出的失误、忽略、差错、违规分类方法,是最为常见的人为差错分类体系,也代表了行为、情境和概念3种分类体系或者分类层次。

基于行为层次的分类法是最浅显的分类法,它们根据可观察到的差错行为特征进行分类,包括差错的表现形式和后果等。这种分类法简单且差错分类的一致性高,但是它们没有上升到理论层面。对于同一类型的行为差错,它们可能有着完全不同的致因机理,而不同行为类型的差错却可能有着相同的起因。因此,行为层次的分类法有很大的局限性。

情境层次的分类法超越了差错的表面特征,并涉及了一定程度的致因假设,但在多数情况下这些假设都比较浅显。这种分类法最有价值的一点是,它们关注了环境中的触发因素与底层差错倾向之间的复杂相互作用,建议研究在特定行为序列点促使差错发生的因素,并强调记录这些环境信息的重要性,包括操作者的内部和外部因素。简而言之,这类方法认识到了差错类型和情境、任务之间的重要关系。然而这类方法也有其局限性,那就是它不能解释为什么相同或者非常相似的环境会触发不同类型的差错。

概念层次的分类方法基于一些对差错产生认知机制的假设。与前两种不同,这个层次的分类更依赖于理论推断,而不是可观察到的差错特征或差错情境。基于概念的分类法处于假设和猜想的层次,这也可能是其最成功的地方,因为它们致力于辨识出差错底层的致因机理。

1. 感知差错、技能差错和决策差错

根据飞行过程中人的认知过程的划分,飞行人为差错又可分为感知差错、技能差错和决策差错3种类型。由于飞行员的知觉和飞行实际不符而产生的差错称为感知差错。感知差错发生在人的感知层,其发生的原因可能是由于感觉的错误或者由于知觉局限引起的知觉错误。例如,由于太阳的炫光而引起飞行员瞬间致盲,由于前庭器官的阈值效应而使飞行员对飞机的旋转缺乏感知,这些差错就是感觉层的差错。而夜晚倒飞的飞行员将地面的灯光当成星星,傍晚海上飞行的飞行员将明亮的海面当作天空,夜晚进近的飞行员将机场附近明亮的高速公路当成机场跑道,在跑道偏窄的机场降落的飞行员在判断飞机高度时产生的错误,这些都是发生在知觉层的错误。

技能是指飞行员在飞行中经过反复训练掌握的熟练运用某项专门技术的能力。技能差错经常由于注意力分配不当以及记忆错误而产生。例如,飞行员全神贯注于处理烧坏的告警指示灯而没有注意到飞机正在危险下滑,这种差错是由于注意力分配不当。降落过程中忘放起落架,则属于典型的记忆错误。此外,还有一种技能差错称为技巧差错,是指由于训练过程中对飞行技术的掌握产生偏差而引起差错,例如,由于飞行中的痼癖动作而引起的差错。

决策差错是指飞行员选择了错误的处置方案或者处置不当产生的不安全行为。决策差错可以分为3类:程序错误、选择不当差错和理解差错。在飞行的各个阶段都有十分明确的、需要执行的程序。当飞行员对当前的事态,未识别或错误地识别,并应用了错误程序,就产生了程序错误。某些时候,飞行员正确识别了当前的状态,但没有唯一标准的规则、程序指导飞行员的下一步行动,这时,飞行员难免会做出错误的选择,这种决策差错称为选择不当。如果飞行员对发生的问题没有正确理解,那么,就不会有任何程序与方案供飞行员选择,这种差错可称为理解差错。例如,1994年中国西北航空公司图-154空难,就是由于机组成员对飞机特情没有正确理解,从而无法做出合理处置而导致的。

2. 技能型、规则型与知识型差错

人不能像机器一样,可以完美地按照预定程序行动。飞行过程中,飞行员必须根据变化的任务目标合理分配认知资源。因此,飞行中人的注意力分配和认知功能(如感知、推理、判断等)的激发也是动态变化的,但并不存在一个飞行员在特殊情况下分配心理资源的标准模式。20世纪80年代,丹麦著名科学家拉莫森(Rasmussen)提出了飞行员作业水平的阶梯模型。该阶梯模型提出人在进行问题解决和决策时,既存在规范化和期望下的序列化信息处理,也存在许多非序列化的处理方式。模型将人的认知过程分为8个阶段:激发、观察、识别、解释、评价、目标选择、规程选择和规程执行。其核心在于反映人的认知模式取决于人对任务的熟悉程度以及人在不同情景环境下,面对不同复杂程度任务的响应特点,该模型进一步演化成了著名的三级行为模型,即人的行为根据认知水平、意识水平的高低可分为技能型(skill-based)、规则型(rule-based)和知识型(knowledge-based)3种类型,如图2-9所示。

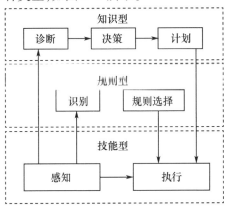

图2-9 飞行员作业3种水平及相互关系

技能行为不完全依赖于给定任务的复杂性,只依赖于人员的实践水平和完成该项任务的经验。它是飞行员对外界刺激或需求的一种条件反射式、下意识的反应,是一种操作非常熟练、无须任何思考的行为。该类行为取决于飞行员经过很好的培训,有完成任务的动机,清楚地了解任务并具有完成任务的经验。在这一模式中,行为是常规程序性的,要求人的认知投入很少,相应的操作风险也仅限于常规程序性的错误。技能型又称为专家行为模式。

规则行为是指人的行为由一组规则所控制和支配。飞行员必须更多地注意情景,并对其评估后从自身经验得来的规则或心理过程中找到相关反应。规则型行为要求飞行员了解任务情景并掌握足够的规则。

知识行为是指飞行员遇到新的情景,没有现成可用的规程,必须依靠自己的知识和经验进行分析、检测、判断及处理。由于知识的局限性和不完整性,该类型的行为失误一般较高。知识型行为要求创新性解决问题,但需要时间和思考的过程,人在过度紧张情况下可能反应很慢,因此这类行为既耗费资源又不可能长久保持。

飞行员在行为过程中会变换采用3种控制模式(S、R或K),基本的默认模式是技能型控制,向更高层次控制的转变是本层控制失败的结果。在找到解决方案后,系统会自动恢复到更基础的控制模式。

3. 随机差错、系统差错和偶发差错

人为差错按表现形态,又可分为随机差错、系统差错和偶发差错,这一分类可用枪打在靶上的环数分布情况来描述,如图2-10所示。

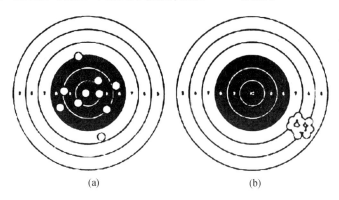

图2-10 随机差错与系统差错

随机差错是指差错按随机分布的形式出现,没有规律可循,如图2-10(a)所示。这类差错不一定与当前的任务有关联,必须通过更好的飞行训练、更完善的程序设计、更好的机体设计进行一定程度上的抑制。

系统差错具有较小的离中趋势,引起这种差错的因素比较局限,通常只有一两个,因而是有规律可循的,如图2-10(b)所示。消除这类差错,首先要识别出是否为系统差错,再针对其薄弱环节,加以修正完善。

偶发差错常表现为在一系列好成绩中或好成绩后偶尔出现一次错误,这种错误很难预料。例如,飞行学员初学飞行时,无规律的着陆接地点可视为犯了随机性错误;总是目测低可视为犯了系统性错误;平时着陆很准确,突然有一次目测低可视为犯了偶发性错误。

4. 遗漏差错、添加差错和替代差错

人为差错按特征,又可分为遗漏差错、添加差错和替代差错。遗漏差错是指漏掉了一些应该做的事情,如忘收起落架、减速板,电门未复位,手柄未回中位。

添加差错是指做了不应该做的事情,如当因天气原因修改了飞行计划,飞行员仍按原计划飞行;更改了飞行课目,机务维护保障人员仍按原课目加油。替代差错是指用错误的动作代替了正确的动作,如空中一台发动机出现故障时,飞行员却关掉了另一台工作正常工作的发动机。

5. 遗漏型差错与执行型差错

遗漏型差错与执行型差错由斯温和古特曼于1983年正式提出,如表2-3所列。这种分类框架是一种基于行为层次的分类方法,从差错的表现形式着手,着重分析差错的外在形式。根据这种分类方法,人为差错可以分为遗漏型和执行型差错两种形式。在任务或者行动被遗漏的时候,就会发生"遗漏型差错",如工作流程中有一步没有执行。在里森的分类法中,遗漏型差错通常就是一个疏忽。"执行型差错"表示针对某个任务,采取了相应的行动,但是这个行动是错误的,这个差错包括两个方面的含义:一是操作者执行了没有要求做的事情;二是采取了与任务要求不相符的行动。这种差错的一个例子,就是阀门本应该在一个闭合位置,但是却被锁定在开启状态。执行型差错具有以下3个特征。

(1) 经常发生,但是原因不够集中。
(2) 对于系统安全影响非常大。
(3) 难以识别,难以预防。

表2-3 遗漏型差错和执行型差错

差错类型			子类别
遗漏型			需要的行动没有执行 遗漏了整个任务 遗漏了任务中的一步
执行型	不完全失效		任务没有完全执行
	完全失效	执行错误	执行了错误的行动 在错误的对象上执行了正确行动 执行了多余行动
		时间相关错误	行动太早 行动太晚 行动持续时间太短 行动持续时间太长
		次序错误	按照错误的次序行动

6. 失误、忽略、差错和违规

这种分类方法由里森于1990年提出,与遗漏型差错、执行型差错分类框架不同,它着重从"意图"的角度出发,分析不同的意图可能导致的人因差错。这里的意图是指操作人员在执行某个动作之前所进行的决策过程及决策结果,包括两个要素:一是所要达到的最终状态;二是实现目标的方法。在图 2-11 中,里森建议通过以下 3 个问题确定不同行为的不同意图。

(1) 行动是否有事先的意图指导？
(2) 行动是否按计划执行？
(3) 行动是否达到期望的目的？

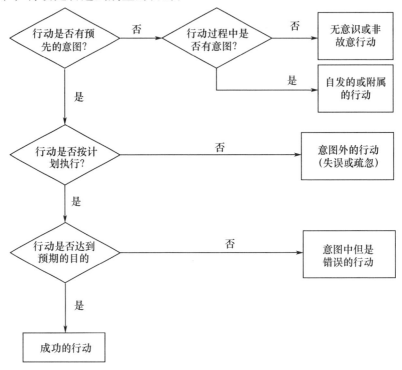

图 2-11　区分不同行动意图的方法

根据里森的研究,有如下 4 种类型的人为差错(不安全行为)会导致重大事故。

(1) 失误。这种行动的初衷正确,但是在执行的时候有些问题,一般可以观察得到。失误是计划之外的行动,一般并不是一个很危险的事件,如口误、笔误、行动失误等。

(2) 疏忽。因为忘记或注意力不集中导致行动没有执行。疏忽一般比较隐蔽,不一定会表现在实际行动中,可能只有经历过的人才能感觉得到。疏忽可能是危险的,而且难以避免,如漏掉了一系列行动当中的一个步骤,或是从系列行动中的一步直接"跳到"另一步。即便对人员进行严格培训,这类问题也很难消除,因此在装备设备设计的时候就要考虑到这两个问题。

（3）差错。差错一般是选择目标或实现方法时,在判断或推理的过程中发生的偏差或失效,其意图不正确,但是执行的过程一般没有问题。操作人员可能相信某一项操作是正确的,但是实际情况并非如此。差错是对事先意图和预期目的的一种偏差,是一种计划失效;失误和疏忽是对拟采取的行动的偏差,属于执行失效。在差错发生时,通常操作人员的行为仍然遵循规则或者熟悉的步骤,它比失误和疏忽更微妙、更复杂也更难以理解,因此差错也就更加危险。由于其本身的性质,差错很难被检测到,即使检测到了,可能也存在争议。因此,差错的避免必须要经过培训。

（4）违规。操作人员在了解要求的情况下,有意识地采取不同的规则或程序,即使这样做也是出于好意,但是仍然是一种违规行为。最常见的一个违规的例子是驾驶员明明知道限速还是会超速行驶。违规的性质不同于失误、疏忽和差错,因为它属于有意识的或者违法的行为,如有意识不遵循操作程序。

即使是对于最有经验、最具有自我约束力的员工,失误和疏忽也是难以避免的,差错更是经常发生在缺乏经验及足够培训的人员身上。违规既可能是简单的"投机取巧",也可能是危险的蓄意破坏。因此,违规行为还可以分成如下几种类型。

① 常态违规。在当前的环境下,与规则、程序和说明相对立的行为成为了一种正常现象。

② 例外违规。次数很少,只有在不常见和特殊情况下才会发生,这是因为在意外的情况下会出现一些问题。例如,在紧急情况下需要采取一些非常手段。

③ 条件违规。因为工作人员当时的特定工作条件或环境(物理环境和组织环境)导致的违规。

④ 蓄意破坏。只有破坏者自己才能解释这种行为。原因可能有很多,例如,对组织的处理不满或自己的相关诉求没有达成。

由于违规行为都是被禁止的,违规人员一般不会告诉任何人他们正在做的事情。因此,违规属于隐性失效。

虽然失误、疏忽、差错和违规都可能导致危险的情况,但是前三者与最后一种有很大区别。它们的区别就在于行为的动机:违规是一种蓄意行为,而其他错误是无意的。

三、飞行中人为差错的防控策略

差错是人正常行为的必然组成部分,吸取差错产生的经验教训,采取有效的差错防控措施,是确保飞行安全的最直接、最有效途径。飞行中人为差错防控策略在不同层面有不同的重点,主要体现在飞行员个体、飞行机组以及组织管理3个层面。

1. 个人层面的差错管理

(1) 机理分析。系统理解差错产生机理,是预防和减少飞行人为差错的前提。飞行员要摆脱传统的经验误区,充分理解即使最优秀的飞行员也会在大量重复活动中犯错、即使经验最丰富的飞行员也可能在执行简单程序中出错,或者在外界影响下变得粗心大意。尤其是在任务复杂、环境出现压力、时间紧迫等情况下,差错发生率会明显提高。此外,如果飞机、环境等一切正常,由于人格的不同,飞行员也可能无法处理应激,或者冲动地违反标准操作。

(2) 标准操作。法规、制度以及标准操作程序源于前人的经验,经过了实践的检验,既能确保飞行员安全、高效地开展工作,又便于各个岗位上不同人员的协同配合。飞行员在飞行活动的每个环节,首先要理解各项规定、程序的原理与内涵,又要有正确的安全态度确保严格执行标准操作。

(3) 模拟训练。模拟训练的优势是安全、经济,能够通过提供有效的评估和指导有效提高飞行员处理复杂、危险特情的能力,同时,能够提高飞行员的自信,并有效缓解应急情况发生后的应激反应。

2. 组织层面的差错管理

事故发生是系统脆弱性的集中体现,在航空领域,通过建立公正、报告、学习、知情、适应的安全文化是预防人为差错的基础性工作。除此以外,能力筛查与免责报告也是行之有效的措施。

(1) 能力筛查。有证据研究表明,人格的不同使得某些人较其他人更容易发生差错。因此,人格测试成为飞行员选拔的有效手段。通过人格识别、能力筛查以及分类指导,能够前移差错预防的关口。

(2) 免责报告。除强制报告以外,飞行员都有自愿报告系统。虽然这些系统在运行中存在难以避免的困惑、不信任等情况,但是毫无疑问通过发挥集体的智慧开展信息共享是确保组织安全的重要发展方向。因为,通过各类安全信息能够有效地识别系统中的潜在风险。

第三节　飞行中人的个性心理特征与局限

飞行安全实践表明,影响飞行安全、导致人为差错的因素有很多。飞行事故通常由多个因素共同导致。机组资源管理训练基于对人的因素的研究,具体来说是基于认知心理学、社会心理学和组织管理心理学的原理研究飞行中人的表现与局限。学习机组资源管理,首先要从理论上科学认识人的生理心理特点与局限。

任何现象的产生,都有其原因。人的不安全行为不是凭空产生的,它受心理活动的支配。每个人的不安全行为背后都有复杂的、不同的心理。心理现象可分为个性心理特征和心理过程两个方面。它们共同组成人的全部心理生活,构成人的整个心理面貌。个性心理特征是指在心理活动中所表现出来的经常的稳定的各个人的心理特点。每个人由于先天因素和后天周围环境及教育条件的不同,因此,飞行员的各种心理活动都明显地带有每个人各自的特点。人的个性心理特征突出地表现在人的气质、性格、态度、价值观和能力等方面。一个人整体的精神面貌,即具有一定倾向性的、稳定的心理特征的总和又称为人格(personality),而气质和性格是人格的核心内容。心理过程是指人的心理活动的发生、发展和完成。它由认识过程、情感过程和意志过程3个部分构成。例如,飞行员在空中,要感知周围环境的变化,并把它们保持在记忆中,飞行中思考各种问题,不断体验各种情绪,这些感知、记忆、思维、情绪和意志等,就是心理过程。飞行员的心理过程和个性心理特征既有区别又有联系,如表2-4所列。个性心理特征通过心理过程的活动表现出来,而心理过程又受个性心理特征制约。可以说,心理过程和个性心理特征,是一个人完整的心理活动的两个不同方面,它们组成了人的全部心理生活,构成了人的整个心理面貌。

表2-4 心理现象的存在与表现形式

研究内容	存在形式	表现形式	特点
心理现象	人格	能力、气质、性格	一贯性
		需要、动机	稳定性
	心理过程	认知	过程性
		情绪情感	阶段性
		意志	

人的心理特征对人的行为具有重要的调节与控制作用,培养飞行员良好的个性心理特征、理解飞行员在心理特征过程中的特点与局限,对预防飞行事故、保证飞行安全具有重要意义。

安全心理学研究表明,人的个性心理特征与不安全行为及事故发生率之间存在密切联系。也就是说,具有一定心理特征的人,在从事某项活动中容易导致事故的发生,这种人的性格特征往往表现为:对安全采取满不在乎的态度,以自我为中心,自己想怎么干就怎么干,自以为是;情绪不稳定,漫不经心,逞能好胜,甚或以冒险炫耀自己。他们通常有急躁心理和图省劲的心理,麻痹、轻视和"经验主义",对问题的严重性缺乏足够认识,过于自信,从而采取了自认为不会出事的做法。

人不是一个自动机器,世界上不存在态度、动机和举止等方面完全一样的两个人,每个人都有自己独特的人格。影响人格的因素包括:遗传、早期儿童时期的经历、教育、社会与文化环境等。

一、气质

气质是人的个性的重要组成部分,它是一个人表现在情感、认识活动和言语行动中比较稳固的心理活动的动力特征。所谓动力特征,是指一个人的心理活动和行为虽然有很多方面的特征,但是气质所指的则是心理活动发生时动力方面的自然特性。或者说,决定着心理活动进行的性质。现代心理学认为,气质是表现在心理活动的速度、强度、指向性等方面的动力特征,包括心理过程的强度特点,如情绪体验的强度、意志的积极努力程度;心理过程产生的速度及其稳定性特点,如知觉的速度、智力的快慢、注意集中时间的长短;心理活动对某一确定对象的指向性特点,如一个人经常力求与所认识的人交往、力求从现实获得新印象,或者一个人总是倾向于自己的思想和印象。所谓稳固性,是指一个人的气质特点早在儿童时期通过各种游戏、娱乐、交往和学习等活动中就明显地表现出来。尤其成年人,有某种气质类型的人,他的全部活动都涂上了一层独特而稳定的色彩,常常在内容很不相同的活动中都会表现出同一性质的活动特点。例如,一个学员具有活泼好动的气质特点,这种气质特点必然会在地面准备、空中飞行、体育锻炼以及同志间交往等各种活动中表现出来。气质特性与人的其他心理特点相比是最稳定、最固定的。俗话说:"江山易改,秉性难移",就是指气质具有稳定性。

应当指出,虽然人的气质是比较稳固的心理特点,一般不受活动的内容、目的和动机的影响而转移,但它在环境的教育和作用下也是可以改变的,而后天的环境及教育对其改变是微小和缓慢的。分析人的气质类型,合理安排和支配,对保证工作时的行为安全有积极作用。

气质类型是心理特性的神经系统基本特性的典型结合。构成气质类型的各种心理特性,多数是某一种神经特性的表现;但有的也可能是两种神经特性的结合。例如,感受性是神经系统强度特性在心理特性上的表现,反应的速度是灵活性特征在心理上的体现。情绪兴奋性既体现兴奋或抑制过程的强度,也体现二者的平衡性。由于人的心理反应可以从多方面表现出神经系统的基本特性,那么,在这些心理特性中就可以既从实验结果,又从生活指标来判定不同人的气质类型。

各种特性的不同结合,构成不同的气质类型:胆汁质、多血质、黏液质和抑郁质(图2-12内四圈)[12,13]。

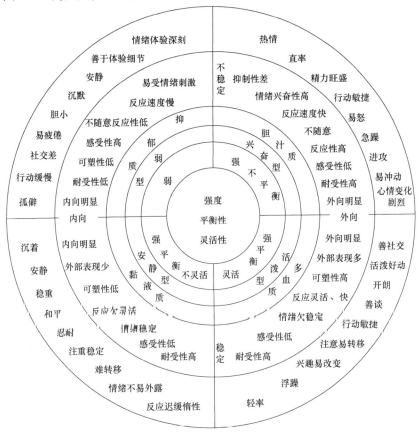

图2-12 气质类型综合图

图2-12的最内圈是高级神经活动的3种基本特性,内二圈是高级神经活动的3种特性的不同结合,内三圈标明由高级神经活动的3种特性的不同结合所构成的4种高级神经活动类型。它们是气质的生理基础。图2-12的内四圈是传统的4种气质类型,大致同4种高级神经活动类型相应。图2-12的内五圈表示各种心理活动的动力特性,其中有2组4个极端,一组是心理品质稳定和不稳定的两个极端,另一组是心理活动外向和内向的两个极端。在这2组4个极端之间排列着与4种气质相应的一些心理活动的动力特性。

客观上,多数人属于各种类型之间的混合型。气质对人的安全行为有很大影响,不同气质的人有不同的特点以及不同工作的适应性。首先,应依据人的气质特征,加以区别要求与管理。例如,有些人理解能力强、反应快,但是粗心大意,注意力不集中,对这类人应从严要求,并明确指出他们工作中的缺点,甚至可以进行尖锐批评。有些人理解能力较差,反应较慢,但工作细心、注意力集中,对这种人应加强督促,并对他们提出一定的速度指标,逐步培养他们迅速解决问题的能力和习惯。有些人较内向,工作不够大胆,缩手缩脚,怕出差错,对这种人应多鼓励、少批评,尤其不应当众批评。对其要求,开始时难度不应太大,并在以后逐步提高,使他们有信心去完成任务,从而提高工作的积极性。其次,应根据工作特点合理选拔和安排工作,除应注意人的能力以外,还应考虑人的气质类型特征。有些岗位需要反应迅速、动作敏捷、活泼好动、易于与人交往的人去承担。有些工种工作则需要仔细的、情绪比较稳定的、安静的人去做。这样既做到人尽其才,有利于保证安全。最后,在日常的安全管理工作中,针对人的不同气质类型进行工作也十分必要。例如,对一些抑郁质类型的人,因为他们不愿意主动找人倾诉自己的困惑,常把一些苦闷和烦恼埋在心里。作为安全管理人员应有意识地找他们谈心,消除他们情感上的障碍,使他们保持良好的情绪。又如,在调配人员组织一个临时或正式班组时,应注意将具有不同气质类型的人加以搭配,这样有利于安全工作的开展。

二、性格

我们在评论某个飞行员时说:他很正直、勇敢、勤奋、诚实、活泼,但是有些骄傲。这里所说的一些特点就是人的性格特征。性格是个人对现实认识稳定的态度和习惯化了的行为方式。恩格斯指出:"人物的性格不仅表现在他做什么,而且表现在他怎么做。"一个人对人对己对事总有一定的态度,其中有经常性的,也有一时性的。进行各种活动时,都有自己的行为方式,其中有习惯性的,也有偶然性的。性格是指那些经常性、稳定性的态度与行为习惯中的心理特点。例如,一个飞行员在飞行训练的各个阶段,即在航理学习、初教机、高教机和部队的训练中一贯都很刻苦努力,可以说他有勤奋的性格特点。如果他只在某一个阶段,某一个课目上表现出很勤奋,就不能说他具有勤奋的性格特点。

性格与气质是个性中既有区别又有联系的两种心理现象,它们的区别首先表现在以下几方面:气质的生理机制是神经系统的特性及由此组成的类型,它受先天影响较大,变化困难;性格的生理机制主要是动力定型,它是后天形成的,比气质变化容易些。其次,相同气质类型的人可以形成互相不同的性格特征,如同是胆汁质者,有的骄傲,有的谦虚;有的慷慨,有的吝啬等。不同气质类型的人又都可以形成同一性格特征。如飞行员,尽管气质类型各不相同,但对祖国的热爱、勇敢、守纪律等优良性格品质都可以形成。再就是,气质类型无好坏之分,而性格却有明显的良莠之分。

性格的类型是指在一类人身上所共有的心理特征的独特结合。由于人的社会生活条件不同,各人的社会实践、生活经历也不尽相同,人的性格也是千差万别。因为性格问题的复杂性,至今还没有公认的性格分类,但是都可以看到实践中的不同性格类型的生活原型。由于飞行训练中不同性格有着极为明显的不同表现,所以研究性格分类对飞行训练具有实际意义。现将一些分类举例说明。

第一种是按人的理智、情绪、意志在性格结构中哪个占优势进行分类,即理智型、情绪型和意志型等。理智型的人以理智来衡量一切并支配行动;情绪型的人,情绪体验深刻,言行举止受情绪左右;意志型的人具有较明确的行动目标,行动主动。除了典型类型之外,还有中间类型,如理智—意志型。

第二种是按个体心理活动倾向于外部或倾向于内部划分的,即外倾型和内倾型。外倾型的人较开朗、活泼,喜于交际,对人对事感兴趣。内倾型的人较集中于内心活动,显得沉静、稳重、较孤僻,不愿暴露思想。

第三种是按个人独立性的程度划分的,即顺从型和独立型。顺从型的人,自己缺乏主见,易受暗示,容易不加批判地接受别人的意见,在紧急困难的时候表现没有主见,甚至不知所措;独立型的人,自己有主见,善于自己发现问题和解决问题,信念坚定,不易受外界干扰,在紧急困难的时候沉着。

性格分类的学说,不仅揭示了性格的多样性,为正确认识人的性格提供了理论依据,而且对于筛选学员、因人施教也具有重要参考价值。

不良性格特征常常是造成事故的隐患之一。例如,马马虎虎、放荡不羁、不负责任是一些不良的性格特征。具有这些性格特征的人在工作中经常表现出责任心不强,甚至擅自离开工作岗位,并常常因这种擅离工作岗位而发生事故。例如,重庆市某化肥厂发生的一起锅炉爆炸事件就是一个沉痛的教训。据报道,一天晚上该化肥厂正在放电影,在当班的锅炉工夏某悄悄离开工作岗位去看电影。由于他擅离工作岗位时间太长,造成锅炉严重缺水。当他返回岗位发现险情后,又怕受处分扣发奖金,在惊恐慌乱中采取了向锅炉进水的错误操作,以期达到掩盖事故的目的,不料弄巧成拙,引起锅炉爆炸,几十斤重的碎片飞出现场数百米,致使厂房倒塌,1人死亡,7人重伤,全厂停工月余,造成巨大经济损失。从事故发生原因来看,是锅炉工夏某擅离工作岗位所致,其实这正是他不良性格特征的暴露,表明他是一个对工作不负责任的人,再加上发现险情后的恐惧心理和侥幸心理的驱使,终于造成了不可挽回的损失。

由此可见,人的性格与安全有极为密切的关系。国外有资料表明,对公共汽车驾驶员而言,事故发生率最低的并不是技术最好的驾驶员。这是因为交通环境非常紧张,除了要求驾驶员有高超娴熟的驾驶技术外,还要求驾驶员有良好的性格,尤其是良好性格的情绪特征(情绪稳定性、持久性、主导心境等方面的特征),后者对驾驶员来说,比其他职业更为重要。

良好的性格并不完全是天生的,教育和社会实践对性格的形成具有更重要的意义。例如,在劳动过程中,因不注意安全生产、失职或其他原因发生了事故,轻则受批评或扣发奖金,重则受处分甚至法律制裁,而保证安全却能受到表扬和奖励。这就在客观上激发人们以不同方式进行自我教育、自我控制、自我监督,从而形成工作认真负责和重视安全的性格特征。因此,通过各种途径(特别是行之有效的安全教育),培养人员认真负责、重视安全的性格,对保证安全具有重要意义。

三、能力

能力是使人顺利完成某项活动的心理特征,它直接影响活动效率,是顺利完成某项活动的必需条件。通常,单纯一种能力不能保证某种活动完成,必须由多种能力互相配合。飞行能力,是指飞行员能够顺利从事飞行活动所必须具备的心理特征,它是以一般能力为基础的一种特殊能力。所谓一般能力,是指人在从事许多基本活动中都表现出来且各种活动都必须具备的能力。例如,观察力、记忆力、思维力、想象力均属于一般能力。任何活动的完成都不能离开这些能力。特殊能力是指在某种专业活动中表现出来的能力。

飞行能力的形成与发展受很多因素制约,它是与飞行有关的多种心理品质的复合。飞行员究竟应该具有什么样的能力结构,就目前来讲还没有一个统一的结论。但是从飞行训练的实践来看,至少应包括灵敏而准确的感知能力、良好的注意力、出色的识记能力、敏捷有效的思维能力、迅速准确的动作反应能力、敏锐和周密的观察能力、很强的环境适应能力、情绪的自控能力、坚强的意志力、独立自主的创造能力等。

在安全管理工作中,应根据人的能力大小,合理分配其工作,用其长补其短,充分发挥人的潜能。具体来说,在安全管理中应考虑下列几点。

(1)了解不同人员所应具备的能力。通过分析一些事故,包括过去、现在及将来可能发生的事故以及同行业曾发生过的事故,掌握工作的性质和了解从事该工作人员所必须具备的能力及技术要求,作为选择人员、分配工作及培训工作的一种依据。

(2)进行能力测评。在选择或考核人员时,不应把文化知识技能作为唯一指标,在有可能情况下,还应根据工作岗位的要求,采用相应的方式进行能力测评。特别是那些对人的能力有特殊要求的工作岗位,更应进行一定的特殊能力测定。

(3)工作必须与人的能力相适应。在安排、分配人员工作时,要尽量根据能力发展水平、类型安排适当的工作。如让一些思维能力很高的人,去干一些一成不变的、重复的、在工作中很少需要动脑筋的简单劳动,他们就会感到单调、乏味;反之,让一些能力较低的人去从事一些力所不及的工作,他们就会感到无法胜任而过度紧张、精神压力过大,这两种情况都容易发生事故。因此,工作必须与人的能力相适应,这样才能增长他们对工作的兴趣和热情,只有深信自己的能力确实和工作高度协调,人对职业的兴趣才会强烈而巩固地表现出来。

(4) 提高人员能力。环境、教育和实践活动,对能力的形成和发展起着决定性作用。人的能力可以通过培训而提高,尤其是安全生产知识及在紧急状态下的应变知识,都可以通过培训让员工掌握,从而增强员工的安全意识和应付偶然事件的能力,以保证安全。此外,人的能力是个体所蕴藏的内部潜力。在通常情况下,人的潜能远未能充分发挥,如何通过激励手段,发挥人员潜能,保证安全生产,是安全管理面临的新课题。从个体心理因素来说,工作绩效是能力和动机这两个因素相互作用的结果,即

$$工作绩效 = 能力 \times 动机 \qquad (2-1)$$

因此,提高人员的工作能力和激发员工的工作动机,是提高员工工作绩效和保证安全的最有效途径。

四、价值观

价值观是指一个人对周围的客观事物(包括人、事、物)的意义、重要性的总评价和总看法,是一个人基本的信念和判断。一个人认为最有意义的最重要的客观事物,就是最有价值的东西;反之,就是最无价值的东西。人们对于各个事物的看法和评价在心目中的主次、轻重的排列次序,就是价值观体系。价值观和价值体系是决定人们行为的核心因素。不同个人、群体、组织的价值观是不同的。美国组织行为学家斯普朗格尔将价值观分为如下6种类型[14]。理性价值观以知识和真理为中心,强调通过理性批判的方式发现真理。唯美的价值观以形式、和谐为中心,强调对审美、对美的追求。政治性价值观以权力地位为中心,强调权力的获取和影响力。社会性价值观以群体他人为中心,强调人与人之间的友爱、博爱。经济价值观以有效实惠为中心,强调功利性和实务性,追求经济利益。宗教性价值观以信仰教义为中心,强调经验的一致性及对宇宙和自身的了解。一个人并不是只具有一种类型的价值观,实际上6种类型在不同的人有着不同的配置,如对待安全的价值观。

五、态度

态度在飞行员日常沟通、团队协作、决策各项过程中起到重要作用,也是飞行作风的重要组成,因此培养飞行员良好的态度具有重要现实意义。

1. 概念与构成

态度是个人对某一客观对象所持的评价与行为倾向。态度是一种心理倾向,带有感性色彩,带有价值观的特点,是个性特征。个体的安全态度则是个体对安全问题所表现的特殊态度。一个人的态度不同,就会影响到他看、听、想、做某事时所产生的明显的个体差异,必然会对他的行为具有指导性、动力性的影响。例如,对于安全规章制度,有的同志持赞同态度,并视其为自己的行为准则,这样在工作中就不会出现偏差,保证工作过程的安全。有的同志持不赞同或抱着"无所谓"的态度,自然在行动上就难免出现偏差,甚至造成飞行事故。由此可见,人们对某一客观对象有一个正确的评价和定义作用,"态度端正"才能导致正确的社会行为,反之,则将导致不正确的、反社会的行为。

态度的要素分别涉及认知因素、情感因素和意向因素。认知因素是指对对象的评价,包括对对象的认识理解以及赞成或反对。情感因素是指个人对于对象的好恶,如同情、尊敬、喜欢,或是轻视、排斥、厌恶等。意向因素是指个人对对象的反应倾向,即采取行为的准备状态。

2. 常见的危险态度

事实证明,有5种危险态度和心理对飞行中的感知发现和判断决策有严重影响,这5种危险态度是侥幸、冲动、炫耀、反权威和屈从。

(1) 侥幸。许多人都认为,事故只会发生在别人身上而绝不会找上自己。尽管他们都清楚事故是会发生的,任何人也都可能碰上,但就是没法真正认识到或相信,自己会被牵连进去。有这种想法的飞行员更容易遭遇事故。

(2) 冲动。有这种态度的人经常感觉不管做什么事情,都需要立即行动。他们不会停下来思考将要做的是什么,也不会选择最佳备选方案,只会实施首先反映到脑海中的方案。

(3) 炫耀。这样的人总是想方设法证明自己比别人强,通常都认为"我能处理好"会证明给你们看。有这种态度的飞行员会通过冒险来试图证明自己的能力,以期给他人留下深刻印象。当其能力受到挑战时,这类飞行员不愿意通过寻求帮助来接受或承认自己的缺点,不管这种帮助是来自机组内部成员还是来自管制员或其他人。

(4) 反权威。这种态度存在于那些不喜欢别人告诉他们应该怎么做的人。有这种态度的人,可能会因为讨厌听从别人的指挥而认为各种规则、条例以及程序都愚不可及或是没有必要。

(5) 屈从。这类飞行员不认为自己有能力改变困境。如果走出了困境,他们会将功劳归功于运气好,如果事情弄糟了,他们则会归咎于坏运气。这类飞行员通常将行动机会让给别人,而不管这样是使情况更好或是更糟。有时候,他们还会附和一些毫无道理的请求,只为了证明自己是个"随和的人"。

3. 态度的形成、测量与改变

(1) 态度的形成。态度的形成是指态度从无到有的过程。美国斯坦福大学心理学家班杜拉(Bandura)在其《社会学习理论》一书中,阐述了以人、环境和行为三者交互作用的观点为基础的社会学习理论。随后,又以个体、行为和环境的交互决定论为组织框架,深刻地阐述了人类的技能发挥是个体心理因素、行为和社会交互影响的结果,形成了著名的社会认知理论,较好地回答了个体态度形成的机制。在班杜拉的社会认知论中给出了两种态度形成的方式,分别是观察学习和亲历学习。

① 观察学习。观察学习是个体以旁观者的身份观察他人的行为表现,以形成态度和行为方式,如飞行员通过观看视频看到他人违反规定而被取消飞行资格,从中学到了需要遵守飞行程序和规定。观察学习只是从他人的经验而学到新的经验,不需要经过亲身的刺激-反应。

② 亲历学习。亲历学习指个体通过自己的行为反应结果而获得的学习行为,如飞行员飞行中违反规定被处罚,从中学到了要遵守规定。

与行为主义不同的是,社会认知理论强调主体因素在亲历学习中的作用,认为行为结果对行为的塑造是一个自动作用的过程。行为结果之所以能够引起学习,取决于个体对行为结果功能价值的认识。

(2) 态度的测量。态度作为一种内部的状态或倾向,相比于认知和动作技能的测量,相应的测量难以量化,但可以通过以下方式开展。

① 观察。观察个体行为,可以对其态度进行推论。观察要在个体不知道被观察的情况下进行,这样的行为较为真实地反映个体的态度,同时需要在不同情境中观察个体某一类别的大量行为或者在一定时间内行为选择的频率才能做出有关态度的推论。例如,不仅要观察飞行员在飞行中遵守标准操作程序的情况,还要观察飞行员在日常交流中对于标准操作程序的态度,以及在模拟机训练中遵守标准操作的情形。

② 个体自我报告。观察的方法需要消耗大量的时间,有时候较难开展,另一种行之有效的方法是基于问卷的个体自我报告,这种问卷一般是先描述某种态度表现的情形,然后要求个体自己报告会选择哪种行为。例如,"在决策过程中,与其他机组成员发生了意见不一致,你选择的行为是什么"。需要注意的是,这种方式去测量的主要是态度的认知成分,而且被试者在测量中会做出一些虚假的选择。

(3) 态度的改变过程。态度形成之后将比较持久地保持,但也并非一成不变,它会随外界条件的变化而变化,从而形成新的态度。人员态度改变有两种情况：一种是在程度上的改变，如对某一事物的态度从犹豫到坚决支持，由勉强同意到完全同意等，这通常仅需通过强化便可做到；另一种是在方向上的改变，如对某一事物原来是消极的，后来变得积极了，这是根本上的改变，是质的飞跃，比较难实现。当然，方向与程度有关，从一个极端转变到另一极端，既是方向的转变，又是程度的变化。

据美国凯尔曼（H. C. Kelman,1961）的研究，态度的改变经历顺从、认同和内化3个阶段。

第一阶段，顺从。顺从是表面上放弃自己的意见或观点，在外显行为方面与他人相一致，而在认识与情感上与他人并不一致。例如，飞行员不认可教员或领导者对某一问题的解释，但迫于尊重教员或领导者表面上表示认可，所以顺从只是满足自己安全需要的工具。

第二阶段，认同。认同是在思想、情感和态度上认为他人的意见是正确的而主动接受他人的影响来改变态度，不但在行为上与他人保持一致，而且在感情上也与他人一致，认同比顺从深入一层。认同阶段基本上不受外在压力的影响，而是主动接受他人或集体的影响，例如，飞行员通过学习发现教员或领导者对这一问题的解释更加合理。同时，由于个体相信所认同态度的正确性和必要性，一旦认同便比较稳定，通常不再随情境的改变而轻易改变。

第三阶段，内化。内化是指从内心深处相信和接受他人的观点而与他人一致，并将自己所认同的思想和自己原有的观点、信念融为一体，构成一个完整的价值体系，例如，飞行员把教员或领导者对这一问题的解释变成了自己对这一问题的解释。由于在内化过程中解决了各种价值的矛盾和冲突，当个人按自己内化了的价值行动时，会感到愉快和满意；当出现了与自己的价值标准相反的行动时，会感到内疚和不愉快。这时，新的态度成了自己个性的一部分，稳定的态度和品德便形成了。因此，内化具有高度的自主性和坚定性，不会因威胁或引诱而动摇。

该研究项目已开发出了一项操作性的训练项目，以帮助飞行员了解自己本能会采取的影响飞行安全的态度倾向。一旦飞行员意识到了他们态度的危害性，就会对此加以注意，并通过相应的措施加以改正。飞行员应该牢记每一种危险态度的改正方法，以便在需要时，这些方法能自动映入脑海。

（4）态度培养的方式。根据态度形成和改变的过程和原理，可以通过以下方式来培养飞行员在飞行训练和运行中的态度。

① 说服。说服即通过言语说服飞行员改变态度。在说服的过程中，有效的说服技巧主要有以下3种。

（a）提供双面论据。双面论据包括正反两方面的论据，相比于提供单面论据,提供双面论据更有利于培养长期稳定的态度,对于受教育程度较高的飞行员比较适用。例如教员或领导者说服飞行员应当遵守公司规定,结合正反面的例子更能让飞行员深刻领会遵守法规的必要性。

(b) 以理服人。相对于以情动人,以理服人对态度的影响更加持久,充分说理、逻辑性强的说服内容有更大的影响力。例如,通过决策机制—决策过程—决策问题一系列富有逻辑性的说服,更能有效地改变飞行员的态度。

当然,也可以通过以理服人和以情动人相结合的方式开展说服工作,在说服的开始通过情感感染引起飞行员的兴趣,然后再用充分的材料进行合理论证,这样会产生预期的说服效果。

(c) 逐步提高要求。为了有效地改变飞行员的态度,必须先了解其原先的态度,估计与飞行员态度的距离。若两者过于悬殊,就要逐步提高要求,将态度改变的总目标分解为不同层次的子目标,先向飞行员提出要求较低的目标,达到此目标后再提出更高一些的目标,使说服者与被说服者的态度差距不断缩小,从而促进飞行员态度的改变。如果急于求成,一开始就提出不切实际的过高要求,不但难以改变飞行员原先的态度,而且还容易产生对立情绪。

② 榜样示范。榜样示范是指向飞行员提供榜样,示范榜样行为,并使飞行员进一步做出模仿操作而习得良好态度与品德的过程。榜样要影响飞行员的态度学习需要一些条件。首先,榜样要为飞行员所尊重或认同。领导、教员、杰出的飞行员通常易于为飞行员所认同。其次,飞行员还要具备与所学习态度有关的知识和技能。例如,榜样示范的态度是任何时候都严格按照飞行标准程序操作,则飞行员要从中习得这一态度,必须得事先具有飞行标准程序的知识以及操作的技能。

在实施过程中,要引起飞行员对榜样的关注,认真观察榜样的示范,产生选择性知觉,并将榜样的示范行为转化为认知表象或语词符号而储存于自己的头脑中。因此,飞行员必须仿照榜样的行为进行反复的演练,不断总结自己操作行为的进展情况,及时做出自我矫正。对于模仿的行为,需要给予必要的强化。可以由教员或领导者向飞行员提供外部强化,也可以由飞行员观察榜样所受到的强化,而对自己产生替代强化,还可以由飞行员向自己提供自我强化。

③ 角色扮演。角色扮演是让一部分飞行员当演员,另一些飞行员当观众,演员和观众都处于一种真实的情景中,形成解决问题的愿望和对参与的理解,产生移情、同情、愤怒及爱慕等情感。在此基础上进行分析、讨论。这样,演员与观众都形成了一定的看法、态度和价值观。

角色扮演可以通过以下步骤开展:一是教员或领导者设置和讲解问题,解释角色扮演;二是分析角色和选择角色扮演者;三是确定表演程序,组织观众布置观察任务;四是进入问题情境开始表演;五是评论角色扮演,讨论要点;六是把问题情景与现实经验和当前问题联系起来,探究行为的一般准则。在第五步之后也可以根据讨论情况修改角色并重新开始表演。

在角色扮演的过程中,教员或领导者负责引导飞行员从一个阶段过渡到另一个阶段。但大部分讨论和表演的具体内容都由飞行员自己决定。教员或领导者和飞行员形成平等、信任的关系,鼓励飞行员自由地、真诚地表达思想和情感。通过反应、解释与总结,飞行员们提高自己的观点和情感的意识。

④ 奖励。奖励和惩罚都属于强化的不同方式。

奖励指施加在行为之后以增加该行为再次出现可能性的方式。奖励的运用,首先,要选择正确行为,如严格遵守标准程序,遵守公司规定等行为,而不是一般的概括性行为;其次,要正确选择奖励,以虽多次奖励但不至于引起迅速的满足为原则,而且必要时运用物质奖励;再次,在教员或领导者期望的良好行为出现后,就要立即给予奖励,不要耽搁太长时间;最后,应引导飞行员更多地采用内部奖励,让飞行员对自己的行为本身感到满足和愉快。

⑤ 惩罚。惩罚能够稍微减少或消除某种不良行为再次出现的可能性。尽管惩罚不一定能够保证飞行员发生好的行为,但是毕竟能够抑制不良的行为,在态度培养中适当运用惩罚还是必要的。

惩罚的运用有两种形式:一种是在违反标准或规定要求的行为后施加某种痛苦或延误的刺激,以减少此类行为再次发生的可能性,包括批评、警告等方式;另一种是在不良行为发生后,取消飞行员喜爱的某种刺激,以减少此类行为再次发生的可能性,包括扣除行为得分,暂时收回某种奖励或暂时取消参加某种娱乐活动的权利等方式。

主张运用惩罚不等于提倡体罚与变相体罚,因为这两种行为容易伤害飞行员的自尊心,引起过度焦虑,也容易导致飞行员对教员或领导者产生敌意。

六、需要与动机

动机是引起个体活动、维持并促使活动朝向某一目标进行的内部动力。需要是指个体由于缺乏某种生理或心理因素,产生的与周围环境的某种不平衡状态,也就是个体对某种目标的渴求和欲望。动机包含3个相互作用又相互独立的因素:需要、内驱力和诱因。当个体在生理心理上产生不平衡时,需要就产生了。内驱力处于非常核心位置,它为指向目标的行为提供了原动力,并将个体的生理和心理需要维持在一定水平上。诱因作为外因也可以通过内驱力发挥作用。例如,学生为了获得知识、充实自己而努力读书就属于内在动机。个体对学习奖励的追逐则来自动机活动的外部,属于外部动机。

虽然每个人都具有个性差异,但是人的行为形成与发展呈现一定的规律性,即环境—需求—动机—行为—目标,如图2-13所示。当实现目标之后,需求得到满足,随之会得出新的需求;反之便遇到挫折,此时,也会产生新的目标,出现积极的或消极的行为。

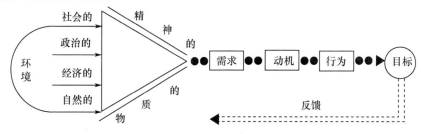

图2-13 个体行为模式逻辑示意图

关于动机的研究在历史演变中出现了本能理论、诱因理论、自我效能理论、需要层次理论等。本能理论认为人类行为的根源和动物一样,都受本能的驱使。英国社会心理学的创始人麦独孤独(McDougall,1871—1938)是目的心理学的主要代表人,他认为:人所有的行为是由本能引起的,人生来就有先天、固有的特征,这些特征使我们不做考虑就去做这样的行为,如婴儿的吮吸。他还认为人作为经济人的本质:不付出有回报,为何要付出?因此,学坏容易学好难。诱因理论从动机的外部来寻求行为的动因,强调外界的诱因在行为产生中的作用。例如,通过奖惩塑造行为。自我效能理论认为,个体对有效控制自己的能力知觉或信心决定个体在成就情境中的行为动机。个体经历了某种学习后,在情感、认知和行为上表现出消极的特殊的心理状态。

1. 人的需要层次

在从事飞行活动中,飞行人员会表现出各种行为,尤其在协同配合过程中,每名飞行人员都要充分理解其他人表现出的行为。而在理解人的需要,探索和洞察人性方面,美国心理学家马斯洛做出了巨大贡献[15]。马斯洛于1908年4月1日出生于纽约,当他开始其职业生涯时,当时的心理学领域有两大势力:行为主义方法和临床的心理分析方法。行为主义的可能性给马斯洛以深刻印象,这种可能性以约翰·华生(John B. Watson)的乐观信念为代表。华生认为,科学的心理学可以把任何人训练成任何类型——"医生、律师或印第安首领"。马斯洛最终认识到,行为主义有其局限性。第二次世界大战期间,马斯洛被一次爱国游行感动得热泪盈眶。他决定发起他的实验研究事业,以便去尝试从心理学上理解仇恨、偏见以及战争的原因,并开始不断探索一个对人类天性有全面理解的理论。例如,他高兴地发现,信任和尊重地对待下属能够创造出更具支持性、生产效率更高、更有创造性的工作氛围。

马斯洛的需要层次理论将人的需求区分为不同的内容和层次,并将其作为一个完整的体系予以研究,推进和深化了人们对需要的认识水平。由于此理论的直感逻辑性强,易于理解,在国内外流传极广,在管理领域中影响较大,它促使管理人员注意到人的需要的多样性,人除了生理的和物质的需要外,还有精神上的需要,在各种社会活动中,应根据具体情况,满足人们各种合理需要,以激发人员的安全动机。安全管理人员应首先注重满足人员的低层次需要,并在此基础上引导人员的思想境界向高层次发展,以进一步利于安全工作的顺利进行。

马斯洛提出的"需要层次理论"认为,人类有 5 种基本需要,即生理、安全、归属、自尊和自我实现的需要,如图 2-14 所示。

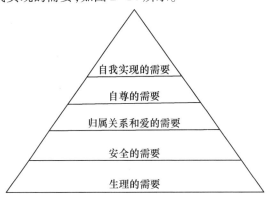

图 2-14 马斯洛的需要层次理论

(1) 生理的需要。生理的需要是指人的生命活动的最基本需要,如吃饭、穿衣、住宿等。在一切需要之中,人的生理需要最优先。也就是说,假设一个人在生活中所有的需要都没有得到满足,那么,是生理需要而不是其他需要最有可能成为他的主要动机。例如,对于一个饥饿的人来说,他除了食物之外没有别的兴趣。他不会想到去写诗、去研究历史、想获得一部汽车等。

对于飞行人员来说,日常飞行任务中的疲劳、作息不规律性以及较大的工作负荷给其身心带来了强大负担。所以,飞行人员更应该在法规规定的休息期内有条理地规划安排自己的休息时间,保证充足的睡眠、科学的膳食搭配以及养成良好的锻炼习惯,并时刻清楚地了解自己的身体状态,在身体不适时确保及时察觉,不可盲干。精力充沛是执行飞行任务的基础,因为生理需要是人的首要动力。

(2) 安全的需要。如果生理的需要相对满足了,就会出现一些新的需要,即安全的需要。每个人都希望安全,不仅要求有一个安定、良好的社会环境,使人的身心不受侵犯,而且要求有一个安全、稳定的工作环境,希望避免疾病、工伤、失业和其他各种危害,这些需要通过采用安全设备、医疗保险和退休福利等措施来满足。例如,大家都愿意拥有一份有保障的、可以终身任职的工作,渴望有一个银行户头和各种类型的保险。

虽然飞行员必然会重视飞行安全,但每个人自己也是安全需求的主体,这可以映射到生活的方方面面,如人身安全、家庭安全、财产安全、工作保障等。只有在这些安全需要都被满足的前提下,每名飞行员才能责无旁贷、专心致志于日常的飞行训练。

(3)归属关系和爱的需要。生理的需要和安全的需要都相对满足后,就会产生归属的需要,每个人都有与他人进行正常社会交往的良好愿望,渴望在群体中与同事融洽关系、团结友爱,能够得到别人的支持和理解,并有所归属,成为某个团体的成员,得到承认,同时又与别人友爱。因此,工作单位和工作地点不仅仅是一个工作场所,而且也为人们进行社交活动,建立友谊和归属提供了机会。

飞行需要各方面的密切配合,每名飞行员都希望得到战友的关心和支持,在工作中既需要同事、上下级之间互帮互助,更需要对所在组织产生归属感。每个人在付出的同时都会需求被给予,这种感情上的需要会比生理上的需要来得更细致。

(4)自尊的需要。每个人都有自尊和被人尊重的需要。人们必须感到他自身的价值,对自己有信心。这样当他工作时才会发挥聪明才智。每个人都希望自己有威信、有地位,希望能得到别人的承认,得到领导的赏识和重视,受人尊敬。在工作上满足尊重的方法很多,主要有提高其对完成工作的认识,提高其在同事中的社会地位,以及提升其职位等。

对于飞行员来说,从刚一开始的飞行学员随着主动学习,能力以及阅历的增长,信心的建立,成长到后来的成熟飞行员,每个人都需要团队和组织对自己的认可,然而,满足这个需求的前提是:每名飞行员都积极努力、勤学好问。很多飞行员都认为"飞行是一件快乐的事情",而乐趣本身也源于外界的尊重。自尊的需要满足后,飞行员能够能充满信心和热情,体验到自己的价值所在。

(5)自我实现的需要。当所有上述需要基本上得到满足后,自我实现的需要就变得突出起来。当人们的需要进入这个层次时,都想实现他们全部的内在潜力,满足人们这种自我实现的需要。例如,音乐家必须演奏音乐,画家必须绘画,诗人必须写诗,只有工作才能使他们感到最大快乐。自我实现就是充分实现一个人的潜能,完成与自己能力相称的一切事情,追求自我完善的需要。

每个人选择从事飞行这个职业,可能有不同原因。无论如何,养成良好习惯,从一开始的懵懂到后来的职业化、规章化,开发自己潜力进而在每一次飞行中提升自己解决问题的能力,不断提高自觉性,形成自己完善的飞行理念,实现自我价值是每名飞行员最终的价值追求,也是最高层次的需求。

2. 需要层次的动力学

对于社会中的大多数正常人来说,其全部基本需要都部分地得到了满足,同时又都在某种程度上未得到满足。人的一般需要通常是在优势需要得到满足后才会出现新的需要。马斯洛认为,上述5种基本需要,以层次形式依次由低到高排列,形成金字塔式逐层递升。一般来说,只有当低层需要相对满足后,高层次的需要才可能出现,因此人类的需要是一种相对优势的层系结构。

马斯洛指出,人的需要的层系结构不是固定不变的,而是与个人的生理状况、文化程度、环境因素、社会发展等有关。一个国家和人民对各种需要层次的分布和他们的经济发展水平直接相关。根据马斯洛的估计,在现代文明社会中需求的5个层次,一般满足的比率是:生理的需要约为5%,安全的需要约为70%,归属的需要约为50%,自尊的需要约为40%,自我实现的需要约为10%。

3. 动机与飞行安全

飞行属于现代社会最复杂的活动之一,责任重大,风险性高。掌握现代空战所需要的飞行技术的难度及其特殊性,比其他许多职业更突出地提出了有关个人智慧的主动倾向性问题。驾驶飞机绝不能疏忽,不发挥自身全部能力,就完不成任何战斗任务,因为任何一个错误的动作都有可能导致飞机失事。因此,只有对飞行职业非常热爱、抱有强烈的愿望和浓厚的兴趣,才能成为优秀飞行员。尤其要想成为一名技术精湛、英勇善战的空中战斗员,如果没有对飞行事业执着追求的源动力,没有正确的飞行动机是根本办不到的。不良动机往往是事故发生直接原因背后的原因。

为了保证飞行安全,飞行员在飞行动机方面应注意如下几个方面。

(1)建立飞行训练安全的良好动机。在实际飞行训练中,有少数人出于个人私利或侥幸心理违规操纵,这种错误动机往往能导致严重后果。

(2)保持最佳动机水平。动机强度与工作效率之间是一种倒"U"形曲线关系,即动机强度过高或过低,都会使工作效率下降,如图2-15所示。显然,中等强度的动机最有利于任务完成。人的工作效率随动机的提高而上升,但随着任务难度的增加,动机的最佳水平有逐渐下降的趋势。例如,有的飞行员在飞行训练考核中,越想出成绩,结果越不理想。

(3)注重分析人的需要层次,为人力资源管理提供依据。人的年龄、文化程度、价值观和工作性质不同,其需要层次也不同。只有掌握不同类型人员的需要层次结构,才能为资源管理提供科学依据。调查结果表明,影响人的积极性的因素,即物质的、人际关系的和精神的需要构成比,分别为45.63%、32.04%、

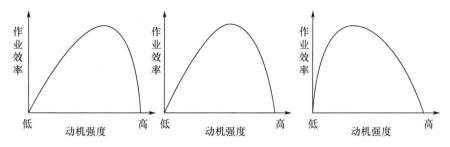

图 2-15 任务性质、动机强度和工作效率的关系

22.33%。此外,越是文化层次高的人,其自我实现的需求越强烈,越是文化层次低的人越倾向于较低层次需求。

在飞行训练中,管理人员、飞行员应重视建立和谐的人际关系,开展各种社交活动以满足归属的需要;鼓励人员参与管理以满足尊重的需要等。

七、人格

人格通常理解为个体性格的差异、一个人区别于其他人的处事方法手段。人格的科学描述有很多方式。外倾性和神经过敏性的问卷调查将同种类的不正常人格分类,并且证明了不同专业群体的差异。此外,测试的得分说明了人们处理任务方式、应对应激情况的不同。与性格内向的人相比,性格外向的人得到更多刺激,并对中央神经系统产生作用。因此,性格外向的人活跃、好交际、冲动,内向的人不活跃、矜持、细心。神经过敏性方面得分高表明神经系统不稳定,容易导致感情用事、喜怒无常。得分低则表明稳定性好。

性格内向的人倾向于有条不紊的工作,节奏慢于性格外向的人;性格外向的人由于关注速度而容易出错。外界刺激或危险环境对性格内向的人不利,但是却能提高性格外向的人的表现。当需要持续警惕时,性格内向的人表现得更好。

在危险环境中,神经官能方面得分较高的人表现较好。焦虑会带来过分担忧,并降低工作表现。长时间处于应激状态也会产生身心疾病。

相关研究表明,航空安全与神经过敏以及其他形式的失调有关。较高的性格外向的人的得分与事故有关。相反的数据也曾出现,但是并不是所有的事故都与人格因素有关,要确定任何相互关系需要大量的样本。

统计数据表明,约 22% 的飞行人为差错与人格有关。一种情况是不自信、紧张、反应过度强烈,另一种情况是过度自信、不计后果、不遵守规章制度。分别用"不稳定内向""不稳定外向"表示,但是仍需进一步的证实。显然,第一种情况与误操作导致的飞行事故有关,第二种情况与忽视风险有关。

显然,未来的研究不应该简单研究人格与事故之间的关系。人格测试能为飞行员选拔提供指导,并在飞行训练中得到应用。多数情况下,管理工作应考虑人格的差异。

第四节　飞行中人的心理认知过程特点与局限

人的行为受多种因素的影响,人的认知行为模型有助于从理论上解释人的不安全行为的发生、发展过程。现代认知心理学用信息加工的观点和方法描述人的认知过程,如图2-16中的人的信息加工模型所示。图中每个方框代表信息加工的一种机能,简称机能模块,带箭头的线表示信息的流动及其流动方向,各个模块的机能既有固有特点又有不同的局限性。

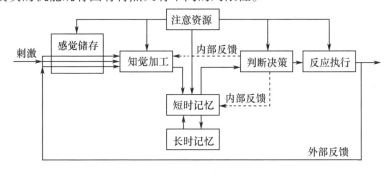

图2-16　人的信息加工模型

了解这些机能模块的特点与局限,对我们深入理解并把握人为差错的特点与产生机理,进而开展非技术能力训练有很大的帮助。

一、感知的特点与局限

感觉(sensation)是人脑对直接作用于感觉器官的客观事物的个别属性的反应。感觉是最初级的认识过程,是一种最简单的心理现象。感觉是一切心理现象的基础,它为人的知觉、记忆、思维等复杂的认识活动提供了原始资料。反过来,感觉也受到如注意、知觉、情绪、心境等高级心理活动的制约和影响。此外,感觉是客观内容和主观形式的统一。人的任何感觉,都受到性格、经验、知识以及身体状况等主观因素的影响。

知觉(perception)是人脑对直接作用于感觉器官的客观事物整体属性的反映,它是在感觉基础上形成的。感觉是知觉的基础,知觉是感觉的深入和发展。知觉按照一定方式对感觉信息进行组织,并依据个体的过去经验对感觉信息进行解释。

知觉过程的信息加工,可分为"自下而上"和"自上而下"两种方式。"自下而上"的信息加工是由输入的信息(刺激物的作用)所引起的加工,它主要依赖刺激物自身的性质和特性。"自上而下"的加工是从知识经验开始的加工,当外界刺激输入后,在注意的参与下进行编码,大脑中已储存的与刚输入信息有关的知识经验,甚至有组织的结构图式被激活,其中适合于图式的信息被加工,而不适合于图式的信息则被忽略。大脑中被激活的图式实际上构成了一系列的"知觉期待",使得对刺激信息的加工更为迅速、准确,使图形从背景中迅速分离,并尽快地被整合为知觉表征,产生对事物的完整知觉。"自下而上"和"自上而下"是大脑统一加工信息过程中的两种方式,这两种方式不是各自独立、互相排斥的,而是互相联系、互相补充的。

以飞行中最重要的视觉为例,若光线不良会对感知距离和高度带来困难,因而,飞行员在夜间或雪地靠视觉着陆会发生错误。视觉敏锐度以视网膜黄斑部为最高,离开黄斑部半厘米的周边部位视觉就大大减低。因此,物像若落在视网膜的周边部位上,就不容易看清楚,甚至看漏。飞行中,飞机相撞的事故时有发生,分析其原因,视觉问题是重要原因之一。特别是当两架飞机靠近的航向之间夹角比较小的情况下更易发生。例如实际飞行中看见另一架飞机,辨别出它所在的位置及运动方向,进行改变自己飞机运动轨迹的操作时间需5s左右,如图2-17所示。

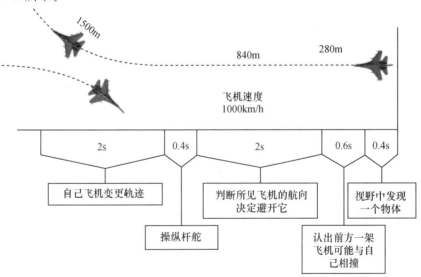

图2-17 飞行员为规避相撞所需的视觉运动反应时间

此外,在实际飞行活动中,尤其是应急情况发生以后,如果飞行员精力过于专注某一方面,没有留有裕度去观察其他方面,就会出现该看的看不到、该听的听不见等现象,这实际上就是飞行人员的感知出了问题。例如,长时间的夜间或云中飞行,飞行员往往把大部分的注意力用于保持飞机状态上,当转移注意力时,容易出现"误绿为红""误对为错""误小为大"等错乱反应。为降低错误感知的概率,飞行员需要了解和掌握感觉的若干基本特点。

1. 感觉的阈值性

感觉储存是外界输入刺激后,人对信息进行加工的第一个模块。它储存输入感觉器官的刺激信息,保持极短时间记忆,图像记忆保持0.25～1s,声像记忆保持约2s,最长不超过4s。由于外界信息瞬息万变,因此,感官内以感觉痕迹形式登记的信息,如不尽快被选用或抹掉,就会同新输入的信息混杂,导致原有信息的失效。外界信息输入感官后,只有受到格外注意才能转换成持久的形式而得到保持,否则就会迅速消失。因此,由感觉储存向短时记忆过渡的关键是注意的保持功能。

2. 知觉的选择性

人在知觉客观世界时,并不是对所有的刺激都发生反应,而是有选择地对其中的少数刺激发生反应,并做出进一步加工。这种特性成为知觉的选择性。在这个过程中,被选择的刺激物成为知觉的对象,而同时作用于感觉器官的其他刺激物就成为背景。在这个意义上,知觉过程就是从背景中选择出对象的过程。

图 2-18 知觉的选择性

图 2-18 是一幅双歧图,如果把白色空间当作背景,则黑色部分被我们知觉为对话者;如果把黑色部分当作背景,我们就会把白色部分知觉为一个花瓶。可见,知觉的对象与背景是可以相互转化的。到底看作花瓶还是对话者,受到观察者当时经验、心智模式的影响。

3. 知觉的整体性

知觉的对象由不同的部分组成,有不同的属性,我们将这些个别孤立的属性或部分知觉为一个统一的整体的特性,称为知觉的整体性。

有时即使引起知觉的刺激本身是零散的,但由此得到的知觉经验却仍然是整体的。图 2-19 中的三角形(图 2-19(a))、方形(图 2-19(b))和圆形(图 2-19(c)),虽然都没有边缘和轮廓。但是在人们知觉经验上却都是边缘清楚、轮廓分明的,其主要原因就是人们的视知觉把视野中的接近部分综合成经验中常见的三角形、方形和圆形。这种现象就是视知觉把整体中局部的成分加以组织整合的结果。看成完整的图形还是分割的图形,也受到观察者心智模式的影响。

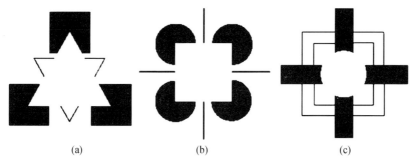

图 2-19 隐匿图形

4. 知觉的理解性

人在知觉事物时,并不是被动地将对象的特征进行客观登记,而是依据自己的知识经验,对知觉的对象予以解释,赋予它特定的含义,并用语词标志出来。这一特性称为知觉的理解性。

知觉的理解性可用隐匿图形(图2-20)说明。人在看这张图片时,并不是被动地观看图片上的黑白斑点,而是力求建构这些斑点之间的关系,最终将这张图片知觉为"雪地上的一条狗"。这就是人们主动对知觉对象理解的结果,知觉的理解性主要受个人的知识经验、言语指导、活动任务以及态度等多方面因素的影响。

图 2-20 隐匿图形

(1) 个人已有的知识经验会影响其知觉的理解性。当个体相关知识经验丰富时,就能更多更快地提取与知觉对象相关的信息。因此,知觉会更深刻、更精

67

确,知觉的速度也更快。知识经验不同的人,对同一个事物知觉的内容和速度会有差异,因而其理解程度也不同。

(2)言语指导。当知觉对象的外部标志不明显时,言语指导能够提示知觉的内容,唤起个人的过去经验,有助于对知觉对象的理解。

(3)活动任务及对知觉对象的态度。个体对知觉对象的理解会根据活动任务,做出符合要求的判断。此外,个体对知觉对象的态度也会影响其理解的倾向。

二、记忆的时效与容量有限

记忆是人通过神经系统将外界信息进行编码、存储以及检索的过程,是人们积累经验的基础,也是人形成思维的前提,包含识记(信息的获取)、保持(信息的储存)、再认(信息的辨识)、再现(信息的提取和利用)等一系列过程。根据记忆中对输出信息的编码方式不同、储存信息时间的长短不同,记忆可分为瞬时记忆、短时记忆与长时记忆,对安全的影响主要体现在记忆的时效性和容量有限对人心理认知过程的影响。

记忆功能的实现靠脑内神经元之间的互相联系而产生,而神经元之间通过突触来连接。一般说来,短期记忆不需要脑内新蛋白质的合成,只通过电信号和化学信号引起突触连接的加强。瞬时记忆储存输入感觉器官的刺激信息,保持时间极短,图像记忆保持 $0.25\sim1s$,声像记忆保持约 $2s$,最长不超过 $4s$。短期记忆反映短期保留信息的能力,维持时间常以秒计。若没有对信息进行及时复述,短期记忆内的信息会很快遗忘,并且难以恢复。例如,口算依靠短期记忆完成,完成后很快被忘掉。长期记忆的维持时间并不确定,可能维持 $30min$,也有可能终生难忘。它的形成除了要加强突触连接外,往往还需要增加突触的数量,同时伴随着基因的转录和翻译,即合成新的蛋白质。如果不加以重复,因神经元相互作用而生成的蛋白质就会退化,记忆就会遗忘。

在记忆容量方面,人的记忆一方面受到注意的影响;另一方面,其广度通常是 7 ± 2 个组块(物体、字母或符号等),这就意味着如果不能对飞行中的信息进行合理分类归纳,则过多的短时记忆极易遗忘,导致长时记忆想不起来而出现顾此失彼、手忙脚乱的情况。

三、注意的负诱导作用

在人的信息加工过程中,注意作为一种心理努力贯穿信息加工的全过程。注意的功能在于对外界信息进行过滤、筛选,即选择并跟踪重要的信息,避开和抑制无关的信息。注意:在一定条件下,可以在同一时间内分配给多种活动。

飞行员在复杂的飞行活动中,尽管环境对其输入许多刺激,但却无法达到都被意识的水平。注意是大脑皮层的积极活动状态,积极活动的大脑皮层部位处于兴奋状态时,同时在这个部位的周围皮层区域就出现抑制状态,这种现象就称为负诱导。"负诱导"越强,注意就越集中,处于抑制状态的大脑皮层对刺激不能引起应有的兴奋,不能感知,也就不能进行记忆和思维活动。这种注意的固执性表现可能影响飞行安全。例如,在一起不安全事件中,飞行员决定着陆而未放起落架,是由于他当时在注意空中另一架也在下滑着陆的飞机,担心与其相撞,因而忘记了放起落架。当飞机向跑道下滑,高度降低后,跑道上射出红色信号弹,他说也未看见,这是因为视觉刺激传到"负诱导"影响下的抑制状态的皮层上,使视觉刺激未能达到可被意识的水平而产生的"视而不见"现象。此类问题的显著特点包括以下几方面。一是新飞行员出现较多。这与新飞行员飞行技术不熟练,空中经验少,飞行中抓不住重点容易顾此失彼有关。二是飞行员准备不细,匆忙上班工作,飞行中"丢三落四"。三是情绪不佳时容易发生。

"负诱导"效应的显著表现是"管状视野"。当处于紧张状态时,飞行员的注意范围会不断缩小,而且注意分配和转移的能力也减弱。正常情况下,飞行员能眼扫视几个仪表,并能把几个仪表的指示整合起来,在头脑中形成整体的飞机状态表象。处于紧张状态的飞行员可能只死死盯住某一个仪表,因而,无法在头脑中形成正确的飞机状态表象,使飞行员在紧张状态下产生"操纵失真",即飞行员的主观操纵背离了飞机的客观反映。这种现象在心理学上被称为"管状视野",如图2-21所示。例如,飞机起飞过程中出现异常情况(如带大角度襟翼起飞、发动机"最大"状态未接通、进入长机尾流等)时,可能异常情况对操纵没有更大影响,但由于飞行员注意范围狭小,不检查飞机速度而盲目收油门"中断起飞",进而导致严重后果。对紧张状态的适应除了人的性格气质等因素外,飞行员的飞行能力(如技术熟练程度等)占有重要地位。飞行实践表明,凡飞行技术熟练的飞行员都有比较强的抗御紧张状态的能力,其原因是这些飞行员一般有较多的精神储备余力,他们的实际能力超出当时所应付事件应具备的能力水平。

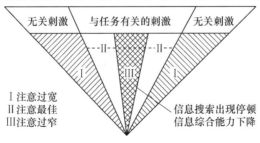

图2-21 "管状视野"示意

但是随着飞行时间的拖长,需要消耗克服内部障碍(如疲劳、厌倦、注意力分散等)的精神能力逐渐增多,工作要求的精神能力总量也就逐渐增高,当余力用尽时,飞行员也就无力应付紧张状态,极易发生操纵上的人为失误。

四、判断决策中的思维定势与期望心理

决策模块的局限性主要表现在人的思维定势和对事件发展的评估期望两个方面。

所谓思维定势,是指一种因类似事物多次重复,在时间上、空间上给人形成的比较稳定的心理模式。飞行员在空中这个特定的环境中,任何飞行动作都经过多次反复练习,因此,常用的动作经验和符合规定的体验沉积下来,无意中形成了定势心理,如遇到飞机下沉就拉杆,速度大便收油门等,但是无形中阻碍了思维的灵活性和创造性。尤其是在处理一些貌似相同而实质却不同的情况时,定势思维就成了心理障碍,使人在无意中被一种潜意识所控制。因此,飞行员应加强以智力训练为中心的心理训练,克服知识结构狭窄、应变能力差的状况,培养思维灵活敏捷的良好心理品质。

估计和期望是人的心理现象,主要表现为人们对将要发生的事件先入为主,片面地确定和假设,并在实施时凭借以往经验对当前事件施加影响。估计与期望可以帮助人更有效地认识客观事物。但是,如果所根据的知识和经验是不正确的,或原来的知识和经验对于新对象的感知不适宜,就可能导致视觉性错误或理解错误。在图2-22中,在期望心理的影响下,人乍一看不容易发现图中多了一个"THE"。例如,飞行员在夜间寻找另一架飞机时,往往把星星当作尾翼灯光,有时把公路、铁路、车站灯光等当作机场跑道。又如,在一次空靶训练中有一

图2-22 期望心理的影响

名飞行员驾驶飞机负责带拖靶,他很担心攻击机击中自己的飞机,当听到"嘭"的一声响并感到自己的飞机似乎在振动时,竟慌忙弃机跳伞。实际上,飞机没有任何问题,只是攻击机击中了拖靶。

在人际交往中,个体对交往对象的认知,会直接影响到个体人际交往的正常进行。由于种种原因,交往过程中的人际认知常常会出现这样或那样的偏差。

1. 首印效应

首印效应又称为第一印象,还有人称为"第一感",它是指素不相识的人,初次见面,通过对方的仪表、相貌、风度等提供的信息迅速形成印象。

第一印象是非常鲜明、强烈而又牢固的。它会直接影响对一个人的评价及对其行为的解释,称为第一印象的作用。在第一印象形成过程中,仪表特征往往起着优势作用。然而,以貌取人,从第一次见面就贸然下断语,往往会对人的了解产生偏差。

2. 晕轮效应

晕轮效应又称为光环效应、成见效应,是指当对他人的核心品质形成了鲜明印象后,从而掩盖了对其他品质的知觉。核心品质起到晕轮作用,因而引起了人们以点概面、扩大化或泛化的反应。

晕轮效应具有以下3种特性。一是遮掩性,即主要品质对次要品质的遮掩。例如,人们常说的"一俊遮百丑"。二是弥散性,即扩大化、泛化作用。又如,"一好百好,一坏百坏"。三是定势性,核心品质起到了心理定势的作用,使人不自觉地沿着这个方向去知觉。

3. 定势效应

定势效应是指由于人们头脑中存在着某种想法,而影响对他人的认知和评价。在人际交往活动中,当我们认知他人时,常常会不自觉地产生一种有准备的心理状态,并从这种心理状态出发,按照事物的一定外部联系,进行认知和评价,于是就有了定势效应。

4. 定形印象

定形印象是指人们对社会上某一类人形成的一种较为固定的看法,是一种概括化、类化的看法。它主要表现为:在人际交往过程中机械地将交往的对象归于某一类人,不管他是否呈现出该类人的特征,都认为是该类人的代表,进而把对该类人的评价强加于他。

定形印象作为一种固定化认识,它能使人们简化认识过程,帮助人们迅速有效地认识环境。但是假若不考虑个别人的个性,只用概括的共性模式去套个体,往往就会产生错觉知觉,形成偏见。

五、情绪的调节作用

情绪(emotion)是人对客观事物是否符合自己需要所产生的态度体验,是伴随认识活动而产生的心理过程。喜、怒、哀、惧等是最基本的情绪类型,其中,满意、愉快、欣赏等属于积极、肯定的情绪,苦闷、悲伤、愤怒、憎恨等属于消极、否定的情绪。其中,客观事物是来源,是否满足是中介,由内而外的内心感受通过生理反应表达出来,表现为具体的行为。在某种事件或情境影响下,人在一定时间内所产生的情绪状态可分为心境、激情和应激3种。

心境(mood)是指人比较平静而持久的情绪状态。它不是关于某一事物的特定体验,而是以同样的态度体验对待所有事物,是一个人在生命历程当中占最多数的一种情绪状态。例如,有的人很狂躁,有的人很沉稳、平和。如果人的情绪稳定,心态平和,就会认真工作、细致干事、平平安安;反之,如果人的情绪浮躁,心绪不宁,工作起来势必手忙脚乱,甚至导致事故发生。

激情(intense emotion)是一种强烈、短暂、爆发性的情绪状态,如狂喜、愤怒、绝望等,是由强烈刺激所引起的过度兴奋或抑制。事业成功、失恋、被侮辱等生活事件,都容易引起激情。持这种心理状态的操作者容易对所处的环境和他人造成误解并做出不正确反应和得出与实际情况完全不同的判断和评价。由于误解或判断不切合实际,所采取的行为也将谬之千里,其结果也影响安全。当激情发生时,皮层下中枢的神经活动过于兴奋,大脑皮层的调节和控制作用降低,认识范围缩小,自我控制能力下降,甚至做出冲动或者过激行为或动作,这种现象称为"意识狭窄"。要控制自己的情绪,做情绪的主人,常见的方法有注意转移法,即当消极的激情即将发生时,尽量把注意力从产生这种激情的事物上转移到其他事物上;再比如心理换位法,从多角度分析问题,想想"假如我是他……"等,还有合理宣泄法以及理智控制法等。

应激(stress)是由于刺激事件打破了有机体的平衡,或超出了个体的负荷和能力范围而引起的情绪状态。造成应激的刺激事件成为应激源(stressor)。在飞行过程中,突发事件或应急情况发生时,飞行员会迅速动员机体的全部资源和能量,以应付紧急情况,此时的情绪状态就是应激状态。同样在突发危险情况面前,有的人会遇惊不乱,镇定自若,果断迅速地采取正确处理方法,化险为夷。有的人则会惊慌失措或呆若木鸡,做不出避险动作,甚至会忙中出错,导致更大损失。关于应激的反应过程和管理,后续章节会有系统详细分析。

六、反应执行中的"错、忘、漏"

在飞行过程中,由于噪声、振动、加速度、空间定向障碍、疲劳、应急情况等因素,飞行员可能处于过度紧张状态。此时,会引起飞行员感知的困难、意志力的下降和某些操纵行为的失误等,可以概括为飞行中的"错、忘、漏"现象。

著名神经心理学家鲁利亚认为,人的任何活动都必须有"3个主要机能结构"参加,其作用是:调节紧张度与觉醒状态;接受、加工和保存信息的结构;规划、调节和监督控制复杂活动。

在调节紧张度与觉醒的结构中,起关键作用的是位于脑干中央部分的第一机能结构,即"网状激活系统",它可以比喻为汽车的起动装置,使脑机器运转,并保持个体处于意识状态而继续起作用。当飞行员在外界的强烈刺激下,大脑的网状激活系统可能会因过度刺激而暂时无法激活大脑意识,进而影响第二、第三机能结构的功能,出现操纵上的"错、忘、漏"现象,如图2-23所示。

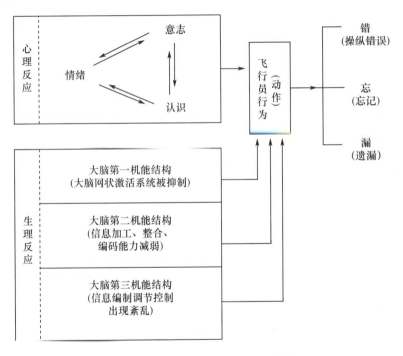

图2-23 紧张状态下飞行员产生"错、忘、漏"的心理过程

第五节 高度对生理的影响

在高空飞行,需要对身体进行必要的防护。要理解高度对人体的影响,首先应了解大气特性以及人体呼吸系统。

一、大气物理特性

从海平面到 300000 英尺(1 英尺 = 0.3048m)高空,大气成分可看作恒定的,其基本成分如表 2-5 所列。

表 2-5 清洁空气的成分表

气体	体积分数/%	质量分数/%
氮(N_2)	78.08	75.52
氧(O_2)	20.95	23.14
氩(Ar)	0.93	1.29
二氧化碳(CO_2)	0.03	0.05

地球表面覆盖着一层厚厚的由空气组成的大气层。大气重量所产生的压强,称为气压。从地面向上,大气逐渐稀薄,大气压强与海拔高度成反比。在海拔 18000 英尺,大气压强下降到海平面大气压强的 1/2。国际民航组织给出了气压变化和高度之间的关系,如表 2-6 所列。因为大气压强和高度是指数关系,对于一个给定的高度变化,大气压强差随着高度增加而增大。10000 英尺的高度变化引起大气压强的变化如表 2-7 所列。

表 2-6 大气压强与高度的关系

高度/英尺	压强			
	mmHg	lb/in^2	kPa	mbar
0	760	14.70	101.38	1013.25
8000	565	10.92	75.37	752.91
18000	380	7.34	50.69	506.08
25000	282	5.45	37.62	376.00
34000	188	3.63	25.08	250.28
40000	141	2.72	18.81	187.60
50000	87	1.68	11.61	116.00
60000	54	1.04	7.20	71.71
100000	8	0.16	1.07	11.03

在混合气中,各组成气体的压力称为该组分气体的分压。混合气体总压力是各组分气体分压力的总和。对于干燥空气来说,有

$$P_{O_2} + P_{N_2} = P_T \tag{2-2}$$

由于大气的整体压强随着高度增加而下降,因此,氧气分压强也随着高度的增加而下降。

表 2-7 干燥空气中每 1000 英尺高度变化引起的压强变化

高度/英尺	mmHg	kPa
0	160.00	21.34
8000	118.70	15.83
18000	79.80	10.65
25000	59.20	7.90
40000	29.60	3.95

太阳向地球辐射光热,使大气加热。在地球表面以上的对流层中,温度随着高度增加而规律性下降。每上升 1000 英尺,温度下降 2℃。这种温度下降在对流层顶部停止,对流层顶部高度约 35000 英尺。到了同温层,温度基本保持定值 -55℃。

二、人体呼吸系统

人类维持生命所需的能量来自于食物的氧化反应,因此,氧气是活体细胞维持正常机能的最重要原料。脑细胞对缺氧尤其敏感。由于人体只能储存少量氧气,因此中断大脑氧气供应 6~8s 会导致人脑失去意识。如果氧气供应中断 4min 以上,大脑会产生不可逆的损伤。氧气被运送到身体各个组织的细胞,以维持机体正常功能。氧化反应会产生二氧化碳,二氧化碳必须从人体组织内运出,并排放到空气中。大气中的氧气进入人体,人体将二氧化碳排放到大气,这个过程被称为呼吸作用,具体步骤如下。

(1) 大气与肺的气体交换通过肺呼吸完成。
(2) 在肺部气体和器官组织中,氧气和二氧化碳的运输通过血液循环进行。
(3) 哪里有氧气消耗二氧化碳产出,哪里就有血液与器官组织的气体交换。

外部大气和血液在肺部完成气体交换。血液在全身循环,并携带氧气或二氧化碳。肺部结构适合氧气、二氧化碳在血液中与肺部气体进行交换。空气在肺部被不断切分,最终进入细小的肺泡。成人肺部有 3 亿多肺泡,这些肺泡提供了 50~100m^2 的有效气体交换面积。肺泡壁非常薄,血液流经肺泡,能够贴近气体。一个年轻的成人,一次深呼吸可以从肺泡中呼出 3L 气体。然而肺中储存气体的最大容量约 6.5L。由于肺泡中的氧分压大于血液中的氧分压,因此,氧气从肺泡进入肺部血液。氧气进入血液增加了血氧含量,血液中氧分压随之上升。由于肺泡壁的面积很大,空气和血液之间的肺泡壁很薄,因此,离开肺部的气体的氧分压与肺泡中气体的氧分压基本相等。同样,离开肺部血液的二氧化碳分压与肺泡气体的二氧化碳分压也基本相等。

在吸气过程中，进入鼻腔和口腔的空气通过喉头（发声器）和气管到达肺部。在传输路径中，空气被加热到体温（37℃左右）、被加湿、被过滤。

在肺部，吸入的空气与肺泡气体混合，增强了氧气含量。在呼气过程中，肺部二氧化碳被排放到空气中。成年人在休息时，每次呼吸交换气体的平均体积约0.5L，每分钟约呼吸16次，因此，肺部交换气体为 0.5×16＝8L/min。在高强度运动中，人的呼吸频率达到每分钟 40~50 次，交换气体高达 100~125L/min。经过训练后的运动员则能够达到 150~200L/min 的气体交换量。

肺泡气体的成分依赖于吸入的气体的成分和肺部气体的平衡。肺部气体平衡取决于肺部呼吸情况、氧气消耗与二氧化碳的产生。由于肺部换气是正常而有规律的，因此，肺泡中二氧化碳的气压分量保持不变，该值为40mmHg左右。人在海平面呼吸，肺泡中气体成分如表 2-8 所列。

表 2-8　在海平面上呼吸时肺泡中的气体成分

气体	分压强		干燥空气成分（以体积分数衡量）/%
	mmHg	kPa	
氧气	100	13.34	14.00
二氧化碳	40	5.33	5.60
氮气	573	76.44	80.40
水汽	47	6.27	
合计	760	101.38	100.00

在高海拔地区呼吸，大气中氧气分压会有所下降，导致肺泡中氧气压强下降。氧气压强下降到 55~66mmHg 会对肺部呼吸产生影响。在不同高度呼吸，肺泡内各气体分压强标准值如表 2-9 所列和图 2-24 所示。

表 2-9　在不同高度下肺泡内各气体成分标准分压强

高度/英尺	肺泡气体分压强							
	水汽		氧气		二氧化碳		氮气	
	mmHg	kPa	mmHg	kPa	mmHg	kPa	mmHg	kPa
0	47	6.27	100	13.34	40	5.33	573	76.44
8000	47	6.27	65	8.67	40	5.33	423	56.43
18000	47	6.27	40	5.33	28	3.74	265	35.35
25000	47	6.27	30	4.00	22	2.93	183	24.41
35000(*)	47	6.27	18	2.40	12	1.60	103	13.74
(*)表示快速减压到35000英尺的瞬时值								

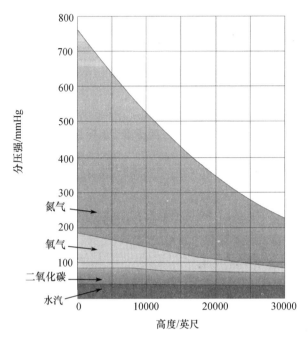

图 2-24 高空呼吸时肺泡中气体成分

三、体内氧气运输

通过血液循环系统,氧气从肺部传输到身体组织,身体组织产出的二氧化碳传输到肺部。虽然氧气和二氧化碳可溶于水,但是溶解方式存在于血液中的量太少,无法满足身体需求。血红蛋白是血液中储存和携带氧的运输工具。血红蛋白和氧气结合成一种松散的化合物,即氧合血红蛋白。氧合血红蛋白在血液中的氧气压强下发生作用,使血液中的氧气含量保持不变。当 P_{O_2} 增大,如在肺中,氧气被结合;在 P_{O_2} 低的地方,如身体组织中,氧气被释放。血液中还存在另一个同样的机制,与溶解于水相比,二氧化碳溶解于血液的能力也增强了。在人体组织中,P_{CO_2} 过大,二氧化碳被溶解;在肺部,P_{CO_2} 很低,二氧化碳被析出。血液被心脏通过主动脉输送到身体组织,此时,血液中的 P_{O_2} 和 P_{CO_2} 也与肺泡中相同。当血流过支路发达遍布身体各组织的细小的毛细血管时,氧气被释放,二氧化碳被带走。血液的流动是根据组织器官对氧气的需求量以及二氧化碳的生产量而精确控制的。当氧气需求量增加时,如肌肉组织在运动时,肌肉中的血液大量流动,促使心脏泵出更多的血液。因此,在从事高强度体育活动(如跑步)状态下,心脏输出的血液量是休息状态下的 5 倍左右。流向身体组织的血液量与身体组织的需求量是匹配的,因此流经身体组织的动脉血中 25%~75% 的氧气被吸收。从身体组织回流到肺部的血液(静脉血),与动脉血相比 P_{O_2} 很低,P_{CO_2} 很高。血液流经肺部与肺泡中的气体进行交换,压强的不同导致氧气被带走,二氧化碳被析出。

随着高度升高,P_{CO_2} 在肺泡中降低。离开肺部到达身体组织毛细血管的血液中,P_{CO_2} 和氧气含量都有所下降,如图 2-25 所示。如果氧气含量下降量不大,那么,氧气输送到身体各组织的比率不会降低,但是会降低身体组织中的氧气分压。在这种情况下,增加血液流动等机制被启动,以补偿身体组织中 P_{CO_2} 的下降。如果氧气含量下降量过大,即使身体的补偿机制被启动,某些身体组织中的 P_{O_2} 也可能会降低到 0。肺泡中的 P_{O_2} 有一个临界值(30~35mmHg),当 P_{O_2} 达到这个临界值,大脑就会进入无意识状态。

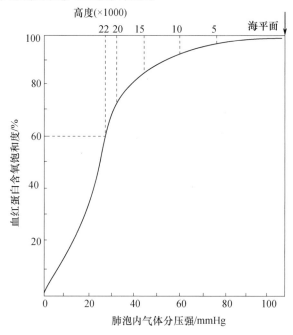

图 2-25 不同高度下血液和肺泡氧气压强的关系

四、缺氧

对地球上的生物体来说,氧气是维持生命正常的最重要元素。人的身体对缺氧尤为敏感。如果机体得不到正常的氧气供给,或不能充分利用氧气来进行代谢活动,则可能引起一系列生理及病理改变,导致缺氧。一般的缺氧会引起身体机能的快速恶化,严重时可能导致死亡。高度达到 8000 英尺,大气中氧气分

压强 P_{O_2} 降低 25%，人的智力表现有明显降低。在呼吸过程中，如果到达 50000 英尺的高空，肺泡中的 P_{O_2} 降低到 10mmHg，人类会在 10s 内进入无意识状态，持续 4~6min 则会导致死亡。

飞行中由于高度升高而带来的严重问题就是 P_{O_2} 的降低。如果氧气供应设备故障、座舱失压，飞行员会迅速进入失能状态，甚至死亡。从生理角度来看，一定程度的缺氧并不会对机体直接产生致命影响，但是却容易导致灾难性后果。原因很简单，人在缺氧情况下，身体机能会变差，飞机会失去控制。缺氧是航空活动的重大风险，在第二次世界大战中，很多飞行员因为高空缺氧而牺牲。

机体缺氧的表现或征兆千差万别。在高空呼吸，缺氧征兆出现的速度和顺序以及症状的严重性依赖于高度大小、暴露状态的持续时间、爬升速率。其他的影响高空缺氧的主要因素是体力活动的强度。运动明显强化了缺氧程度。疲劳、暴露在寒冷中、摄取酒精（或某种有兴奋作用的药物，比如苯丙胺）同样会使给定强度的缺氧状态雪上加霜。总之，在缺氧的现象和结果上，有相当大的个体差异。通常，高度越高，现象越明显。然而，爬升越快，达到同等严重状态所爬升的高度越高。在这些情况下，可能在出现缺氧症状之前就会失去意识。

人在不同高度的缺氧症状表现复杂，存在个体差异并取决于多方面因素。其有决定意义的外界因素是上升的高度。一般来说，可分为如下 4 个区域。

（1）从地面到 10000 英尺高度范围。在高度达到 10000 英尺之前，飞行人员除非进行大体力运动，否则没有任何症状，但是执行复杂任务的能力有所下降。在 8000 英尺以上，飞行员对异常情况的反应速度降低明显。实验室测试发现，在 6000 英尺以上，飞行员对目标的探测能力已被削弱。

（2）10000~15000 英尺高度范围。在这一个范围内，飞行员执行技巧性工作的能力降低了，如对飞机的控制以及导航能力。在 10000 英尺以上，降低的程度随着高度增加而增加。人们经常意识不到自身缺氧或由于缺氧而引起自身能力下降。实际上，常见错觉是，当前表现比平常会更棒。如果在 12000 英尺以上进行体育活动，人会出现气喘吁吁等轻微征兆。如果持续 10~20min，则会出现剧烈头痛。

（3）15000~20000 英尺高度。超过 15000 英尺，即使在休息状态下，也会出现缺氧症状。即使执行简单任务，相应能力也会明显削弱，主要表现是：思维变慢，肌肉运动不协调，身体发抖而笨拙，情绪显著改变。当事飞行员可能变得欣喜、好斗、郁闷或者有暴力倾向。同样，当事人通常不会意识到自身情况。

（4）20000 英尺以上的高度。在 20000 英尺以上高空，即使人在休息，也会出现严重的生理反应。精神表现和理解力快速衰退，偶发的意识不清对飞行员是一个警告。在完全失去意识之前，上肢会频繁抽搐。失去意识后则会四肢乱舞。在20000英尺以上进行体力活动,人会很快失去意识。

在中等或严重缺氧情况下,呼吸的深度和频率都会增加。在18000英尺以上,血红蛋白会增多,皮肤的毛细血管会释放氧气,最终导致嘴唇、舌头、脸变青,其中指甲最明显。

在10000英尺高空,供氧突然中断是常见的缺氧因素。由于高度增加,呼吸系统的代偿反应从开始到高空失去意识之间的时间大大缩短。从急性失氧到失去意识之间的时间是随高度变化的,不同高度的有效意识时间如表2-10所列和图2-26所示。

表2-10 急性失氧下的有效意识时间

高度/英尺	有效意识时间/s
25000	150~360
27000	130~250
30000	100~180
34000	60~100
36000	55~85

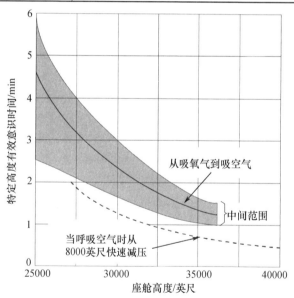

图2-26 特定高度的有效意识时间

座舱瞬间失压会引起严重的缺氧,当挡风玻璃或门被丢掉,小型座舱会暴发性失压,缺氧症状也会迅速发生。

五、高空缺氧的预防

前面解释了缺氧与在8000英尺以上的高空(肺泡氧气分压为65mmHg)密切相关,并且对复杂的飞行操作有重大影响。因此,飞行人员在不借助外界供氧设备而正常操控飞机的最大驾驶舱高度为8000英尺。通常,在地平面飞行员就开始使用供氧设备。由于飞机爬升,空气中氧气分压P_{O_2}降低,缺氧的问题可以通过提高吸氧含量来预防。

飞机爬升到34000英尺以上,即使呼吸100%的纯氧,肺泡中的P_{O_2}也会低于地面呼吸的水平(P_{O_2}=100mmHg)。在40000英尺的高空呼吸100%的纯氧,肺泡中P_{O_2}约为60mmHg,其缺氧程度相当于在8000英尺高空直接呼吸。爬升到40000英尺高度以上,即使呼吸100%的纯氧,也会出现严重缺氧症状。根据肺泡中P_{O_2}的水平,在45000英尺高空呼吸纯氧的症状要比在18000英尺呼吸空气的症状严重。在40000英尺以上高空,增加肺部气体的整体压强可以预防严重缺氧,这种方式称为主动增压呼吸。不同高度上呼吸纯氧状态下,肺泡中各种气体分压强如表2-11所列。

表2-11 高空呼吸纯氧状态下肺泡中各气体分压强

气体 \ 各成分分压强	高度/英尺					
	34000		40000		45000	
	mmHg	kPa	mmHg	kPa	mmHg	kPa
氧气	100	13.34	60	8.00	36	4.80
二氧化碳	40	5.33	34	4.54	28	3.74
水汽	47	6.27	47	6.27	47	6.27
整体压强	187	24.94	141	18.81	111	14.81

六、加压呼吸

在飞机升限超过12km高度时,如果发生客舱减压,即使呼吸纯氧也会发生严重缺氧反应。此时,必须采用人工方法提高吸入氧气的压力,这种供氧方式称为加压供氧,也称正压呼吸。人工提高的压力称为余压,余压和外界大气压力之和称为总压。加压供氧是保证飞行人员生命安全的最重要措施。

正常呼吸时,吸气是主动过程,呼气是被动过程。而加压呼吸时情况相反,呼气肌用力收缩才能将气体呼出体外,主动呼气动作停止,具有一定余压的氧气即可自动冲入肺内,即吸气被动,呼气主动。呼吸形式的改变常引起代偿性呼吸频率加快和幅度加大,导致过度通气,还有发生呼吸疲劳的可能。早期曾经发生过飞行员由于不熟悉加压呼吸,而将其误认为是氧气系统故障,摘掉面罩,险些发生严重事故的情况。

七、过度换气

过度换气是指呼吸频率过快或幅度过深,由于肺通气的增加导致肺泡二氧化碳分压降低,此种情况也被称作低碳酸血症。

引起过度换气的原因包括以下几方面。

(1) 缺氧。在一定高度以上发生缺氧时,肺泡和动脉血氧张力降低,后者通过主动脉窦和颈动脉体化学感受器,反射性刺激呼吸中枢,引起呼吸增加。

(2) 加压呼吸。加压呼吸时,吸气不是主动的,氧气在压力的作用下进入呼吸道,呼气时则要对抗压力,用力呼出,由此易导致呼吸频率和幅度增加。

(3) 心理应激。精神或身体不适引起的恐惧、焦虑、紧张,有时会影响正常的呼吸方式。常见于首次进行低压舱上升和飞行训练早期。

(4) 药物刺激。当飞行员服药后继续飞行时,需重视药物引起的过度换气。能引起过度换气的药物包括水杨酸类、雌激素、儿茶酚胺和兴奋剂。

过度换气的症状和体征不易与低压缺氧的症状和体征相区别,并容易混淆。在客观体征上,过度换气表现在以下几方面:呼吸频率和深度增加、肌肉抽搐和紧张、面色苍白、皮肤湿冷、肌肉痉挛、身体强直、意识丧失。在主观症状上,主要体现在以下几方面:头晕、轻度头痛、麻刺感、麻木、肌肉协调困难、视觉障碍等。虽然缺氧和过度换气的病因不同,但是二者的症状非常相似,很难区别。主要不同是过度换气逐渐发生,有面色苍白、发凉、皮肤湿冷和肌肉痉挛、强直等表现。而缺氧发生得很快,有肌肉松弛和紫绀。

预防和处置过度换气的措施包括以下几方面。

(1) 当在空中发生头晕、视野模糊、四肢麻木等症状时,应首先立即检查供氧系统。如正常,可打开应急供氧开关,并注意控制自己的呼吸,降低呼吸频率和幅度。经采取上述措施 1~2min 后,如系缺氧有关症状得到改善,并做出判断。由于缺氧和过度换气非常相似,二者能迅速导致失能,故要迅速治疗。

(2) 对加压供氧引起的过度换气,正确的纠正方法是逐步降低呼吸深度,但注意不要完全屏气,以防由于肺内压急剧升高而引起迷走反射性心率降低。

(3) 过度换气的发生有一定个体敏感性。可通过地面检查筛查敏感个体,也可对空中发生意识障碍的飞行员事后进行生理鉴定。

(4) 飞行员应能识别缺氧和过度换气的症状特点,并通过低压舱上升和过度换气训练,体验缺氧和过度换气的症状特点。

八、减压病

高空减压病是由于环境压力降低时组织内溶解的气体离析出来形成气泡所致,有关的气体主要是氮气,其次是少量二氧化碳。

空气中的氮气被吸入后,溶解在体内的组织液和血液中,并达到平衡。溶解的氮气量与吸入气体中的氮气分压成正比。当人体高空上升时呼吸气中混合气体的分压降低。如果呼吸气中的氮分压降低或没有,在肺泡就会形成一个压力差。氮气从体内各组织排出,如果环境压力降低得太快,惰性气体来不及排出就会在组织和血液中形成气泡。

气泡有两个病理生理效应。首先是气泡的直接机械作用,可导致血管堵塞和组织变形,引起疼痛、缺血、梗死和机能障碍。第二个作用是组织—气泡界面的表面效应,会引起蛋白质变性、血小板聚集、内皮损伤和疼痛刺激物质释放。由于气泡可在体内不同部位生成,其引起的多种损害并不一定按皮节或解剖分布。

高空减压病是一种进行性的全身疾病,虽然最初的表现可能不严重,但如果不能及时采取措施,气泡的进一步膨胀和其他部位气泡的出现会威胁生命安全。

1. 症状表现

高空减压病分为Ⅰ型和Ⅱ型,这种临床分类对诊断、治疗和医疗后送非常有帮助。

Ⅰ型减压病的主要表现包括如下几个方面。

(1)肢体痛。其中关节痛最常见,以肩关节痛最多见,肘、腕、手、髋、膝和踝关节也可受累。一般开始轻微,定位困难,可能在关节或只是肌肉痛。一段时间后疼痛加重,通常被描述为一种深部的钝痛。肢体倾向于保持一定的姿势以减轻疼痛。深部钝痛和特殊定位是其特点。有时静止时就可出现,运动或许会加重。

(2)皮肤有瘙痒感或蚁走感。皮肤大理石斑纹是由于血管内气泡堵塞了静脉,预示有更严重的减压病发生。开始表现为瘙痒感加重,然后皮肤发红、出现斑点或暗紫色条纹、皮肤感觉迟钝,并可出现皮疹。

Ⅱ型高空减压病是更严重的类型。病人可出现神经系统、呼吸循环系统或内耳的症状、疼痛甚至休克。病人在初期会感到乏力,会误认为是过度劳累所致。Ⅱ型高空减压病的症状包括以下几方面。

(1)末梢神经过敏,出现烧灼感或刺痛,或麻木、无力。严重情况下,高级皮层功能障碍会引起个性改变、行为异常。

(2)呼吸循环系统方面,胸骨下烧灼痛,常因呼吸而加重;咳嗽;呼吸困难。

2. 影响因素

（1）高度。高空暴露高度低于5486m时,很少发生减压病。有统计结果表明,高空减压病仅13%发生在7620m以下,79%发生在9144m以上。

（2）暴露时间。高空减压病很少在到达高空后5min内发生。暴露20~60min发病率增加。

（3）重复暴露间隔。在3h内重复暴露在5486m以上高度将增加发生减压病的危险。两次暴露要间隔24~48h。美军低压舱上升方案规定5486m以上暴露要间隔48h,一周内低压舱上升不要超过3次。3048~5486m的上升间隔为24h。

（4）运动。高空暴露超过5486m时,暴露前12h和暴露后3~6h要限制剧烈运动。这样可以避免易感因素,并有助于区别曲肢痛和骨骼肌疼痛。

3. 加压治疗

对减压病唯一有效的治疗方法是加压治疗。一旦诊断确立,其他治疗和观察只是辅助手段。确诊后病人要尽快送加压舱,并按加压方案进行治疗。治疗者需经过良好训练,并能够运用对应治疗方法。

九、高度变化对耳朵的影响

听觉是人耳接受声波刺激(16~20000Hz的机械振动波)所引起的感觉。听觉不仅能按声音的性质判断距离,而且能直接准确地知觉是什么声音。飞行中的听觉有助于飞行员获得飞机位置、航向、发动机以及飞机各部件工作情况、飞行速度等重要信息,并接受指挥员的指令,它是飞行员必不可少的感知觉之一。

人的听觉器官可分为外耳、中耳和内耳3个部分,如图2-27所示。外耳包括耳廓和外耳道。中耳包括鼓膜、听小骨(锤骨、砧骨、镫骨)及与其相连的肌肉(鼓膜张肌、镫骨肌),还有一条通向咽部的咽鼓管。内耳包括耳蜗、前庭和半规管三部分,也叫迷路。内耳与听觉有关的是耳蜗,前庭和3个半规管与机体的平衡觉有关。

声波经过外耳门、外耳道达于鼓膜,引起鼓膜颤动,颤动经由听小骨传至镫骨底。由于镫骨底连续敲打前庭窗,因而激起前庭外淋巴的不断波动。外淋巴波动引起内淋巴波动,对耳蜗内的螺旋器发生刺激,这种刺激为听神经感受器所接受,由此产生冲动经听神经到达听觉中枢,引起听觉。

中耳鼓室及鼻窦皆属于含气空腔器官,腔内气体受气压改变的影响。由于器官壁大部分由坚硬骨质构成,因此气压改变的影响主要是引起内外气体压力差的变化。

由于鼓室与外界联通的咽鼓管在结构上有特殊性,鼻窦向鼻腔开口处有可

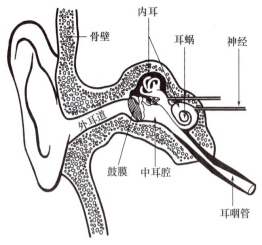

图 2-27 人耳的结构

能因为病理性变化而阻塞,使它们具有单向活门性质。中耳及鼻窦的气压性损伤,主要是因为外界气压增高时,气体因上述单向活门作用而不能进入空腔内,使空腔内形成较大负压。

1. 中耳结构特点

中耳鼓室内的气压必须与外界保持平衡,才能保证鼓膜振动、传导声波。维持鼓室内外气体压力平衡的通道称为咽鼓管。咽鼓管是一个斜行管道,最狭窄处称为峡部。咽鼓管全长为 3.1~3.5 cm。峡部以前的一段,约占全长的 1/3,位于颅骨内,管壁为骨质,此部分管腔永远开通。峡部以后的部分,约占 2/3,位于颅底下面,由韧带悬挂于颅底,可以活动。此部分管腔由于受周围软组织的挤压,平时处于闭合状态,仅在做吞咽、咀嚼、哈欠、喷嚏等动作时暂时开放。为了平衡中耳内外压力,吞咽动作大约每分钟一次,熟睡时每 4~5 min 一次。

2. 中耳的损伤机理

在上升减压过程中,除非咽鼓管有严重阻塞,如上呼吸道感染等,一般都不会引起气压性损伤。当飞机上升时,外界气压降低,鼓室内的气压相对增高,在腔内形成正压。当正压达到一定值时,咽鼓管会被冲开,部分气体会从腔内排出,内外压力基本恢复平衡。在继续上升过程中,随着外界气压降低,咽鼓管可再次开放,这一过程会随着上升反复发生。所以,一般情况下,飞机上升过程中只会感到耳内有轻度胀满感,出现鼓膜略向外膨出的现象。但是,如果咽鼓管由于某种原因导致不通畅,随着压力差的增大,将会开始出现耳内胀满感明显,并有轻度的听力减退。严重时,耳内将有很不舒服的感觉,并有耳鸣、耳痛和轻度眩晕感,最后令人无法忍受。

85

飞机下降时,外界气压不断增高,鼓室内将形成负压,使鼓膜向内凹陷,产生耳压感及听力减退。此时,由于单向活门的性质,咽鼓管不能自行开放,必须主动做咽鼓管通气动作,才能使之开放。开放后,外界气体进入鼓室,内外压力平衡,骨膜复位,耳压感及听力减退现象就会消失。但是,如果不主动做咽鼓管的通气动作,随着大气压力的继续升高,鼓室内负压不断增加,会产生耳痛、耳聋甚至鼓室内的液体渗出,形成中耳气压性损伤。耳痛与鼓室内负压累积的程度有直接关系,其压力阈值有明显的个体差异,负压值越大,症状也会越重。航空中的中耳气压性损伤,又称为航空性中耳炎。

3. 影响鼓室内、外压差的主要因素

(1) 飞行高度。不同高度的大气密度不同,越接近地面,密度越大,所以当下降速率相同时,越接近地面,气压增加率就越大。中耳气体压伤多发生在4000m以下,尤其以1000~2000m高度为多[15-17]。

(2) 下降速率。单位时间内的下降高度越大,鼓室内、外压差也越大,在下降着陆时,由于飞行员的注意力高度集中于操纵飞机,对于缺乏主动做咽鼓管通气动作训练的新飞行员来说,比较容易发生中耳气压性损伤。

(3) 上呼吸道感染。由于感冒等原因引起上呼吸道感染时,咽鼓管咽口周围的黏膜组织会出现肿胀,导致咽鼓管开放困难,上升时也可能出现气压性损伤。国外有报道称,某飞行员因上呼吸道感染未痊愈即参加飞行而发生了中耳气压性损伤,险些造成飞行事故。

4. 预防措施

(1) 如存在影响咽鼓管通气功能的疾病时,应在飞行前及时矫治,痊愈后方可参加飞行。感冒可能引起咽鼓管的充血和肿胀,因此在感冒期间不得参加飞行。

(2) 主动做咽鼓管通气动作。飞行前,飞行员应该充分了解中耳气压性损伤的产生机理,并学会做咽鼓管主动通气的动作。若已经出现耳压,而进行咽鼓管通气动作又不能使咽鼓管开放时,可重新上升高度,降低周围环境压力后,继续做咽鼓管通气动作,等咽鼓管已通气,耳压症状消失后,再缓慢下降高度。常用的咽鼓管通气方法,主要有以下3种。

① 吞咽法。这种方法简单易做,缺点是使用此法须吞咽唾液,多次吞咽,常感到唾液不足,尤其在飞行中用氧时,容易导致口、咽腔干燥,而且并非每次吞咽动作都能使咽鼓管开放。

② 捏鼻鼓气法。此方法的要领是用手指捏紧鼻孔,闭口用力向鼻咽腔鼓气,以增加鼻咽腔气体压力,而冲开咽鼓管。正确的鼓气动作应该在短时间内运用比较猛烈的空气冲力去冲开咽鼓管。例如,经过两三次鼓气仍不能开放咽鼓

管时,可暂停一会,正常呼吸几次,当胸内压力降到正常水平时,再重新进行鼓气动作。这种方法具有一定危险性,因为捏鼻鼓气动作,特别是突然猛烈鼓气,可能刺激迷路而产生压力性眩晕,所以一般不强调使用。

③ 运动软腭法。运动软腭法即不吞咽唾液做吞咽动作,模拟打嗝动作,模拟打哈欠动作等,都是运动软腭的方法。

凡是飞行中有习惯性耳压、间断性飞行耳压的飞行员,在飞行前应用手捏鼻鼓气,吹张鼓膜,然后做吞咽动作,使鼓膜复原,连续如此做3~5次,就可以收到良好效果。

十、高度变化对鼻窦的影响

鼻窦是在鼻周围的骨组织内形成的一些空腔。两侧额窦位于眉上方;两侧上颌窦在颌骨内;两侧筛窦在鼻腔的两侧;两侧蝶窦位于筛窦后面。

鼻窦向鼻腔的开口处于正常情况时,无论在上升减压或下降增压过程中,空气都可以自由出入,保持窦腔内外气压平衡。但是如果窦口黏膜发生肿胀或有赘生物存在而造成阻塞时,外界气压改变就会引起窦腔内外压力的不平衡。上升减压时,在窦腔内形成正压,一般能冲开阻塞,使部分气体逸出,所以较少发生严重影响。下降增压时,在窦腔内形成负压,窦口附近的阻塞物被吸附于窦口,发生阻塞,由于阻塞物呈单向活门作用,外界气体不能进入窦腔内,就会发生窦腔内黏膜充血、肿胀、液体渗出甚至出血等变化,并产生疼痛的感觉,这种气压性损伤被称为航空性鼻窦炎。相关症状可能出现在脸颊、上牙、额头或头部,严重情况下,疼痛会使人致盲并出现泪眼。当出现任何鼻窦气压性创伤,应及时寻求医疗帮助,并且不宜参加飞行。

航空性鼻窦炎主要发生于额窦,因为额窦不仅含气量大,而且与鼻窦相通的鼻额管细而长。上颌窦的含气量虽比额窦多,但其向鼻腔的开口比前者大,且呈短管型,所以较少发生损伤。筛窦含气量既少,开口又多,蝶窦开口最大,都不容易发生损伤。与中耳气压性损伤相比,航空性鼻窦炎的发生率要低得多。

由于压力变化在低海拔地区更明显,因此高度对耳朵和鼻窦的影响主要发生在低海拔地区。如果在飞行中发生鼻窦气压性创伤,降落的速度应该放慢,可以试图通过提高鼻子的压力,如捏鼻子、闭上嘴等方法迫使气体进入鼻窦。

第六节 加速度对生理的影响

某项统计数据表明,与飞行人员生理反应密切相关的军事飞行事故约占7.2%,其中由于持续性正加速度导致的空中晕厥、黑视成为主要因素之一。

一、加速度的分类

单位时间内速度的变化即加速度。当飞机产生加速度时,人体实际受到的影响,是与加速度方向相反的惯性力的作用,这种惯性力通常称为"过重负荷",而对飞机来讲则称为载荷因数,也称为过载。

具体而言,过载是指除飞机本身的重力外,作用于飞机各外力的总和与飞机重量之比。载荷一般用 n 表示。地球上所有物体由于受地心引力的作用才有了重量,重力一般用符号"G"表示。为方便起见,在航空医学上,一般用"G"表示加速度,它是实际加速度与重力加速度(即 $g=9.8m/s^2$)的比值。例如,$4G$ 的加速度即 $39.2m/s^2$。

为了便于分析加速度对人的影响,通常以人体在空间的3个轴为准,将飞行中所出现的加速度分为6种情况,如图2-28所示。对于人来说,当过载的方向是从前向后或者相反时,称为横向过载;当过载从右向左或从左向右时,称为侧向过载;当过载的方向是沿着躯干时,称为纵向过载。当战斗机作盘旋、筋斗、俯冲改出等机动动作时,飞行员受到由足指向头的正加速度 $+G_z$ 作用,当 $+G_z$ 作用持续时间超过 1s 时称为"持续性正加速度"。

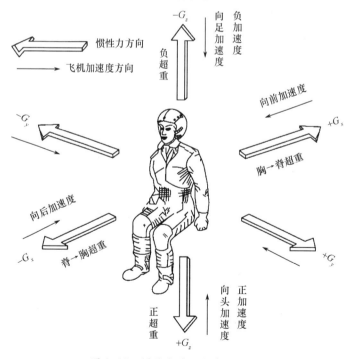

图 2-28　惯性力对人体作用的方向

除线速度外,飞行过程中还可能产生方向与角速度的变化,因此,加速度还可以分为如下3类:由于速度变化引起的线性加速度,由于方向变化引起的径向加速度,由于角速度的变化引起的角加速度。

线性加速度常发生在如下几种情况。

(1) 弹射或火箭辅助起飞。
(2) 拦阻着陆、撞击拦阻网。
(3) 水上或陆地迫降。
(4) 飞机颤抖或震动。
(5) 座椅弹射。
(6) 降落伞的开伞冲击或着陆冲击。

径向加速度是沿着某个轴转动引起的,每当飞机改变方向时,径向加速度的方向是由中心指向外。

角加速度是指绕轴转动角速度的变化,或同时绕两个轴转动,主要影响的是身体的前庭器官(平衡器官)。

二、加速度对人体的影响

加速度对人体的影响取决于以下几个因素。

(1) 加速度的大小。
(2) 加速度的持续时间。
(3) 加速度的方向。
(4) 加速度对人体的作用部位。

径向加速度在飞机转弯时产生,特别是在高速飞机上。向心加速度(a)与速度(v)和转弯半径(R)的关系为

$$a = v^2/R \tag{2-3}$$

离心力(F)等于质量(m)乘以加速度(a),即

$$F = mv^2/R \tag{2-4}$$

显然,转弯飞行时,速度增大1倍,飞机和机组人员将受到4倍的力,而当转弯半径减半时所受的力是原来的2倍。

加速度对人的生理影响,主要涉及组织器官沿惯性力的方向发生变形、移位,血液和体液发生惯性转移和重新分布等。其中对飞行员威胁最大的就是由于血液动力学变化所引起的视觉机能障碍与意识丧失。由于中枢神经系统对缺血、缺氧非常敏感,易发生各种功能障碍,当头(眼)水平动脉血压下降,脑血流减少时就会引起脑缺血、缺氧,进而发生灰视、黑视等视觉功能障碍或意识丧失(G-induced loss of consciousness,G-LOC)。发生G-LOC后,飞行员在将近30s

的时间内完全失去对飞机的操控能力,极易引发事故。

1. 负加速度的影响

负加速度是指与正加速度作用方向相反的加速度。其加速度的方向是向足的,而惯性力的作用方向则是从足到头的,代表符号为$-G_z$。当飞机以较大的角度进入俯冲或拉起改平或由跃升改为平飞、反筋斗特技等情况下,飞行员要受到负加速度的影响。因为人体对负加速度的耐力较小,所以在飞行中一般不允许做产生负加速度的特技动作,即使做也要减少负加速度值和缩短作用时间(飞机构造本身也不允许负载荷过大)。例如,推杆不要太猛、俯冲拉起和跃升改平飞时的动作要柔和,以避免产生较大负加速度的影响。负过载机动主要在特技表演飞行时产生。

负加速度对人体的主要影响包括:胸腹腔内脏向头部挤压,血液往上涌,面部发胀,大腿和肩部的安全带被拉得很紧,有倒立的感觉。G 值在$-3G_z$时,头部及眼球,受过训练后可以承受短时间(1~2s)的$-5G_z$以上的过载。

负加速度可使飞行员产生颅内跳痛、复视、红视等。严重的可引起意识丧失。在负加速度停止作用、意识恢复以后,仍有精神错乱症状,要慢慢才能恢复正常。可见负加速度较正加速度对机体的影响要严重得多,是最容易引起飞行事故的。所以,一般飞特技时,都要避免产生负加速度的动作。

2. 横加速度的影响

当加速度的方向是从前向后或者相反时,称为横加速度。惯性力的方向从胸到背(即从前到后)为正,代表符号为$+G_x$,相反为$-G_x$;惯性力的方向从右到左为$+G_y$,相反为$-G_y$。

横向加速度与正负加速度相比,在同样 G 值的作用下,体重增加的倍数虽然相等,但因分布的面广,单位体表面积所承受的压力较小,内脏器官和血液转移的方向与身体长轴垂直,所以程度较轻。因此,人体对横向加速度的耐力较大。一般认为,健康青年可耐受 15s 的$+12G_x$或 5s 的$+15G_x$。这也可以解释为什么航天飞行时,宇航员采取躺卧姿势。

但是,持续的横加速度会增加颈部肌肉的疲劳,还可能导致空间定向障碍。

3. 正加速度的影响

当飞机做曲线运动,如转弯、盘旋、筋斗、俯冲改出、半滚倒转、半筋斗翻转及正螺旋等特技飞行时,飞行员受到的是正加速度的影响。因为在上述曲线飞行时,飞行员的头部朝向圆心,向心加速度的方向是从座椅指向座舱盖,而惯性力对飞行员的作用方向,则是从头指向臀部。这时飞行员被压向座椅,同时引起机体一系列机能变化。人体受到正加速度作用时,惯性力直接引起的机能变化概括为如下几点。

（1）身体重量沿纵轴方向增大。加速度在$+2G_z$时，飞行员感到身体对座椅压力增大，手脚比平时沉重许多；$+3G_z$时，面颊、眼睑等软组织下坠，以至外貌变形，判读仪表容易出现错误，抬腿费力，很难把脚从舵的位置上移到脚踏板上，上肢向上的动作比平时时间延长；$+3\sim+4G_z$时，四肢活动困难，如头和躯干不紧靠椅背易被压前倾，需要费大力气才能挺直身体和保持正常姿势，$+5\sim+6G_z$时，上述现象更严重。由于在加速度作用时肢体的重量增加，骨骼肌收缩费力，因此活动受到了限制，特别是完成向上方运动的动作困难。例如，拉弹射拉环特别费劲，同时动作的协调性、准确性也差，在加速度G值较高的情况下，飞行员的头部及身体较难保持正确的弹射姿势，两腿（脚）也难以收回到座椅的脚踏板上。所以，飞行人员加强体育锻炼，增强骨骼肌的收缩力量，对抵抗加速度对人体的影响有重要作用。

（2）人体组织和内脏器官移位变形。这在脸上是最明显的，皮肤可以看到凹陷。例如，心、肺、膈肌、消化器官等受惯性力的作用，向骨盆方向移位、拉长和变形，从而影响其功能。如果胃内食物过多，飞行中有加速度作用时则重量增加，使胃向下移位，可出现不舒服的牵拉感觉，甚至发生疼痛。胸廓和膈肌在加速度作用时活动也受到限制，膈肌回位费力，使吸气延长，呼气缩短，呼吸频率加快，以至呼吸困难。随着呼吸频率的加快，肺通气量和氧消耗量也有所增大。同样，在加速度作用时，心脏也被拉长变形，结果搏动力减弱，搏出的血量减少，心跳次数相应加快加重。这些变化，随着G值的增大而加重，随着G值的消除而消失，通常对健康没有什么危害。

（3）血液变重，并倾向于从身体上部流向下肢。在正常情况下，血液返回心脏意味着血液在肺部重新吸收氧气，并随后在身体里循环，血液在下身积累将导致返回心脏血液量减少。随着G的增大，身体下部血管血压将增高。这足以导致脚和前足毛细血管破裂，并在这些区域留下纤细的皮疹。这是加速度大于$4G$时的正常反应，但症状不会持久不退。在$+6G$及以上，手臂可能疼痛。

（4）血液向下半身转移，头部血压降低，进而引起一系列生理机能变化。当正加速度作用时，由于受惯性离心力的影响，人体内最容易发生变化的是血液。人身上大血管的走向多数与身体纵轴平行，血管又是一个富有弹性的管道，管道内壁很光滑。在正加速度的作用下，人不仅被紧紧地压向座椅，而且人的血液也从身体上部压向下部。结果心脏水平以上部位的血量减少，心脏水平以下的部位血液回流困难，下半身血量增多。

（5）心脏以上部位血压下降。随着心脏水平面以下身体部位的血压上升，心脏以上部位血压将随之下降。在大脑中，过载每增加$1G_z$，血压约下降22mmHg；约在$+5G_z$时，人若没有过载防护，大脑中血压将减少到零。此外，心脏由于重量增加而向下移动,从而增加了心脏与脑的垂直距离,这将进一步降低头部血压。

随着过载的增加,血液循环产生障碍,眼睛和大脑的血压降低,直到没有足够的压力来维持对视网膜和大脑的供氧。过载继续增加时,视觉首先出现部分损失(灰视),紧接着是完全丧失视力(黑视)。如果机动持续进行,最终将产生意识丧失。视力丧失过程是周边视觉先丧失,中心视觉后丧失,因此,灰视阶段感觉就像看一个有雾的隧道。由于眼球有一个正向的内部压力,所以保持视力所需要的血压高于大脑意识水平所需的血压。因此,在正过载作用下,头部血压下降首先影响视网膜的血液供应,从而产生视力损害。

在逐渐加速条件下,灰视或黑视的存在为飞行员即将意识丧失提供预警,这样飞行员可以通过操纵飞机降低过载,或通过做抗荷动作防止进入意识丧失。现代飞机能够承受的过载变化率很高,可能高达 $10g/s$ 或更高。在这种情况下,大脑与眼睛几乎在同一时间失去血液和氧气,也就是说在没有视觉警告的情况下直接进入 G-LOC。有研究表明,初步的意识恢复约需 15s,若要恢复情景意识能力以及对飞机的操纵还需要 30~45s 的时间。还有一个现象称为准意识丧失 (almost loss of consciousness,A-LOC),在 A-LOC 期间内,飞行员可能表现为对声音的反应不佳(如无线电),四肢感觉异常,大脑缺乏回忆、混乱或做梦、兴奋和冷漠,或定向障碍,但没有完全失去意识。A-LOC 发生后,过载若继续增大随之而来的风险是飞行员进入意识丧失,将无法操纵飞机。

上述影响的严重程度并不完全取决于加速度的大小,持续时间也是一个重要因素。短暂的大过载可能会导致飞行员失去对飞机的操控,甚至会损害飞机,但由于大脑和眼睛有足够的储氧功能,在没有新鲜血液供应时仍能维持工作 3~4s。

如果未穿抗荷服,4~6s 的 $+3\sim+4G_z$ 的过载足以引起飞行员周边视力降低。$+4\sim+5G_z$ 过载会导致黑视甚至意识丧失。过载耐受水平因人而异,甚至同一个人在不同条件下也不相同,因为会受到饥饿、酒精、疾病、疲劳或缺氧等外部因素的影响。一般情况下,灰视的阈值低于黑视约 $0.5\sim1G$,黑视比失去意识的阈值约低 $0.5\sim1G$。

国外研究数据表明,至少 50% 的飞行员在 G-LOC 后不记得自己曾经失去意识。意识丧失后可能产生 30~45s 的严重影响,因此 G-LOC 或 A-LOC 的最大风险是坠地或空中相撞。

血液和空气在肺部的分布也会受到加速度的影响,主要影响包括:气体传输效率受损、动脉血中的氧气浓度下降,从而进一步降低肺的功能。呼吸 100% 的氧气会延迟这种效果,但不会阻止血氧浓度的最终下降。事实上,呼吸纯氧反复暴露于+G_z下,可能导致"加速度性肺不张"(氧肺),肺的下部变硬,引起气短、咳嗽、胸痛和深呼吸困难。在几次深呼吸之后,这些症状通常会消失。这种症状最有可能发生在穿抗荷服的条件下。这是由于肺下部承受着膈肌的重量和肺上部的重量导致被压缩。压缩区域的代谢被阻碍,被困气体被迅速吸收,使组织变得坚硬。这种症状通过使用混合氧气和空气(称为"混合空气")改善,因为氮气很难溶于血液以至于被困气体的吸收是不完全的。

三、提高加速度耐力的措施

1. 加强体能训练

体育锻炼可以增强飞行员耐高G值的能力。国外某科研单位经过对200名飞行员的离心机试验显示:凡进行过举重训练的飞行员,一般具有较高的抗过载能力。如果在举重训练时采用小举重器和高重复率以及配合各种姿势变化进行训练(每周1~2次),那么,他不仅能达到较高的抗过载能力,而且还可以获得较好的抗紧张耐久力。飞行员还可以每周进行2~3次中等程度的长跑训练,每次20~30min。这对飞行员紧张状态后的体力恢复也非常有利,但不可过量,马拉松式的长跑运动对抗载荷并无好处。此外,加强呼吸肌力量训练,也可提高抗荷效果,如颈肌训练能间接提高+G_z耐力,同时降低颈部受伤的风险,特别是降低飞机空战机动时的受伤风险。

2. 穿抗荷服

抗荷服由非弹性轻质材料制成,裤子的气囊充气后施加反压力给小腿、大腿和腹部,从而防止血液从身体上部流向下部。气囊通过抗荷阀控制高压气源进行自动充气。抗荷服的压力随G增大线性增加,在+$9G_z$时增大到70kPa。传统抗荷服可将黑视阈值提高1~1.5G,但其更大的值在于方便飞行员做抗荷动作,并减少机组人员在反复进行高G值机动动作时的疲劳。全覆盖式抗荷服使用环绕式气囊并覆盖更大面积的下肢,能够使黑视阈值提高2~2.5G。

3. 生理对抗动作

首先,机动动作前的过载热身尤为重要。过载热身能够提升信心,增加血液中的肾上腺素量,改善血压反应,使身体的抗荷系统工作正常,同时能够检查过载耐受力的日常变化。在做任何一个高过载动作之前,通过"过载热身"可以提高3~5min的耐受性。

通过肌肉的挤压作用促进血液沿血管流动回到心脏,增加血液流过四肢的阻力使得血压升高,是抗荷动作的基本原理。此外,试着通过呼吸紧闭声门(气管的顶部),会提高血压,提高胸腔和腹腔的压力,但效果是短暂的。最后,正确的动作时机是必要的;紧张时间应该至少持续3~4s,做一次呼吸使血液从外周静脉回到心脏。

对抗动作有 M-1 动作和 L-1 动作。M-1 动作的要领是：关闭部分声门强行呼吸，同时使腹部及下肢肌肉紧张，持续 3~5s，换气一次。如此周而复始。抗荷动作 L-1 的要领是：完全关闭声门用力呼气，同时使全身肌肉紧张，持续 3~5s，换气一次。飞行员在大过载飞行中，即使做了 M-1 动作或 L-1 动作，对血压的反应也要落后一些。因此，这些动作要做在过载出现之前，一旦落后，就只好用减小过载的方法来消除影响，而且动作还要迅速。

4. 坐姿变化防护

任何降低大脑到心脏垂直距离的措施，都会对黑视和意识丧失提供一定防护。因此，凡可减少血液向身体积聚趋势的姿势改变，都有助于维持血液的血流量。一是身体前倾。飞行员在安全带许可范围内，身体前倾 30° 可使大脑与心脏的垂直距离减小 8~9cm 左右，提高"灰视阈值"0.4G 左右；蜷缩身体可平均降低大脑到心脏的垂直距离 20.3cm 左右，提高"灰视阈值"1G。在第二次世界大战中的飞行员常用这种技术提高过载耐受值。二是增加背角。当身体仰靠座椅（或臀部前移）背角增加时，也可适当提高"灰视阈限值"。如 F-16 战斗机座椅倾斜角为 30°。但试验表明，这种角度对提高飞行员的抗过载作用并不是很大，因为在座椅倾斜角达到 75° 时才能使"灰视阈值"提高 3G，但是，在这种情景下飞行员驾驶飞机又会产生困难，而且在大倾斜角度下，飞行员还会产生定向障碍。由此看来，人们只能是尽最大可能减少飞行员驾机时的直立状态，以提高抗过载能力。

5. 正压呼吸

飞行员以正压通过面罩呼吸气体是抗过载的有效措施，这称为抗过载正压呼吸（pressure breathing for G, PBG）。抗荷正压呼吸能够增加人的抗过载耐力，减少人的疲劳，减轻 +G_z 作用时颈部的不适，延长在高过载时的耐受时间。它使飞行员的呼吸在高过载时更加容易。

目前，PBG 已发展为主要抗荷措施，并在各国高性能战斗机上得到广泛应用。胸部有代偿的 PBG 可显著提高 +G_z 值耐力与 +G_z 时间耐力，减轻 +G_z 时的疲劳程度；胸部无代偿的 PBG 的抗荷效果及减轻疲劳的程度有限，但与胸部有代偿的 PBG 相比，可有效减轻热负荷、简化装备及降低成本等。

6. 离心机训练

在载人离心机上做 +G_z 暴露，可训练飞行员的过载意识，认识 G-LOC 即将到来时的个人症状，正确掌握和实施抗过载动作，增强机体对 +G_z 适应和代偿能力，提高 G 耐力，对防护 +G_z 引起的意识丧失以及缩短相对失能期具有重要作用。美国在 1985 年至 1990 年期间，因大过载发生的事故万时率为 0.013，比 1982 年至 1984 年因大过载发生的事故万时率降低 0.027，这在很大程度上得益于对飞行员进行了大过载的离心机训练。在离心机训练中，飞行员能较好地掌握预防姿势，学会在大过载规避转弯时头部转动如何与抗荷收紧动作协调，身体如何倾斜以提高耐高过载值等。

7. 掌握并严格执行相关规定，克服不利因素影响

飞行人员要有足够的意识，清楚许多不利因素可能降低过载耐力导致低于预期水平。例如，座舱温度高使血液向皮肤流动，使过载耐力降低；例如发热，在有疾病症状显现前耐力明显降低。此外，耐受性也会因脱水（水摄入不足或过量出汗）、饥饿（空胃，血糖降低）、酒精而降低，特别是疲劳。有些药物也会降低耐受力，过度通气和缺氧也会降低耐受力。间断飞行时间过长往往会降低耐受力，即使是间断一个星期。

航空卫生相关规定科学总结了部队航空卫生工作经验，是组织实施航空卫生工作的基本依据。飞行人员应当自觉遵守条例中的有关规定，自觉接受卫生机关和航空军医的卫生指导和监督。一是特技飞行前严格作息制度，睡眠要充足，避免过度疲劳和带病飞行。病愈恢复飞行时应本着循序渐进的原则，动作要柔和、防止粗猛，以避免黑视、红视和意识丧失的发生。二是飞行前24h内严禁饮酒，节制吸烟，禁止空饱腹飞行。三是起飞前应检查供氧装备，按规定戴好氧气面罩，防止特技飞行有负荷时面罩滑脱而造成缺氧，在炎热季节飞行时，座舱温度调节要适宜，防止座舱温度过高而降低加速度耐力。四是起飞前调整和固定好安全带，防止过松过紧及两侧肩带、档带松紧不一。五是飞行人员应正确掌握和运用正加速度对人体作用时的对抗动作。

第七节　空间定向障碍

飞行空间定向是飞行人员在飞行中对飞机和地面的相对位置的一种知觉，它分为"状态定向"和"地点定向"两种。"状态定向"是确定飞机当时在地面上空所处的状态和地面的相对关系，如是否平飞、带坡度或带有俯冲角；"地点定向"是确定飞机当时处在什么地点上空，正朝什么方向飞行。飞行中的空间定向是一个复杂的生理心理过程，它是通过视觉、前庭以及本体感觉等对于飞行环境、航空仪表指示以及重力和各种加速度作用力的反映，经过大脑皮层的分析综合而实现的。这些感觉相互依赖、相互联系、相互验证，从而形成对飞机状态的完整知觉。由于各种感觉器官在结构和功能上的特点，使它们在空间定向中的作用上又有主次之分。如果在飞行空间定向机能系统中错误反映飞机状态、位置和运动的感觉，或中枢对感觉信息处理错误，在一定条件下暂时转化为主导感觉，并在空间知觉形成中取得支配地位时就会产生错误的空间知觉，即发生空间定向障碍。

一、空间定向障碍的生理心理机制

1. 影响空间定向的三种感知觉

（1）视觉。眼睛接收直接来自于光源或物体反射的光线，然后通过眼前部的角膜及其内部的折光系统将光线聚焦在眼球后部的视网膜上，视网膜内的感光细胞把光转换成神经冲动信号，经视神经传入大脑，编码加工成图像。

为了方便，将视觉功能分为3个部分，即光觉、形觉和色觉。

眼睛对亮度的感觉能力非常广泛。物体的亮度是衡量其明暗程度的一个指标，由物体反射落在其表面的光线所产生。眼睛能感受到像微弱的星光一样暗的光，也能感受到最亮的光线，如耀眼的阳光照在雪地上，其明亮感觉让人明显不适。这个范围内有两种视觉机制起作用，暗视觉（或视杆细胞）在最暗的1/4亮度范围内起作用，此时形觉能力较差、无色觉能力；剩余的范围中逐渐由明视觉（或视锥细胞）接管，随着亮度的增加，逐渐发挥出良好的形状清晰度优势和颜色分辨能力。视杆细胞和视锥细胞同时发挥功能的渐变阶段称作中间视觉，大体上对应着满月的亮度。

因为这种调节是一种光化学反应，所以眼睛需要时间来适应亮度变化。眼睛从暗到明的适应调节较快，而从明到暗的适应调节较慢。也就是说，暗适应过程很缓慢，明适应过程则快得多。暗适应条件下可见光源的亮度阈值（作为完全黑暗的功能）如图2-29所示，该曲线表明视敏度不会随着时间延长而稳定增长。曲线由两部分构成，包括最初视锥细胞起作用的快适应和视杆细胞负责的慢适应。视杆视觉（暗视觉）和视锥视觉（明视觉）的另一个特性是对颜色的敏感性不同。视杆细胞对蓝/绿光更敏感，视锥细胞对黄/绿光最敏感（图2-30）。这种分辨颜色的敏感性在黄昏时表现明显，此时，红色物体显得相对更暗，蓝色物体主观上维持本身的亮度。

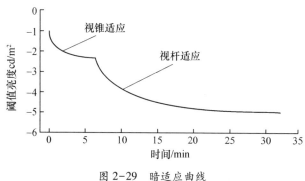

图2-29 暗适应曲线

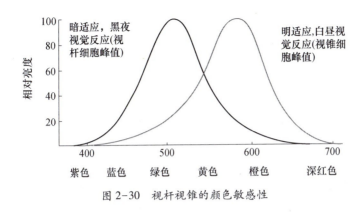

图 2-30 视杆视锥的颜色敏感性

每只眼睛的视野是指眼球固定的情况下,看见外部世界的范围,大概从鼻侧60°延续到颞侧75°。这种限制是由解剖特点决定的,如鼻梁、眼睛凹陷的深度。每个视野的鼻侧都有约5°的盲点,观察者大多不会注意到,这里是视神经离开眼睛的部位,没有感光细胞。两只眼睛的视野大概有60°的中央重叠区,在这个区域内两只眼睛能看到同样的物体,因此视觉是双目并用的。头盔、面罩和飞行员眼镜是为了减少视野损耗特别设计的。

当观察一个物体时,在中央凹和周围的黄斑区会形成图像。中央凹是视网膜的特殊区域,完全由视锥细胞构成,约占1°的范围,是视觉(辨色力和分辨力)最敏感的部位。中央凹周围的视网膜由视锥细胞和视杆细胞共同组成,随着远离中央凹,视杆细胞/视锥细胞的比率逐渐增加,视觉的分辨率逐渐下降。

由于光线评估的双重机制,昏暗光线中的物体最适合通过离中心方式观察。过去照明机组常常戴红色的护目镜,还使用红色的驾驶舱照明,就是因为视杆细胞(不像视锥细胞)对波长较长的红光不敏感。由于暗视觉几乎无法完成任何飞行任务,视杆细胞适应性的优势受限。在多数情况下,视锥细胞负责的视锐度是必不可少的,红色驾驶舱照明系统引起的辨色力不足、需要提高的专注力以及有色物体相对亮度的失真等不利因素都大于任何理论上的优点。

一个非常重要的暗视觉特性是观察图像横穿视网膜运动的能力,可用于夜间搜索过程。这种情况不仅可以在不自主的眼睛运动范围内固定暗视觉图像,而且能以较小的弧度进行区域搜索扫描,使移动图像在视网膜上形成固定图像。

条件良好时眼睛可以分辨出30″的细节,不过,在某些特定的条件下,可能会有更精细的分辨率。在朴素的背景下,可以分辨出视角达0.5″一样小的单线,这样的分辨更多的是通过对比,在航空中非常重要,因此以天空为背景的飞机或电线常常最先被察觉。

有许多因素影响眼睛的分辨率,包括大气条件、干扰透明度的光学性能和光洁度、对眼镜的需求、眼部疾病等。在几乎一片漆黑的环境中,放大的黄斑直径减少视野的深度,纠正性眼镜的需求引起的递减更加明显。

视网膜的感应状态对目标的识别具有极大的影响。视网膜不同部分具有相互修正的功能,即"空间诱导"。在飞行中,空间感应会加强天空背景下对飞机的识别。明亮的天空会减弱视网膜的敏感性,使灰色的飞机显得更暗,必然会扩大目标与天空之间的反差。然而,对视网膜的刺激会影响该部分视网膜对随后刺激的反应,即"时间诱导",这种情况可以降低对目标的识别。如果一个明亮的物体(如太阳)在视网膜上形成图像,该处的敏感性会被抑制很长一段时间,导致无法看见对比性低的目标。

目标与背景间的对比度、目标当时的(普遍的)亮度对视觉分辨力具有极大的影响。随着亮度增强到中等水平,视锐度逐渐提高,超过这个水平则不会进一步增长,亮度特别高时视锐度反而会被削弱。目标和环境照明的亮度相似时,分辨率达到最佳。如果飞行员所处的驾驶舱只有一个小窗户,里面是黑暗的,那么,他对明亮的外部目标的分辨率会变差;分辨率随着驾驶舱亮度增加而提高;不过,明亮的驾驶舱和昏暗的目标在一起反而会减弱分辨率。

色觉是视锥细胞、也是明视觉的功能。根据普遍接受的关于色觉的理论,黄斑区存在三类视锥细胞,比例为 1 : 10 : 10,分别具有蓝、绿、红色光谱的吸收峰值。比例恰当时,这 3 个基本颜色合在一起是白光。随着比例和饱和度的改变,能够匹配出任何颜色。中央凹既没有视杆细胞,也没有感受蓝光的视锥细胞。因此,如果信号灯只被看作点光源,那一定不能使用蓝色,因为那样会当成白色。

(2)平衡觉。来自内耳平衡器官的信息反映头与地球重力方向之间的运动信号,这些信息不像声音和光信号,即使持续不畅,通常也几乎不会引起关注,只有当这些感觉器官被线性或角运动异常模式刺激时(如在飞行中),或者其功能受到疾病干扰时,才会引起令人不适的感觉。

内耳由耳蜗听力器官和前庭平衡器官组成。前庭器官的结构如图 2-31 所示。它是由 3 个薄壁的半规管组成,三者呈垂直排列。相互连通的两个膜性囊样结构称作耳石(椭圆囊和球囊),内部充满着液体,紧贴着颅底的骨性半规管腔室内面。头部两侧的前庭器官是对称的。

① 半规管——传导角运动(感受头部旋转运动)。每个半规管都有一端略膨大,称为壶腹,内有感觉毛细胞,其纤毛包埋于壶腹交叉处的胶质性终帽内,如图 2-32 所示。头旋转时,内淋巴的惰性抑制半规管的角加速(旋转加速度)运动,引起终帽偏移,导致毛细胞的纤毛变弯,产生神经信号传递给大脑。头部旋转时,内淋巴因惰性向与旋转相反的方向移动,终帽随之弯曲变形,间接地刺激了毛细胞及其基部的前庭神经末梢。尽管每一个半规管的感受器都能够感受角

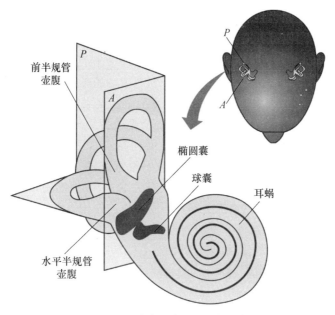

图 2-31 前庭器官的位置与结构

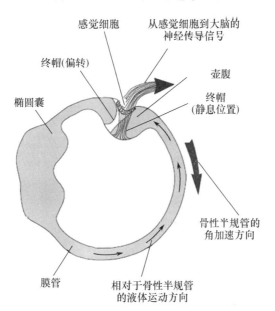

图 2-32 半规管横断面

加速运动的刺激,但正常情况下,头部角速度(也就是旋转的速度)与被传递信号的联系比角加速度更紧密,因为半规管的动力学特性就像一个角加速的渗漏合成者。半规管感受的是角加速度,而不是角速度,也就是说其不一定能准确感受旋转的方向,但能准确感受旋转变化的方向。内淋巴的移位在 3s 内即停止,却要 25~30s 才会回到静息状态,此时,人会有一种相反方向的感觉。终帽与半规管内的液体的密度相同,因此不受直线变速运动的影响。

② 耳石——传导线性运动。耳石位于毛细胞聚集的盘状区域(囊斑也称位置斑,位于椭圆囊和球囊的囊壁上,各有一个直径为 2mm、加厚的小区域),覆盖于(蛋白样)胶质膜上,其浅层为霜状的碳酸钙晶体,如图 2-33 所示。耳石的密度是周围内淋巴液体的 2 倍,它表现为被感觉细胞的纤毛限制/支持的惯性特征。因此,耳石片平面发生的线加速度使纤毛变弯,改变感觉细胞的神经信号。在线加速度作用下,耳石的惯性引起耳石膜发生逆作用力方向的位移,通过耳石膜与囊斑毛细胞表皮板之间产生的剪切力而牵拉毛细胞纤毛,受刺激的毛细胞通过与半规管壶腹嵴毛细胞相似的机械—电能转换,最后将冲动传入中枢。耳石片,不像半规管的终帽,不会剧烈的衰减,因此,它将头部经历的直线加(减)速的大小和方向、加速度变化(突然的推拉)的信息传递给大脑。像任何人工的直线加速器,耳石受地球引力方向(重力垂直)和发生的头部直线运动的影响(主要感受重力加速度和线加速度),就像在翻转和滑移(turn and slip)指示器中的球,它们指向合力的方向。4 个耳石器官的合成图可以解释任何轴向线加速合成的方向和大小。

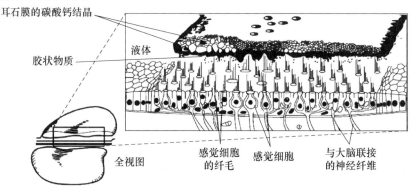

图 2-33 耳石器官放大的横断面

(3) 本体觉。人闭着眼睛能够吃饭穿衣与人体的本体感受器有关。除了内耳的前庭器官外,本体感受器还包括肌肉、腱、关节内的感受器。例如,肌梭感受肌肉的伸展和收缩,腱梭感受肌肉末端附于骨上的肌腱的伸展,还有关节感受器能感受关节韧带的运动。这些感受器主要在于感知运动器官的位置变化。本体感受器受到刺激所产生的躯体运动觉,称为本体感觉。例如,飞行员手触到座舱内的某电门、手柄,就很容易通过触觉而认知它。相反,在操纵动作中,如果驾驶杆握得过紧,其触觉感受性反而降低。所以教员经常提醒学员"杆舵"不要握得过紧,只有轻握驾驶杆,才能敏锐地感受教员示范的向量,便于飞行技能的掌握与提高。

本体觉的局限性体现在不能区分物理性质一样的重力与惯性力,因此常错误地将重力与惯性力的合力当作"垂直重力方向"。

2. 空间定向障碍的认知机制

(1) 视觉导致空间定向障碍机制。良好的识别能力是飞行的必然要求。飞行的各个阶段,飞行员"看见"地面、仪器及其他物体,完全依赖于视觉;然而,视觉不只是"看见"这个行为,而是对眼睛的合理利用以及大脑对视觉图像的正确解读。新生儿的眼睛可以吸收光,并在大脑中加工处理;也就是说,它们有"看见"的感觉。然而,直到出生后相当长的时间以后,它们才能理解看到的东西。视觉的解读(能力)必须要学习,所学的解读视觉冲动的能力称为知觉。因此,视觉是天生的,知觉是通过学习获得的。遗憾的是,因为大脑必须在物体被发现之前解读视觉刺激、给出解释,所以任何不充分的刺激都会导致错觉。人类不是以照相机记录那样精确的方式来看世界的,知觉常常是不准确的,往往是不全面的、扭曲的,而且对世界的本质常受到个性化观点的高度影响,希望(或想)看见的而不是实际存在的现象普遍存在。就像前面提到的,眼睛不是一个特别好的视觉工具,即使这样,大脑理解的图像还是相当稳定的,具有良好的界定。大脑使用多种方法减少感觉混乱,以确保大脑中形成的直观图像是稳定的、一致的。具体方法如下。

① 期望。大脑依靠过去的经验和记忆解读所展示出来的视觉图像,这种记忆影响感知的过程称为期望,即看见所希望的。有一个示例就是短语"a bird in the the hand"中第二个"the"实际上被看到,但却没有被发现,因为基于正常短语中只有一个"the"的基础,大脑忽略了它,如图2-22所示。

② 视觉整合。大脑将多组视觉对象排列成更容易感知的模式,飞机设计中驾驶舱仪器的布局就是利用了这一点。进行仪器组合设计时,相关仪器被放在一起,看作一个整体,而不是单独的。

③ 大小恒定。熟悉物体及其大小之间的联系存储在大脑的记忆中,大脑按照已知的大小去感知物体,而不考虑眼中图像的大小。艺术家们利用这种现象,让观赏者在一幅风景画中对熟悉的对象(如人、汽车或房屋)有一种直观的感觉。

尽管通过所有这些方法,眼睛试图获得一致的、稳定的视觉图像,但依然会给出错误的信息。某些定向障碍的条件下会出现这种现象,或者眼睛曲解了所给出的正确信息,或者给出错误信息。感知时间是指落在视网膜上的目标图像聚焦中心固定到识别的反应时。识别一个熟悉的目标也许只要1s;而对于一个不熟悉的物体,如果在不利的条件下观察,需要很长的感知时间。这种"建立延迟"在考虑风险规避和侦察地面目标时是至关重要的。

由于光线明暗不同,太阳、月亮在空中的方位,外界环境、景物状况(如海、湖、江河水面,云状、树木、地貌等)通过视觉通道引起的各种形态飞行错觉,属视性飞行错觉。视性飞行错觉发生机制有两类:一是由于视觉生理功能特点在飞行环境下的反映;二是由于正确的空间定向信息不足,片面的视觉信息与大脑中已有的空间知觉发生错误的条件联系引起。有时两种机制可同时起作用。第一类常见的视性错觉包括:距离(高度)错觉,因距离视知觉"障碍"引起的倾斜、俯仰错觉,因天地线视觉错误引起的倾斜错觉等。第二类常见的视性错觉包括:云中、座舱内光线明暗不同引起的状态错觉,误认地面灯光点或水面上的星星映影为空中星斗产生的倒飞错觉,"自动"错觉,相对运动错觉等。

(2)平衡觉导致空间定向障碍机制。前庭功能在空间定向中的作用,不像视觉那么明显,但是也非常重要。原因如下。

① 前庭系统为一些反射提供了结构和功能上的基础。例如,当人体或头部的运动使得视网膜影像模糊时,这些反射可以使影像稳定或清晰。

② 前庭系统依据熟练动作和反射性动作可以自动提供定向信息。

③ 在没有视觉的情况下,前庭系统也可以相当快速准确地提供运动和位置感觉,但当适宜刺激消失后,这种感觉只能保持10s左右的时间。

前庭感受器受到刺激形成信息以后,上传到各级神经中枢内,作为初始定向参数,经进一步的处理以应对各种功能的需要,主要包括前庭反射、随意性运动和定向知觉。前庭反射中与定向关系密切的是前庭眼动反射。其主要作用是稳定视网膜影像。此反射主要是半规管性的。但是,在特殊情况下,此反射的存在却产生了相反的作用。前庭系统也为人体的随意性运动提供姿态、位置和定向信息的支持。需要注意的是,前庭系统感受器的适宜刺激是各种力或加速度,而不是速度,而且存在一定的感受阈值。由于生理机能上的限制,人体对速度的感受是间接性的,是通过视觉或通过对前庭系统的加速度信号在中枢神经系统内进行类似积分运算的过程来实现的。而运动是与速度的方向一致,与加速度的方向不一定一致。前庭系统感受器的适宜刺激是加速度这一点,也是人类发生错觉和空间定向障碍在前庭方面的根本原因。

另外,前庭系统感受器不能区分物理性质相同的力,如无法区分重力与惯性力。因此,常常错误地将重力与惯性力的合力当作"重力(垂直)方向"。上述的前庭抑制现象还存在另一层意思,即飞行员在飞行中对不需要的前庭感觉和反射可以产生抑制能力。此能力可以通过反复经受飞行中的线加速度和角加速度作用而形成。

前庭抑制的相反情况是前庭信息优势。前庭信息优势是指前庭系统具有一种能迅速而且确切地以其信息填充定向信息空白的倾向。事实上,视觉的定向信息与前庭定向信息之间的冲突,在高级神经系统(大脑皮层)对这些信息进行评判之前,通常是以前庭信息占上风而迅速地告一段落。适宜的定向信息的缺乏和各种形态的感觉信息间的对抗,是定向障碍事故发生的一部分原因。

(3) 复合感觉导致空间定向障碍。视觉、平衡觉和本体觉3类感受器将运动信号转换为神经电冲动以后,尽管在外周水平存在一定的整合过程,但大部分初级信号和少量次级信号都直接上传到了中枢神经系统内。在将这些信号进行综合分析并最终形成定向认知的过程中,中枢神经系统居于中心和顶层的地位,起着决定性的作用。

因此,人类的空间定向过程既包括生理反射过程,也包括心理认知过程。在这里,中枢神经系统发挥关键性作用的另一层含义是,当来自感受器的信号比较模糊,出现了某种缺失或彼此矛盾时,中枢神经系统能够通过回访其以往的记忆储存(即经验),进行综合分析和判断,然后可以做出正确的或最接近于正确的定向判断。在通常情况下,中枢神经系统的这种能力可以被认为是人体的一项定向储备代偿机制。但在飞行环境中,这种能力也很可能成为发生空间定向障碍的一个原因。

① 前庭本体性飞行错觉。前庭本体性飞行错觉是发生在各种加速度作用时或其后的一类飞行错觉,它由于前庭本体神经系统生理心理特点不适应三维运动环境所致。前庭神经系统分为两部分:半规管壶腹嵴、胶顶内淋巴液系统和囊斑、耳石膜内淋巴液系统,前者以角加速度为适宜刺激,后者以重力和线加速度为适宜刺激,前者功能阈值为 $0.035(°)/s^2 \sim 8.2(°)/s^2$,平均值为 $0.5(°)/s^2$,后者功能阈值为 $0.001 \sim 0.05g$,或 $0.2 \sim 0.3 m/s^2$。在三维运动环境中其生理心理特点是:半规管系统只在角加速度作用时才向空间定向功能系统发送正确空间信息,即只在进入角运动时才发生正确空间运动信息,对匀角速度、角减速度、复合轴向的角加减速度的作用均发生错误的空间信息反应;耳石器系统只对重力及其变化,而且只对其分力——切力起正确空间反应,对重力与加速度惯性力的正切分力的合力进行反应,但不能分辨两者的矢向而产生错误的空间信息反应,可以说耳石器系统对加速度运动产生的空间信息都是错误的。这一类常见的飞行错觉包括"矫正"性倾斜错觉、躯体旋转错觉、Coriolis 加速度错觉、压力性眩晕错觉、躯体重力错觉、超 G 错觉等。

② 前庭视觉性飞行错觉。前庭本体感觉系统在受各种加速度作用时或其

后发送的错误空间信息,除了可形成第一类飞行错觉的体位知觉形态外,还可表现为视觉形态,即飞行员"看到"飞行状态或外界环境发生与实际不同的变化,我们把这一类飞行错觉归类为前庭视觉性飞行错觉。根据 1975 年 Курашвили 和 Бабияк 的研究,前庭信息可经中枢通路——直接经皮层到丘脑弧转换和周边通路——经肌肉、本体感受器到中枢,再到视觉中枢。1986 年,В. Ф. Мешнан 在总结 20 世纪六七十年代研究工作中指出,前庭刺激在视觉神经系统各个环节,或各个水平都有作用,而且特异通路在视觉皮层有投射。这是前庭视觉性错觉发生的生理基础。这类常见的飞行错觉包括眼重力错觉、眼旋转错觉等。可以设想,所有前庭本体性错觉都可能有视觉形态的表现,这一点值得在实践中观察。

二、空间定向障碍的分类及表现

1. 空间定向障碍的类型

根据相关研究[16-24],许多不同种类的错觉和知觉都属于空间定向障碍的范畴,发生原因有很多,几种常见定向障碍的类型如下。

(1) 不能感受飞行方向的变化(方向错觉)。在无视觉感受系统的检测阈值水平之下时能够感受到飞行高度和飞行路线变化,而阈值是由运动刺激的强度和连续性决定的。当变化持续,比如超过 20s,加速度成为重要变量,参考值为角运动 $0.3(°)/s^2$ 和线运动 $0.1m/s^2(0.01g)$;当持续时间比较短暂,如等于或小于 10s,则由速度变化所决定,参考值为角运动 $1.5(°)/s^2$ 和线运动 $0.3m/s^2$。这些数据来自于只为探测运动的实验研究。飞行中,许多其他的因素和感受会影响飞行员的注意力,因此,通常比这些阈值更高的高度或速度变化也可能察觉不到。由于缺乏视觉参考,飞行员有时会完全不了解高度的极端变化。

(2) 角运动错觉。角运动错觉包括翻转错觉、滚转错觉、旋转与反旋转错觉,引起角运动错觉的原因包括如下几方面的原因。

① 持续旋转。通常,角运动的错觉是半规管的动力学限制所致,就像前面提到的,人的角速度感受器是不完美的,角加速度感知的时间常数是 5~10s。因此,在运动(如翻转与螺旋)开始时,如果超出阈值,角速度的变化被正确地传导。然而,一旦达到一个稳定的旋转速率,不再有任何的角加速,那么运动平面的半规管反应片慢慢恢复到静息状态,与旋转相关的感受消失,如图 2-34 所示。如果角速度不发生足以感受到的变化,即使继续翻转,人也不会产生翻转的感觉。从翻转中恢复(翻转的中止)与进入翻转的方向相反的角加速有关。终帽从静息位置偏移,出现与速度变化相对应的速率、反方向旋转的错误信号。在翻转的最初阶段,错觉的衰减比正确的感觉快,但是此时,前庭刺激诱导眼睛出现不恰当的运动,能够使视觉衰减,从而损害飞行员唯一可靠的信息来源。这些

旋转后影响的强度与旋转动作的持续时间和获得的角速度有关,同理,定向障碍可能是影响持续高速旋转或螺旋动作恢复的最关键问题。

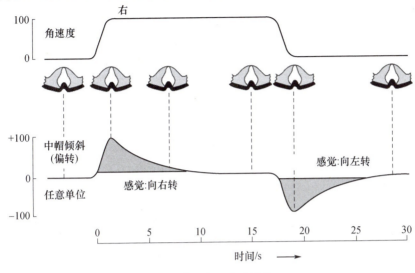

图 2-34 角运动的错觉

② 交叉力偶刺激。任何围绕另一个轴旋转的头部角运动都会发生半规管的交叉耦合刺激,然而,只有当半规管不能正确处理持续的旋转信号时,才会引发定向障碍。例如,飞行员在最初进行头部单纯螺旋运动时,对于头部和飞机运动的感受是正确的;但如果同样的头部运动持续 15~20s,将引出旋转方向上完全虚幻的旋转感觉,恢复期进行的头部运动甚至引起更强烈、更奇怪的感受。一般来说,头部以一个轴向进行运动时,如果再以垂直轴向运动一段时间,会产生第三个正坐标轴向的运动错觉。

③ 中耳压力变化(压力性眩晕)。半规管还会被中耳的压力变化所刺激。典型示例是,一个架次的第一次快速爬升阶段突然出现的旋转错觉(眩晕)与中耳通气有关。不过,尽管这个错觉开始可能十分强烈,还常常伴随视觉模糊和可视场面的明显运动,但通常在 15~20s 内消失。如果一个特别有力的 Valsalva 动作(由意大利解剖学家 Valsalva 提出,令人深吸气后紧闭声门再用力做呼气动作)将耳朵清空,中耳压力过大也会产生同样的症状。通常普通感冒或呼吸道感染等原因能引发中耳通气障碍、致使功能丧失,也是导致无法飞行的常见病。

④ 酒精影响。酒精会使人的前庭功能变弱,并增加发生定向障碍的可能性。针对重力方向的头部位置变化所伴发的眩晕是酒精最常见的影响。然而,常常未被认识到的是,血液内酒精水平恢复到零之后的几个小时,依然能诱导出所谓的位置性眩晕。在高 G 值情况下,直到饮酒后两天还可以引发异常反应。

酒精和某些特定药物倾向于增加由错误半规管信号所产生的视觉困扰,例如从长时间的螺旋状态恢复时。正常情况下,这些不恰当的眼部运动在几秒内(2~5s)会被抑制,但是醉酒时,这种抑制能力受损,在相当长的时间内(15~20s)视觉可能都是模糊的。尽管与位置性眩晕不同,这种眼睛运动在血液酒精含量降到零之后不复存在,但是在十分低的血液酒精水平时(10~20mg/mL)会增加。

(3)姿态感知错觉。常见的姿态感知错觉如图2-35所示,主要分为如下几种类型。

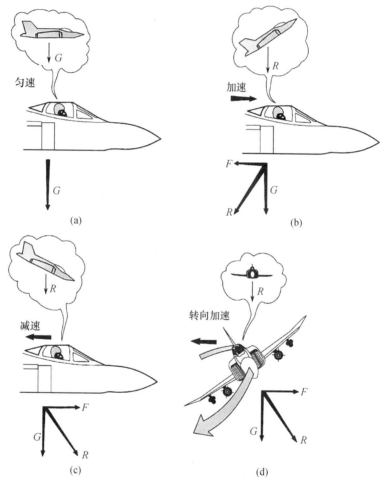

图2-35 常见的姿态感知错觉

① 躯体重力错觉。地球重力方向加速度持续出现时,首先,耳石器官和其他的重力指示器提供准确感知头和身体方向的信息。其次,大脑能够从短暂的

线加速度中辨别高度的变化。然而,当强加的线性加速或减速持续时,由于飞机处于施加功率或者采取俯冲制动状态,这会让人产生感知错误。在这样的环境中,强加的加速度和重力形成的合力被作为重要的参考,结果加速度持续得越长,错误的高度知觉越会发生。这种加速产生的上仰错觉更加严重,因为如果采取俯冲纠正措施,诱导产生的径向加速导致合矢量的更大偏差,并加重错觉。同样地,翻转过程中无法准确感知倾斜角度也是由于径向和重力加速度的合矢量被当作垂直加速度。因为在同向翻转中,合成矢量与飞机纵轴保持正常,与飞行员的头和身体的长轴成一条直线。

② 倾斜。翻滚时的高度错觉是飞行员最常遇见的错觉,经常出现于从长时间的翻滚或先前未被察觉的倾斜度恢复到平直飞行的过程。这两种状态中,在飞机转出之前,受影响的飞行员感觉飞机是直的和水平的。基于滚转的倾斜改变在几秒内出现,并被半规管所感知。这个前庭信息被理解成从机翼水平姿态向与开始恢复之前相反方向倾斜的翻滚。这种"倾斜"的特征是,即使仪器显示水平飞行,它也会持续几分钟。典型表现是,清楚的外界视觉参考一出现,错觉就消失。

③ 头部运动的影响。飞机翻转时引发的头部运动所导致的定向错觉不只归因于半规管的交叉耦合刺激。线加速大于 $1G$ 时,伴随头部运动,耳石也被一种非典型方式刺激。高 G 条件下,头部运动的首要影响是产生耳石信号,该信号反映出在加速方向上比实际更大的高度变化。半规管和颈部接收器产生的头部角运动信号很少失误,因此存在的差异被解读为飞机内飞机高度和头部运动方向变化。更高加速度条件下($5\sim6G$),同高度变化一样,人会随着头部运动出现翻滚的感觉。在高性能飞机中,低速翻滚/螺旋明显增大 G 负荷强度。当角速率接近半规管的阈值时,头部移动产生交叉耦合刺激的强度是微不足道的,因此任何定向障碍的感觉最可能由耳石机能所导致。

④ 躯体旋动错觉。"躯体旋动"错觉是指旋转停止后旋转的感觉依然持续存在的一种错觉。旋转错觉是与原始旋转方向相反的感觉,当相反方向的旋转感增强时,尤其是在云层中或晚上发生旋转中止时会出现这种错觉。

⑤ 科里奥利错觉。科里奥利错觉能够引起短暂的、不舒服的旋转感。它是由于持续旋转过程中头部运动所导致。参考偏航平面的旋转,如果低头朝下看,将有一个旋转平面半规管退出,对它的刺激减弱,此时另一架飞机进入该旋转平面,则对它的刺激增强,导致旋转错觉增强,经常伴有恶心。当发生明显的角加速度时,通过减少头部运动可以避免错觉发生。遗憾的是,在一些高性能飞机上,频繁使用的仪器和开关位置需要飞行员通过大幅度的头部运动来观察。

⑥ G 超载错觉。异常 G 环境下的头部运动会导致 G 超载错觉出现。G 值

增加时,耳石反应与来自视觉和半规管的线索信息极不匹配。出现的错觉可以是旋转,也可以是一种依据高度和运动变化很难描述的、较笼统的定向障碍感觉。尽管如此,这种感觉是强烈的,尤其在头部快速运动时。尽管这种错觉的准确性质存在争议,但是却提示飞行员:向上看及进入螺旋可以引发倾斜和机头上仰的错觉,进而产生不相称的过度倾斜和机头俯冲姿态。

(4) 视觉线索的感知错误。尽管飞行员经历的许多定向障碍的感觉是由于前庭信号不足所致,但是飞行员的视觉感知错误或视觉线索不足也可以引起空间定向障碍。

① 外界视觉线索。在清晰度受破坏、外界线索不足的情况下,如果飞行员试图采用外界视觉线索而不使用仪器参考,可能出现定向障碍。在无特征地形(如沙漠或雪地,或是无浪的大海)条件下飞行时,可能出现错误的高度判断,在照明不足或者没有足够的光线导引的地形上空尝试保持悬停或者着陆时,会遇到类似的困难。此外,在云中或薄雾的条件下编队飞行,经常会感觉倾斜。即使视觉线索非常清晰,如果与飞行员"希望"出现的线索不同,也会被曲解,如把云端作为地平线。云端常常就是地平线,但是极少数的情况下却不是,这样的视觉线索是错误的,接受这样线索的飞行员将对飞机高度产生错误感知。高度和距离的错误感知还会出现在地面特征小于所希望大小的时候,这些特征的范围包括大体特征(如火车道的轮廓)以至更微小的细节(如树和灌木丛的大小,甚至表面纹理等)。严重误解外界可视线索的情况比较少见,如飞机处于倒立姿势飞行时,将捕捞船的灯光误认为星星等。

② 仪表线索。错误感知飞机仪表显示的符号线索偶尔会造成定向障碍。尽管仪表电器很少出错,但也会发生,而飞行员无法描述出或感知到任何迹象。更常见的是,上仰和俯冲显示器分离单元的正常与知觉整合发生分离。注意力被排除一切地集中在一台仪器上,飞行员无法全面地感知到飞机飞行的高度和线路。"过分集中"更可能出现在高负荷工作和唤醒状态时,如飞机系统故障。

2. 发生空间定向障碍后的生理心理反应

一般发生轻度的倾斜、俯仰飞行错觉后通过采取有效措施可自行消失,不至于引起高度情绪紧张状态。如果飞行环境复杂,错觉时间长,即使是倾斜错觉,同样可以引起高度情绪紧张,感觉与理性发生强烈矛盾,发生意识分裂,甚至有跳伞的念头。苏联一级飞行员卡乔罗夫斯基对自己在出现错觉时的状态是这样描绘的:"做完盘旋后我清楚地看到,地平仪上的小飞机处于所需位置,但我的感觉完全异样。我清晰地感觉到,飞机在倒飞,而且不是在平飞,而是机头在朝上抬。我看仪表,仪表板上一切正常,但自己的感觉不正常。我想使自己确信仪表是正确的,但白费劲,毫无办法。感觉是那样的明显,以致我紧紧地握住驾驶杆,唯恐脱离座椅。我的意识分裂了。我'变成了两个人',两个对出现的情况持完全不同态度的人。一个人受感觉所控制,因而他要求按感觉行事;另一个人被理性所控制,他要求相信仪表,相信仪表的指示。但是这两个人共有一双手,这双手得到互相矛盾的指示,不知如何是好。我有一段时间不能移动驾驶杆,虽然清楚地看到飞行状态正在受到破坏。不知何时,我用强大的意志力迫使自己把驾驶杆扳向所需方向,这个动作是那样突然,以致升降速度表指针没有指零,而是急速地越过了零刻度。"

苏联还有一名试飞员,根据他的自述,他一生在云中都是"头朝下飞行"的,但他对此已习以为常,他不是凭感觉,而是根据理智和仪表驾驶飞机。

有的飞行员出现复杂错觉后产生情景意识丧失时,出现高度心理紧张,随着紧张状态的加剧,注意力所及范围不断缩小,类似锥体,越向尖端注意范围越小,这就是所谓的"管状思维"。

三、空间定向障碍的预防与克服

飞行错觉是按仪表飞行(包括夜间飞行和复杂气象飞行)时经常遇到的问题。但飞行员只要有充分的思想准备、坚强的毅力,坚持按仪表飞行,就能战胜飞行错觉。

1. 诱发飞行错觉的因素

通常,在下列情况下容易产生飞行错觉。

(1)昼间简单气象条件下,天空比地面明亮,人们习惯于把亮的部位当作天空,暗的部分认作地面。在云中及夜间飞行时,光线变化较复杂,如云的密度不均匀或夜间月亮较低时,会产生错觉。

(2)飞行中遇到气流颠簸,飞机受不规律气流的冲击,使身体受压不同。

(3)间断时间长且地面准备不足,注意力分配不当,操纵动作粗猛。

(4)长时间按仪表操纵飞机容易疲劳,身体不好,睡眠不足,精力不充沛。

(5)精神紧张,坐姿不正。

(6)云中飞行时,入云前缺乏精神准备,或入云前飞行状态不稳,仓促入云。

(7)暗舱仪表飞行时,暗舱罩不严密,造成座舱内光线明暗不一。

2. 预防飞行错觉的经验

对飞行错觉了解得越多越深刻,越有助于防止其发生。在地面和飞行中开展模拟飞行错觉体验、控制训练是预防飞行错觉的最有效措施。在看不见天地线、地标条件下,尽早转入仪表飞行,不要仪表、目视混合飞行。要有高超、熟练的仪表飞行技能,更要有娴熟的正确、快速、间断、扫视的仪表视觉空间定向能力。不轻信自己的感觉,要在仪表视觉监视下时刻控制自己的感觉,不凭感觉飞行。要熟悉、警惕可引起飞行错觉的各种因素。座舱内照明要均匀,椅垫要平,肩带两侧松紧要一致。要加强体能训练,保持以强健的体魄,充沛的精力参加复杂气象飞行。在海上飞行时,尽量不顺机头、机翼俯视海面,转弯及做各种复杂动作,特别是有载荷的条件下不要剧烈转动头。长时间间断复杂气象飞行后,先恢复仪表飞行,千万不要盲目进入云中飞行,入云前提前转入仪表飞行。上呼吸道感染,服用了中枢抑制性药物,饮酒后,健康状况不佳,久病出院之后,睡眠不足等情况下不进行复杂气象飞行。要预想到任何飞行中都不可避免地会出现飞行错觉,因此要提高警惕,做好预防和处置错觉预案。

3. 产生飞行错觉后的处置

(1) 坚信仪表,以地平仪为主,参照其他仪表的指示全面分配注意力,综合判断飞行状态。切忌凭主观感觉操纵飞机。

(2) 报告飞行指挥员(带飞时报告教员)。

(3) 采取辅助办法,帮助消除错觉,如活动身体、通话等。

(4) 暗舱仪表飞行时,应立即打开暗舱罩。云中飞行时,根据云顶和云底高,采用云上或云下飞行。

(5) 夜间飞行产生错觉,还应注意如下问题:月夜或能见度好时,可参考天地线、观察公路、河流、大的灯光地标,帮助克服错觉。暗夜或能见度差时,不应利用侧方的强光、运动的发光体和海岸等帮助克服错觉;离机场较近时,可请求地面打开探照灯,帮助消除错觉;错觉未消除前,尽量不要转弯。需要转弯时,应严格按仪表的指示,向错觉的反方向转弯,注意坡度不要大;如果进云产生错觉,应立即关闭航行灯,穿出云层;错觉严重且无法克服,不能保持飞行状态时,应报告指挥员,进行跳伞。

第八节 睡眠、失眠与生物节律

一、睡眠

理解并掌握有关睡眠的科学知识有助于飞行人员理解睡眠对飞行活动的影响。睡眠活动可被划分为不同的阶段,这些阶段被用来表示睡眠的深度和持续性。通常,睡眠可分为4个阶段。此外,在觉醒与睡眠阶段之间,有一个阶段称为快速眼动睡眠(rapid eye movement,REM)。其他阶段也称为非快速眼动睡眠。睡眠活动通常很快从觉醒到浅睡眠阶段(1、2阶段),再完成脑电波下降的深睡眠阶段(3、4阶段)的过渡。睡眠开始后的70~90min,第1阶段快速眼动睡眠就出现了,紧随着就进入了更深的非快速眼动睡眠阶段,然后进入另外一系列快速眼动睡眠。这些非快速眼动睡眠与快速眼动睡眠的循环大约持续 100min。睡眠模式如图 2-36 所示。

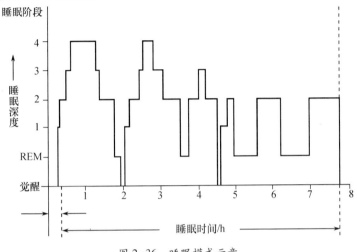

图 2-36 睡眠模式示意

在时间分布上,第 2 阶段睡眠占夜间睡眠时间的 50%,慢波睡眠占 20%,快速眼动睡眠占 25%,第一阶段瞌睡期与较小的觉醒期占 5%。然而,夜间不同阶段睡眠的总量与人的年龄相关。对于中年人来说,夜间慢波睡眠下降,而觉醒期增长。因此,当人的正常睡眠与觉醒模式发生改变后,中年人会更难得到满意的睡眠。

二、生物节律

很多生物活动都会随时间推移产生周期性变化,人的行为表现在一个"太阳日"内也会交替变化。人体生理和心理功能具有近似 24h 为一个周期的内源性变化规律,这一规律即所谓的生物节律。

人体有许多生理和心理机能表现出生物节律,如体温、警觉性等。伴随夜视技术的大量使用,夜间飞行活动逐步变得普遍。因此,与过去相比,考虑昼夜节律对飞行活动的影响显得尤为重要。

人在完成任何一项任务的过程中,随着活动时间的积累,人的表现会呈现先提高后下降的规律,如图 2-37 所示。同时,人的行为表现会受到生物节律的影响。有研究表明,对于大多数任务而言,在受生物节律的影响下,人的工作能力会在每天的 18:00 达到顶峰,而在 3:00—6:00,人的工作表现则会下降到最低点,如图 2-38 所示。

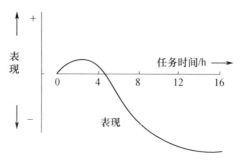

图 2-37 工作能力随工作时间增长的变化

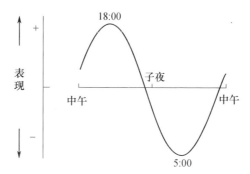

图 2-38 人的工作表现受生物节律的影响

此外,人的工作表现会显著受到生物节律的影响。例如,让一个人在每天的 14:00 开始连续工作 16h,在生物节律的影响下,他在白天后半段的工作表现会显著下降,如图 2-39 所示。

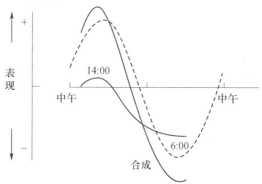

图 2-39 14:00 开始工作后作业能力测试结果

另外,如果让一个人在每天的 2:00 开始同样的工作,他的工作表现可能会保持住正常的水平,如图 2-40 所示。这是因为在生物节律的影响下,人在白天的警觉性会提高,这会显著弥补长时间工作所带来的不良影响。

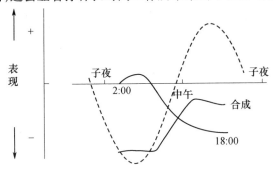

图 2-40 2:00 开始工作后作业能力测试结果

关于人体昼夜生物节律的形成机理,目前获得一致认同的观点是:遗传因素决定的、生物机体内固有的内源性节律是昼夜节律形成的内因,由人体生物钟控制;外界环境周期性变化是对昼夜节律施加影响的外因,人体生物钟不是一成不变的,而是可以随环境变化而调整,通过这种调整可以使人体内部节律与外界环境保持同步。但是若外界环境变化过于迅猛,这种同步关系就会被打破,如跨时区飞行时的昼夜节律去同步问题。

三、睡眠扰乱和缺失

睡眠扰乱和睡眠缺失是与夜间飞行、工作不规律密切相关的问题,往往与昼夜节律去同步存在一定关系。睡眠缺失是指正常睡眠习惯遭到扰乱、破坏或者没有睡足,并不是整夜或几夜都没睡觉。睡眠剥夺是指整夜或几夜睡眠全部丧失。

如果出现倒班情况,即晚上飞行、白天休息。那么,飞行人员必须强迫自己在白天休息,这样不仅与正常节律不协调,而且一些环境因素,如噪声、光线等也会于睡眠不利,过高的外界温度和各种社会因素影响也会干扰清晨才入睡的睡眠者。据估算,50%的倒班工作者都会受到睡眠的困扰。而白天工作的人受睡眠困扰的仅占 5%~20%。在这种情况下,任何改善白天睡眠质量的措施都显得尤为重要。例如,通过小睡补偿失去的睡眠。

此外,人的不规律工作会有累积效应。针对不规律睡眠的累积效应,在做飞行计划时要做出适当调整,尽量不来回打乱飞行人员的生物节律。

另外,改进睡眠条件,将有助于提高飞行人员的睡眠质量。通常需强化的因素包括:黑暗、安静、凉爽的外界温度,睡觉时身下有舒适的床垫、毛毯和枕头等。机组在执行夜间任务需要在白天休息时,以上因素对改善机组睡眠将更加重要。

这是因为在白天睡眠比在夜晚睡眠获得高质量的休息要更难一些。

第九节　飞行精力自我管理

管理是在特定环境下,个人或组织对其所拥有的资源进行有效决策、组织、领导和控制,以实现其目标的过程。按照实施主体的不同,安全管理理论可分为以飞行人员为主体的自我管理理论以及以组训人员为主体的组织管理理论两类。

一、精力管理理论

1. "二八"定律

1897年,意大利统计学家、经济学家帕累托从大量的经济统计中发现社会财富收益中存在一个微妙的现象,即20%的人口享有80%的财富。后来,他发现这种数学上的比例关系适用于很多事项和领域。于是,他总结出:任何一组东西中,最重要的只占大约20%,而剩下的80%虽然占了大部分,但却是相对不重要的。这就是十分著名而且应用非常广泛的"二八"定律。"二八"定律渐成为"少数重要"与"多数琐碎"的简称。

"二八"定律体现在各个方面、各个领域,20%的人支配别人,80%的人受人支配;20%的人会坚持,80%的人会放弃;80%的工作由20%的人承担。表现最为直接的是经济领域,一个企业80%的收益来自20%的重要客户,剩下的20%的利润来自剩余80%的普通客户。

"二八"定律启示我们,无论做什么事情都要分清主次、找准关键,正所谓"对症下药"才能充分发挥药效。美国安全工程师Heinrich认为,绝大多数事故直接原因由人的不安全行为引起,而少数直接原因是物的不安全状态。借用"二八"定律,约80%的事故由人的不安全行为引起,20%的事故由物的不安全状态引起。素有世界"化工帝国"之称、却造就了卓越安全绩效的美国杜邦公司通过统计数据证实,96%的事故直接原因为人的不安全行为。此外,80%的事故发生在20%的人身上,事故发生在少数人身上,这些人是:技术后进的人,组织纪律观念淡薄的人,安全观念不强的人,精力不集中、易受外界影响的人,协同配合不好的人。在实施飞行活动中,工作头绪很多,其中必然有一些最关键的事情,飞行员只有将80%的精力用在20%的关键问题上,才能确保飞行安全。

2. 剩余精力理论

精力充沛是飞行员保证飞行安全的首要条件和基本条件。精力充沛,做事效率就高。反之,如果身心疲惫、无精打采,这种情况下做事效率就低,如果从事飞行活动则会危及飞行安全。

简单来说,精力是一个人做事的能力。人的精力主要包括体能、情绪、思维和意志4个层面,[23]这4个方面相辅相成,缺一不可,如图2-41所示。

图2-41 人的精力构成模型

体能是精力的基础来源。如果一个人体能不足,就不可能精力旺盛,做事情就不可能高负荷运转。对于飞行员来讲,合理作息、科学饮食、保证充足睡眠、飞行前24h不饮酒、飞行前不大量吸烟等,这些看似微不足道的习惯对于保证充沛的体能具有重要意义。

有了体能做基础,情绪的控制变得尤为重要。人有七情六欲,情绪的影响遍及生活、工作的方方面面。如果飞行过程伴随着积极的情绪,飞行员就会有更集中的注意力和更强的创造力。相反,如果飞行过程伴随着愤怒、沮丧、焦虑等消极情绪,则会影响飞行中人的表现,严重时则会危及飞行安全。提高情绪管控能力的措施办法包括学会识别、接纳正反两方面的不同情绪,建立并维护好良好的人际关系等。

思维是精力资源的第三个方面。人类行为的一个重要特征,就是有些行为需要较少智力资源,而有些行为则需要较多乃至人的所有智力资源。在飞行过程中,如果出现了事先没有任何准备的复杂应急情况,这就需要占用飞行员较多的注意和智力资源。管控思维资源的措施办法包括飞行前充分的准备、处置过程中积极的心理暗示、应急情况发生后高效的时间管理等。

意志是精力资源的最后一个层面。意志是飞行员安全意识的重要组成部分,是飞行员调节和控制自己的行为去克服困难而实现安全目标的心理过程。人的意志品质主要体现在自觉性、果断性、坚韧性和自制性4个方面,它是一个人在精神层面拓展、恢复精力的能力。提高飞行员安全意志水平的措施办法包括:提高思想认识、强化安全动机、实施挫折教育以及加强环境熏陶等。

对于某个具体的飞行员来说,飞行精力的平均值是相对稳定在一个水平上的,如图2-42中的水平线所示。[25,26]飞行员如果飞行准备越充分,地面演练越熟练,则在完成飞行任务过程中所需要的精力就相对减少。在图2-43右图中,阴影部分表示飞行员的剩余精力。剩余精力越多,飞行员就越能从容不迫处理飞行中出现的应急情况,也更容易避免因紧张和忙乱而产生人为差错。要想确保飞行安全,除飞行前预先准备以外,飞行员还应该做到平时准备自觉、预先准备仔细、现场准备灵活、飞行实施严格、飞行之后总结。

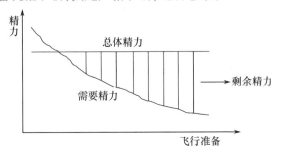

图 2-42 剩余精力与飞行准备之间的关系

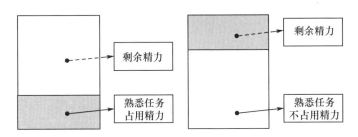

图 2-43 剩余精力与任务复杂度之间的关系

在影响剩余精力的诸多因素中,飞行准备是飞行员主观方面的因素,而飞行任务的复杂度则是影响剩余精力的客观因素。在实战化训练条件下,飞行员的飞行准备不仅要关注程序方法和动作数据,更要关注任务规划和目的达成;不仅要关注技术基础和动作要领,更要关注战术动作和战术运用;协同配合方面,不仅要关注空中教学员、长僚机的协同,更要关注空地间、任务组之间的协同;空中对抗,以往主要依赖地面语音指挥信息,现在主要依赖综合态势信息,还要兼顾威胁告警以及语音指挥等。显然,这些新的高难任务会占用飞行员大量的精力。

在图2-43中,整个矩形代表飞行员的总体精力,阴影区域代表飞行任务占用的飞行员的精力,而矩形内空白区域即所谓的剩余精力。任务越熟悉、越简单,飞行员的剩余精力就越多,对保证飞行安全也就越有利。

二、影响精力分配的常见因素

1. 身心疲劳

在飞行过程中,飞行员既要时刻观察座舱内仪表指示变化,又要时刻观察座舱外环境变化,飞行员的视线在座舱内外不断转换,容易造成间歇性疲劳,引起精力不够用。此外,飞行对飞行员的生理条件、协调反应、空间定向、抗荷和飞行环境适应等能力都有特殊要求,任何一项不在正常状态,都会影响飞行精力。

2. 思想麻痹

飞行中保持适度紧张是一种正常的心理状态,不紧张反而容易导致精力无法集中。在实施常规科目或者简单动作时,少数飞行员特别是一些飞行领导干部,容易过于相信自己的技术,导致疏忽大意,精力没完全用在飞行上,甚至在间断时间长的情况下也不认真准备,空中实施不精心,出现了偏差也不及时修正,导致误差积累越来越大,最终错过纠正时机。显然,思想麻痹松懈是飞行安全的大敌。

3. 生活琐事

有人说,飞行员的操纵错误是生活中的不幸达到顶点时产生的,此话不无道理。人都是有思想有情感有利益的,也是多种角色的统一综合体。在飞行职业生涯中,飞行员会考虑个人的切身利益、职务升迁,要处理好与同事领导之间的关系,要应对家人生病、孩子上学等情况,尤其是领导干部需要统筹处理的事务更多。如果处理不好,将坏心情和不稳定的情绪带到飞行中,会影响和分散精力,也可能因分心走神而发生问题。

三、科学分配精力的措施办法

1. 提高适应飞行能力

任何人的生理机能都有一定限度,尤其飞行员在特殊飞行环境中,如果超出人的生理极限,极易因为精力不够用而发生问题。由于飞行是在高速运动且飞机状态不断变化的情况下进行,这要求飞行人员在很短时间内,观察、分析、判断多项信息,连续不断做出多个动作。而人体有自己的生物周期,精力也有"波峰"和"波谷",当精力处于"波峰"时,完成相应动作可能不出问题;当精力处于"波谷"时,完成这些动作就可能超出了飞行员的飞行能力,从而发生问题。为了确保飞行员的生理机能在飞行安全要求范围内运行,一定要重视和加强飞行员的生理训练,重点提高飞行员的协调反应能力、空间定向能力、抗荷能力、飞行环境适应能力和飞行耐力,使飞行员在飞行中保持旺盛精力,不断增强飞行员抵御意外情况的综合能力。

2. 突出飞行心理品质训练

人的心理动机是行为的直接原因。飞行员在飞行实践中的一切行为,都受其自身心理动机的支配、调节、影响和控制。也就是说,飞行员错误的心理动机必然导致错误的行为。例如,在显示自己飞得好的错误动机下,就容易私自做一些规定之外的动作;在保全自己面子的错误动机下,就容易空中位置不清时盲目处置,丢失长机不报告盲目寻找、着陆条件不具备勉强着陆等,进而发生严重后果。所以,飞行员要牢固树立"不爱面子不逞能""不要勉强去飞行""状态就是生命"的观念,防止虚荣心作祟。同时,飞行员要把精力分散的原因、时机、危害、预防方法搞清楚,不断增强警惕性,筑牢预防精力分散的思想基础。

此外,还应根据飞行对心理的需求以及飞行员个体心理特点,有重点、有针对性地开展心理训练。例如,对飞行学员和首次进入高难课目的新员,重点是克服不由自主产生的紧张情绪;处于危险情况时,重点是克服恐惧心理;在嘈杂环境下,重点是排除干扰、集中精力等。通过情绪调控训练,提高飞行员自控能力,有效对紧张、焦虑、忧愁等不良情绪进行控制;通过意志品质训练,使飞行员在重要时机和危急关头能镇定自若、不慌不乱;通过性格磨砺训练,有效克服容易激动和暴躁脾气,使飞行员在飞行中保持稳定的心态。

3. 增强训练组织管理的科学性

在组织飞行过程中,做好飞行准备和地面练习,这是预防人为因素飞行事故的基本措施。同时,要充分考虑组织计划的严谨性,例如,是否在"三伏天大中午""三九天下半夜"条件下组织飞行,要根据驻地条件和任务特点区别对待,不能一概而论。如果实在有必要组织飞行,要制定针对性的保障措施,像提前调整好生物钟、适当减少飞行强度等,保证参训人员有足够的精力。还有,在安排编队和教练机飞行时,要考虑到飞行员个人性格、相互关系等情况,平时比较马虎、相互不服气的,一般不安排在一起飞行。

4. 提高摸底把关的意识和质量

摸底把关,是防止飞行员精力不够飞行的最后一道关口。飞行员要强化自我把关意识,确保避免在精力不足的情况下勉强参训。飞行安全管理人员要高度重视摸底把关工作,切实了解飞行员的真实思想、工作和家庭情况,对休息不好、精力不够用,或有其他影响精力事件发生的,坚决予以把关。

5. 进一步营造团结进取的安全群体环境

单位环境即所在单位的风气,是影响飞行员精力的最直接、最根本因素。营造良好的群体环境,根本上要有一个好的领导班子,有一种"想干事、干实事、干成事"的氛围。尤其是身处飞行训练一线的飞行团和大队干部,是抓好飞行安全的具体落实者和关键点。各级飞行领导干部首先应该是学习型干部,是善于研究思考的干部,是责任心强的干部。只有善于学习,才能从已有的飞行人为差错中找准原因,从而采取有效的针对性预防措施;只有善于思考,才能清楚本单位飞行安全的薄弱环节,从而扎实做好先期预防工作,堵塞漏洞,而不仅仅是习惯于"亡羊补牢";只有责任心强,才能及时发现、准确掌握飞行员的实际情况,并正确解决好飞行员精力的不利因素,从组织管理上消除不安全的隐患。领导干部要注意营造团结和谐的氛围,要相互关心、相互爱护、相互帮助,确保飞行员在和谐氛围中以舒畅的心情飞行。

第十节　飞行安全组织管理

组织管理涉及多方面工作,它们相互联系、共同影响,构成整个安全管理体系(safety management system,SMS)。在整个安全管理体系中,安全信息的收集、处理与共享发挥至关重要的作用。为加速信息的传递、实现个人技能的及时快速提高,就需要建立效率高与速度快的学习型组织。

一、PDCA 模型

实践是一切方法的根本源泉,安全管理体系是国际军民航长期安全工作的经验总结,是一种全面、系统、科学的管理安全的方法,借助该方法可以实现从事后到事前、从开环到闭环、从个人到组织、从局部到系统的安全管理。SMS 为飞行安全工作提供了指导思想和具体方法,是提升安全定量科学化的必由之路,对持续保证飞行安全具有重要意义。

SMS 管理模式来自于 PDCA 理论,该理论由美国人戴明(Deming)提出,它将某一项工作分为 4 个部分,即计划(plan)、实施(do)、检查(check)和改进(action),如图 2-44 所示。

图 2-44　PDCA 循环

计划是行动的基础,任何一项工作都要根据事物或对象的特点以及所处的环境,明确目标、确定原则、选择方案,为工作实施打下基础。没有计划就不是合乎理性的行为,任何仅靠经验、直觉、才能和天赋,而没有具体计划的工作模式,都是不科学的。

实施包括落实工作目标和方案所需的人力、物力和财力,制定相应制度和方法,确保目标和方案的实现,确保工作按计划的原则和方向进行,以便达到预期目的。

检查即有目的、有计划地按照一定的程序或规定,对各个工作步骤和过程进行监控和审核,对发现的问题进行纠正,并通过制定相应的预防措施,以防问题再次发生。

改进是根据工作的效果或结果,定期对该项工作进行评审,找出长处和缺陷,扬长避短,指出以后工作的方向和新的工作内容,确保工作的持续适用、持续改进。这一步也进入新的计划阶段,从此进行下一轮PDCA循环。

PDCA理论体现了持续改进的思想,与盲目蛮干、只重结果和末端治理截然不同,它强调过程的实施与控制,强调通过过程控制达到预期结果,强调在过程中不断自我发现、自我调节和自我完善,而不是简单的重复。掌握这一理论,就不会犯主观主义和教条主义错误,就能开放思路,通过灵活运用各种先进经验和方法取得理想结果。

二、安全信息流理论

信息是不确定性的减少、确定性的增加或肯定性的确认。信息论认为信息是系统的动力,没有充分和必要的信息,系统就不能正常运行。安全信息是安全活动所依赖的资源,安全信息是反映安全事务和人类安全活动之间的差异及其变化的一种形式。

1. 信息流的概念

安全系统的构成要素可分为人、物、能量和信息。信息存在于一切事物之中,事物的发展过程始终存在着信息;事物发展变化的事实,是信息产生的本质,事物发展变化的表现形式,是信息的外延现象。因此,信息是反映事物之间差异及其变化的一种形式。

在系统中流过的介质称为流通质,流通质通常指的是物质、能量和信息。物质与能量的流动称为物流,信息的流动则称为信息流,信息流包括人与人、人与物、物与物之间的信息流动。

2. 信息流的功能

根据热力学第二定律,事物会自发从有序转化成无序。如果要反过来,就必须消耗能量。信息的基本作用是增强客观世界的有序性,消除人们对认识的不确定性。信息流具有物流与人流所不具备的功能作用。

（1）连接功能。信息流将流通体系不同主体的孤立要素连接在一起形成集合，每个主体依据接收到的信息从事活动，它所进行的活动又表现为一定的信息传递出去，被其他主体接收，成为其他主体活动的依据，如此循环往复，形成流通体系的有机联系和运动。另外，信息流还可以连接流通体系与外部系统及环境，不同系统之间的相互影响和联系，同样靠信息连接。

（2）调控功能。信息流在连接主体及要素时，所反映的客观内容就是流通当事人行为的状态和结果，接收到该信息的当事人会影响他的行为和后果，而他的信息同时也影响相互联系的其他当事人的行为，信息的变化会使当事人的行为发生变化。

（3）决策功能。决策当事人通过信息流了解动态变化的状况，以减少不可避免的不确定性，从而为其行为做出恰当选择，并控制行为的后果。在安全工作中，如果没有充分和必要的安全信息，安全工作就会缺少针对性；信息如果失真，就会造成指挥失误；信息如果不合理，就会造成工作混乱；信息如果传递迟缓，就会贻误良机；信息反馈如果不及时，就会造成管理失控。所有这些，都是事故发生的基础和根源。因此，加强安全信息的管控，成为决策者的"中枢神经"和管理工作的重中之重。

3. 安全信息模型

安全信息模型将人、机器和环境之间相互作用以及在其发展中所面对的潜在危害、危险、破坏、损伤，借助一组衍生问题予以分析，分析的重点是人为差错与危险的关系，从而在安全管理中防止因人为差错而导致事故发生，如图2-45所示。

三、学习型组织理论

影响航空系统安全的因素众多，这些因素之间又互相联系，共同构成一个复杂网络系统。通过事故致因理论可知，任何一个因素都不会单独导致事故，甚至多个因素发生问题也不足以导致事故。但是，如果多个层面、多个方面的因素同时出现问题，系统的风险就会显著提高。对于系统中的每一个人而言，要想确保安全，不仅要考虑自己的行为，同时还要考虑别人的行为。因此，识别系统要素之间所有可能的变化和交互作用是安全工作的必然选择。

随着部队使命任务拓展、改革节奏加快、训练难度强度增加，再加上人们对于安全要求的标准越来越高，单靠个人学习保证安全已经不能满足时代要求。学习型组织基于这样一个事实，即培训体系不能总是完全教会成员胜任一项工作所需要掌握的全部知识和技能。进一步说，当环境随着时间改变时，知识和技能也会过时。组织通过建立正规的渠道对成员进行知识更新，但事实上通过非

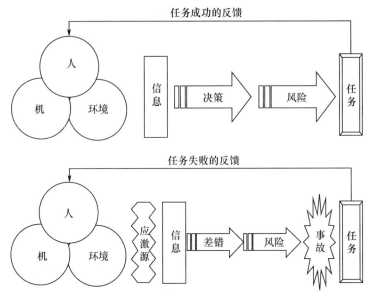

图 2-45　信息在事故致因中的作用

正规渠道也很容易获取知识。

1999年,联合国教科文组织就给出了学习的如下定义:学习是指在任何时间、任何地点、用任何方式、用最少的投入获得最多的有用的知识和能力的活动。如何理解"用最少的投入获得最多的有用的知识和能力",结合美国空军上校博伊德提出的"OODA循环"理论,在战场上,谁的OODA循环更快谁就是战场上的赢家;运用到飞行安全工作,哪个部队学习效率最高、学习速度最快,也就能够尽早、尽快发现风险、控制风险,安全管理水平也就最高。如何提高学习的速度和效率,学习型组织理论认为,与个人学习相比,学习型组织的效率更高、速度更快。历史经验和管理学的统计证明,任何个人的思维与执行能力的极限只能是其他人的3倍,而群体思维和行动的能力不但是无限的,而且其能力的增长量与人员或花费时间成二次方以上的数量关系。显然,提高安全管理水平的必然路径是建设学习型组织。所谓学习型组织,是指通过培养弥漫于整个组织的学习气氛、充分发挥员工的创造性思维能力而建立起来的一种有机的、高度柔性的、扁平的、符合人性的、能持续发展的组织。这种组织具有持续学习的能力,具有高于个人绩效总和的综合绩效。

1. 学习型组织的起源

现代管理学认为,人类历史上的所有组织,不论遵循什么理论进行管理,不外乎有两种类型:一类是"等级权力控制型";另一类是"非等级权力控制型",也就是"学习型组织"。这两类组织的产生源于社会的发展,人类从有剩余产品开始进入阶级社会后就产生了"等级权力控制型组织",人类发展到有剩余知识产品的信息化社会后就出现了"学习型组织"。这种转变的动力来自最根本的生产活动,这些活动依次突破了农业、工业、服务、文化和信息产业的束缚。这种转变的实质是人类生产关系的转变带来了人类知识体系的转变,进而导致人类世界观的转变。

所谓"等级权力控制型"组织,是以等级为基础、以权力为特征,对上级负责的垂直型控制系统。它强调以"制度+控制"迫使所有的人"更勤奋地学习和工作",以达到组织的目标。等级权力控制型管理在工业经济时代前期发挥了有效作用,它对生产、工作的有序进行和有效指挥具有积极意义。

在信息时代和知识经济时代,层级管理模式越来越不能适应组织在科技迅速发展、社会瞬息万变、新军事变革的形势下竞争取胜的需求。无论多少层,这些组织都缺少一个由发展战略到个人思想和信息交流、学习和控制的层次,所以,面对信息社会以及即将到来的知识社会,传统层级组织的思维决策和执行效能存在问题,这些多层级的组织在思想的传递中存在着巨大的失真、延迟和阻力,已经无法处理复杂事物造成的知识和信息爆炸,特别是面对信息化战争的无穷变化,谁的思维更快将是取胜的关键。于是,人类通过实践认识过程产生和发展了新的思想方法和世界观。于是,人们都在寻求一种更有效的能顺应时代信息化需求的思维模式和管理模式,学习型组织的思维和管理模式就在这样的大背景下应运而生。

2. 学习型组织的建设路径

学习型组织的最初构想源自电脑内存发明人、系统动力学创始人美国麻省理工学院佛睿斯特在1965年写的一篇文章"一种新型的公司设计",他运用系统动力学的原理,非常具体地构想出未来企业的思想组织形态:层次扁平化、组织咨询化、系统开放化;成员间逐渐由从属关系转向工作伙伴关系;组织不断学习,不断重新调整结构关系等。麻省理工学院斯隆管理学院的彼得·圣吉博士作为佛睿斯特的学生,对数千家企业进行了研究,发展出一套系统完整、可操作性很强的企业管理方法,为未来组织描绘出了蓝图。1990年,彼得·圣吉将他们的辅导与研究成果写成《第五项修炼—学习型组织的艺术与实务》一书,介绍如何进行"学习型组织"的5项修炼,这5项修炼构成了学习型组织的建设路径[24]。

(1) 自我超越。据社会学家分析,世界上有97%的人不满意他们的世界,但他们心中又缺乏一个自己所喜欢的世界的清晰图样。许多人一生心怀不满,终生奋斗,但最终仍一事无成,原因在于他们心中缺乏一个明确的目标。

"自我超越"的"实践"是学习不断厘清并加深个人的真正愿望，集中精力，培养耐心，并客观地观察现实。它以厘清人们真心向往的事情为起点，让每个人为自己的最高愿望而活。

自我超越是学习型组织的精神基础。精熟"自我超越"的人，能够不断实现内心深处最想实现的愿望，对生命的态度就如同艺术家对艺术作品一般，全心投入、不断创造和超越，是一种真正的终身"学习"。组织整体对于学习的意愿与能力，植根于个别成员对于学习的意愿与能力。

自我超越的意义在于用创造的观点面对生活与生命。无论是个人或组织，重要的是培养其能力，为自己的愿望服务。通过学习，意识到自我超越的要求是永远不停止学习，敏锐地警觉自己的无知、力量不足和成长极限，但这绝不能动摇其自信。

（2）改善心智模式。心智模式是指人们工作中表现出来的特有的思维方式、价值观念和行为习惯的总和。在管理的许多决策模式中，决定什么可以做或不可以做，就是一种根深蒂固的心智模式。如果无法掌握市场契机和推行组织变革，很可能是因为这与个人或组织心中隐藏的、强而有力的心智模式相抵触。壳牌公司是第一家了解加速组织学习好处的大企业，他们发现隐藏的心智模式影响既深且广，尤其是当它成为共有心智模式时。壳牌公司之所以能成功渡过20世纪70年代和80年代石油危机的巨大冲击，主要归功于学习如何浮现管理者的心智模式，并加以改善。

把镜子转向自己，是心智模式"实践"的起步；借此，个人或组织学习发掘内心世界的图像，使这些图像浮上表面，并严加审视。它还包括进行一种有学习效果的、兼顾质疑与表达的交谈能力——有效地表达自己的想法，并以开放的心态容纳别人的想法。

（3）建立共同愿景。共同愿景是指建立在组织员工共同价值观基础之上的组织的共同愿望。如果有任何一种领导理念，在人类历史上一直能在组织中鼓舞人心，那就是拥有一种能够凝聚、并坚持实现共同愿景的能力。一个缺少全体衷心共有的目标、价值观与使命的组织，必定难成大事。有了衷心渴望实现的目标，大家会努力学习、追求卓越，不是因为他们被要求这样做，而是因为他们衷心想要如此。但是，许多领导者从未尝试将个人愿景，转化为能够鼓舞组织的共同愿景。共同愿景常以一个伟大领袖为中心，或发自一件共同的危机。组织所缺少的，往往是将个人愿景整合为共同愿景的"实践"。

共同愿景的整合，涉及发掘共有"未来景象"的技术，它帮助组织培养成员主动而真诚地奉献和投入，而非被动遵从。领导者在精熟此项"实践"的过程中，会得到同样的教训：一味试图主导共同愿景会产生反效果。

（4）团队学习。团队学习是合作性学习，通过学习而意识到，团队学习之所以重要，是因为在组织中，学习的基本单位是团队而不是个人。团队学习能产生1+1>2的效果。

在团队中，每个人都认真参与，每个人的智商都在120以上，何以集体的智商只有60？团队学习能够处理这种困境。组织不是整齐划一的相同，而是整体的有效配合。当真正实现了团队学习，不仅团队产生出色的效果，而且个别成员的成长速度也快于其他学习方式。

团队学习的"实践"从"深度汇谈"开始。"深度汇谈"是一个团队的所有成员，摊出心中假设，而实现真正一起思考的能力。"深度汇谈"的"实践"也包括学习找出有碍学习的互动模式。例如"自我防卫"的模式往往根植于团体的互动中，若未察觉，则会妨碍组织学习。如果能以有创造性的方式察觉它，并使其浮现，学习的速度便能大增。

（5）系统思考。人类的一切活动，都应该看作一个"系统"，也都受到细微且息息相关的行动所牵连，这些行动彼此影响，而且这种影响往往要经年累月才完全展现出来。身为群体中的一分子，置身其中而想要看清整体变化，实非易事。相反，多数人倾向于将焦点放在系统中的某一片段，总想不通为什么有些最根本的问题似乎从来得不到解决。

系统思考是学习型组织的基石，是5项修炼的归宿。通过以上4项修炼，组织及组织成员达到一种系统思考的境地，即形成心灵的转变；通过第5项修炼，即系统思考，组织及成员在分析和解决问题时，既能将自己与世界分开，又能将自己与世界联结。在现实世界中，头脑简单的人采取反应式或适应式的行为，而系统思考的人，能够看到系统背后的结构，采取创造式行为。

经过几十年的发展，系统思考已发展出一套思考的架构，它既具备完整的知识体系，也拥有实用的工具，可帮助人们认清整个变化形态，并了解应如何有效地掌握变化，开创新局。彼得·圣吉告诉我们，在描述"动态复杂性"，即事件背后的原因及动态变化时，简单的线性描述远远不够，人们必须掌握一种新的语言，即系统思考的语言，才能准确说明事件本身及其隐含的东西。系统思考的语言有3个基本元件，即增强回馈、调节回馈、时间延滞。

3. 建设飞行安全学习型组织的关键要素

将学习型组织的理论与原理应用到飞行安全系统当中，就能确定出如下3个关键组成部分，它们分别是安全信息、安全沟通、安全文化。

（1）安全信息。所有的飞行安全管理部门都制定了不安全事件报告的最低标准，并在所属单位中强制执行。然而，在实际运行中，大多数单位都有一个共同的困惑，那就是：应该报告什么以及如何报告。由于报告的动机、不安全事件的定义和事件的描述不同,会导致报告行为的千差万别。有人认为,飞行中发生差错简单处理即可,没必要事后进行报告;也有人认为,飞行后感到疲倦想尽快回家;还有人认为,发生差错进行报告会对自己不利等。

上述现状清楚地表明,多数单位的安全数据是不完整、不及时且不精确的。从学习型组织的角度来看,通过收集安全数据加快信息传递有助于更早、更有效地降低飞行中的风险。

(2) 安全沟通。安全数据收集以后,人们需要对这些数据进行分析以便获得知识。也就是要在数据挖掘中,发现内在的或隐含的信息。各航空系统处理安全数据的方法包括开展调查和公布报告。这二者的区别如下:调查不总是形成报告,而报告也不总是由调查而来。事实上,调查并不是竭尽全力对所有可能的原因进行调查。大多数调查都在找到一个可接受的可能原因后结束。这是因为资源有限,整个调查过程要花费很多时间和精力。此外,通过报告信息能够使得教训在组织范围内传播。虽然各级组织都在努力构建信息共享网,但很多单位依然对信息保密。显然,从组织学习的角度,宝贵的背景数据往往被丢失。

根据学习型组织的要求,收集、处理、传播安全信息不仅仅是为了满足规章要求,而是通过加快信息传递建立一个更敏捷、更高效的组织。

(3) 安全文化。为了解决安全数据不完善、安全沟通不彻底导致的组织反应能力有限等问题,各航空组织仅仅重视规章制度建设是远远不够的,在深层次上还要重视信任、灵活、公平、公正、学习等安全价值观的建设。通过深入人心的价值观塑造,逐步培塑支持性的安全文化,能够确保组织中有更多人反映安全信息、更多人从有价值的信息中汲取教训,进而使整个系统免于不必要的风险。

参 考 文 献

[1] 邵辉. 安全行为管理[M]. 北京:化学工业出版社,2008.
[2] 罗云. 安全行为科学[M]. 北京:北京航空航天大学出版社,2012.
[3] 王凯全. 安全工程概论[M]. 北京:中国劳动社会保障出版社,2010.
[4] 李树刚. 安全科学原理[M]. 西安:西北工业大学出版社,2008.
[5] 孙林岩,崔凯,孙林辉. 人因工程[M]. 北京:科学出版社,2011.
[6] 金龙哲,汪澍. 安全学原理[M]. 北京:冶金工业出版社,2018.
[7] 于广涛,李永娟. 复杂社会技术系统安全控制人因研究的转变趋向[J]. 中国安全科学学报,2009,19(4):32-37.

[8] 许正权,朱方策.复杂社会技术系统安全事故的成因结构敏感性及预防对策研究[J].中国安全科学学报,2009,19(3):11-16.

[9] 李娟,汪厚祥,林海涛.基于STAMP的舰载作战系统软件安全研究[J].舰船科学技术,2010,32(9):63-66.

[10] 牛丰,王昱,周诚.基于STAMP模型的地铁施工安全事故致因分析[J].土木工程与管理学报,2016,33(1):73-78.

[11] 王黎静,王彦龙.人的可靠性分析[M].北京:航空工业出版社,2015.

[12] 荣曾平.航空生理卫生[R].北京:中国人民解放军空军司令部,2001.

[13] 张阔.普通心理学[M].天津:南开大学出版社,2011.

[14] 叶龙,李森.安全行为学[M].北京:清华大学出版社,2005.

[15] 亚伯拉罕·马斯洛.动机与人格[M].许金声,等译.北京:中国人民大学出版社,2015.

[16] 术守喜,马文来.人为因素与机组资源管理[M].北京:北京航空航天大学出版社,2015.

[17] 赵廷渝,朱代武,杨俊.飞行员航空理论教程[M].成都:西南交通大学出版社,2013.

[18] 杜俊敏.人为因素与飞行安全[M].北京:北京航空航天大学出版社,2016.

[19] 贾宏博,谢溯江.空间定向障碍发生机制的研究进展[J].中华航空航天医学杂志,2005(4):305-308.

[20] 于立身.飞行中空间定向障碍研究进展[J].航空军医,2001(2):83-86.

[21] 于立身.飞行空间定向障碍和防止其飞行事故的医学对策[J].空军医学杂志,2011,27(2):61-64.

[22] 黄炜,吕汽兵,季思菊.空军飞行员飞行错觉性质分类调查[J].中国疗养医学,2011,20(2):180-181.

[23] 付国强,王昊鹏.英国皇家空军飞行手册[R].长春:空军航空大学,2016.

[24] Dedale S A. BRIEFINGS-A human factors course for pilots and aviation professionals course manual[M].中国民用航空总局,2000.

[25] 吉姆·洛尔托尼·施瓦茨.精力管理[M].付涛,译.北京:中信出版社,2003.

[26] 杨孝伟,赵应文.管理学原理、方法与案例[M].武汉:武汉大学出版社,2004.

[27] 吕维波.精力-人为差错飞行事故智因的核心[C]//中国人民解放军空军飞行安全局.首届空军飞行安全建设发展论坛论文集.北京,2010.

[28] 庄志谦.人为飞行差错研究[M].北京:蓝天出版社,2006.

第三章 核心能力

机组资源管理作为一种思想由来已久,而作为飞行人员的核心能力进行精准化培养和训练则是近几十年间的事。飞行人员的能力可分为技术和非技术两个方面。技术能力是指飞行员操控和驾驶飞机的能力,即传统意义上的"杆舵"技能。非技术能力则是不直接涉及飞机操纵、系统管理与设备使用,但与飞行安全、飞行效益紧密相关的飞行人员在个体认知和团队协作方面的能力。非技术能力的内涵比较丰富,各国军民航的表述不尽统一[1-8],但归纳起来主要集中于如下4个方面的6项能力:一是认知方面的情景意识与判断决策能力;二是人际关系方面的交流、协作能力;三是自我管理方面的情绪控制、应激对抗与工作负荷管理能力;四是组织管理方面的领导力、影响力与人格魅力等。

每项非技术能力都有其独特的作用、特点与内涵,本章围绕6项非技术能力进行理论分析,力图使飞行人员、组训人员系统把握每项非技术能力的地位作用、实质内涵以及相关的生成路径与措施办法,进而为能力提高和实践运用奠定理论基础。

第一节 情景意识

在执行飞行任务的整个过程中,飞行员要时刻清楚:已经发生了什么?正在发生什么?将要发生什么?这是完成飞行任务的前提和基础,也就是所谓的情景意识(situational awareness,SA)。

准确来讲,飞行人员的情景意识,是指飞行时由于感知、注意、思维等心理活动的参与,飞行人员在三维立体空间内对自己所处的位置、飞机相对状态、威胁、作战任务等与飞行安全有关的所有因素和条件十分清楚的意识水平。简而言之,情景意识是指飞行员能知道周围要发生的情况,在本质上是指在特定时间及空间内人对环境中各要素的知觉、对其意义的理解以及对它们后续状态的预测。显然,情景意识是飞行人员操纵飞机的必备条件,只有情景意识完整,才能正确操纵飞机及处置应急情况,如果飞行人员情景意识丧失,必然不能正确操纵飞机,特别当遇有险情时会不知所措。飞行时飞行人员进入不明状态就属于典型的情景意识丧失。情景意识是飞行员判断与决策的基础,据统计有51.6%的严重飞行事故和35.1%的一般飞行事故与飞行人员情景意识缺失、决策错误、操作错误直接相关。

一、情景意识的层次划分

1995年,美国空军首席科学家Endsley从认知心理学的角度,由低到高把情景意识划分为感知、理解和预测3个层次。高层次的情景意识依赖于低层次的情景意识,各层次表示的意义及其相互作用关系如图3-1所示。

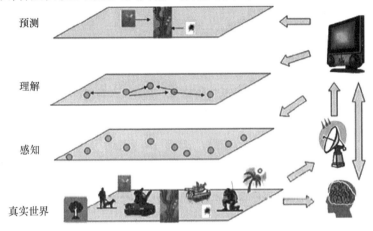

图3-1 情景意识的层次示意图

在Endsley提出的情景意识模型中,第一层是感知,人通过感觉器官或各种探测设备,将真实世界通过采样抽象成离散的信息。第二层是理解,人将获取的知觉信息进行筛选重组,建立起离散信息之间的联系。第三层是预测,人脑或其他辅助决策设备对理解后的信息经再加工,形成对世界接下来走向的认识。

(1)感知层。感知是建立情景意识的基础,具体是指觉察环境中的诸多元素,并识别这些元素的特征。在此阶段中,人对某些关键要素有选择地注意(即选择性注意)并能短暂记住这些关键要素(短时记忆)是良好情景意识的重要前提和条件。有研究指出,通过对航空安全报告系统(aviation safety reporting system,ASRS)中113起飞行不安全事件的调查发现有169个情景意识错误,其中大多数错误可归为第一层次——对情景的感知。

1997年8月5日,一架大韩航空B747飞机执行801号航班飞行任务,20点53分由韩国首尔金浦国际机场飞往美国关岛的安东尼奥·汪帕特国际机场。在雨中降落过程中,机组误判机场跑道位置,飞机撞在了尼米兹山的半山腰上,致使288人死亡。根据事故调查报告,大部分机场的测距装置(distance measuring equipment,DME)是设在跑道末端的,但关岛机场6L跑道的DME却是设在跑道头前端5km外的山上。由于当日天气状况不良,机场的仪表着陆系统(instrument landing system,ILS)因故障关闭,机组只能依靠DME认定跑道的位置。但是,多次往返此航线的机长忽略了真实跑道端是在DME认定跑道位置的5km以外,最终飞机过早下降高度,导致撞山。

机长飞这条航线不止一次,对于机场跑道DME的位置特殊这件事也十分清楚。由于当日飞行时,机长身体条件不佳、非常疲劳,致使他对所处环境的感知、理解和预测能力减弱;再加上当时天气条件差,能见度极低,本不该出现的下滑道(glide_slope)读数突然出现等客观因素,过多的信息严重影响了机长的注意力分配,使他暂时忽略了机场跑道DME位置的特殊性,从而失去了对飞机、机场真实位置的感知,进而导致错判跑道位置。等机长感知到错误进场后,为时已晚。

(2)理解层。理解是指对感知层次里记忆中的关键要素和关键要素之间关系的分析、判断。在该层次中,人的大脑中正在进行的思维活动和已有的经验知识至关重要。

1996年2月6日,一架伯根航空的波音757-225型飞机执行301号航班飞行任务,起飞5min后,飞机失速后坠毁于加勒比海中,机上189人全数罹难。飞机刚起飞时,资历丰富的机长发现空速表出现故障,而驾驶B757不足75h的副驾驶的空速表却数据正常。机长依靠副驾驶的空速表指示继续起飞爬升。然而,当机长将飞机转为自动驾驶后,飞机出现了方向舵速率和空速两种警告。正在检查时,机长的空速表显示飞行速度达到325节,即将达到最高空速350节,而副驾驶的空速表则显示空速过慢。

机长此时做出了一个愚笨的理解:两个空速表都错了!实际上,副驾驶的空速表一直表现正常。机长本来有5个不同的空速资料来源,但作为B757驾驶经验丰富的飞行员,机长却选择了自动驾驶仪的错误反应作为最后的理解。

正是这一错误理解,使机长为满足自动驾驶仪的需求而降低飞机速度。接下来,操纵杆振荡器发出失速警报,姿态偏差指示器显示飞机偏离常态。可惜的是,面对超速警报和失速警报的双重矛盾信息,机长的情景意识开始混乱,不知如何是好,最终他没能及时推起节流阀,致使飞机失速,坠入海中,无人生还。

(3)预测层。预测是指在第一、第二层次的基础上,对情况的发展趋势进行预测,进而确定最佳的操作方式。在这个层次上,决策的果断性和某些人格特征等高级心理过程起着重要作用。例如,不同的认知风格或价值观会最终决定一个人对某种行为方式的评估和偏好。

1999年6月1日,一架美国航空的MD-82飞机执行1420号航班飞行任务,机组人员试图在风暴中将飞机降落在小岩城国家机场。最终,飞机以超过100miles的速度冲出跑道,撞上护堤后又撞上一架钢制天桥。NTSB的调查报告显示,起飞前机组人员收到了雷暴警告,但机组认为他们能赶在雷暴之前降落。在降落前,由于风向改变,机组也改变航向,从22L跑道转到4R跑道着陆。就在这段时间中,一场雷暴已在机场上空形成。

低云、雨、闪电、雷暴、狂风等因素使得驾驶员忙得不可开交。飞行员既能根据机载雷达判断天气恶劣,也能看到窗外的闪电。根据飞参记录,机长说了一句重要的话:真痛恨在坏天气的夜晚目视飞行,我根本不知道我们在哪!这句话说明飞行员对目前的恶劣飞行环境理解得很清楚。调查人员认为,在当时情况下,这位飞行时数高达10000h的机长应放弃降落小岩城机场,而备降其他机场或返回。但他在雷暴愈来愈强烈的情况下执意进场,在降落过程中,飞行员得到管制员的信息:侧风高于10节,超出了美国航空公司允许的降落条件。然而,机场就在前方,为完成航空公司务必到站任务的飞行员认为可以放手一搏。这种侥幸预测让飞行员开始在雷暴中降落,接着手忙脚乱,忘记启动扰流板,导致飞机不能及时刹车,冲出跑道,酿成了悲剧。

Endlsley对1989年至1992年因情景意识引发的运输机飞行事故进行了统计,结果如图3-2所示。可见,感知层的情景意识问题所占比例最大,为78%,理解层占17%,预测层占5%。

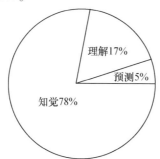

图3-2 1989年至1992年因情景意识丢失引发的运输机飞行事故统计图

在感知层的情景意识问题中,15%是由于外界环境难以分辨或探测,5%是由于感知错误,15%是因为获取的数据无效,20%是由于记忆丢失,45%是因为监测失败。监测失败的所有原因中,任务性注意力分散占55%,非任务性注意力分散占10%,警惕性不高占5%,过度依赖自动化设备占10%,应激占3%,工作负荷占15%,其他因素占2%。

在理解层的情景意识问题中,20%是由于缺乏解决问题的思路,40%是由于思维方式不正确,30%是由于对数据考虑不全面,10%是其他原因。

在预测层的情景意识问题中,15%是由于对当前趋势预测过度,而85%是其他原因。

二、情景意识的构成要素

情景意识包括方方面面,如气象情况、空间定向等都与情景意识有关,如图3-3所示。

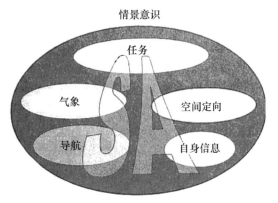

图3-3 情景意识的构成

飞行所面对的环境每天都在变化,飞行员会面临来自空管、客舱、天气、机场环境等各个方面的压力,保持良好的情景意识会大大降低犯错的概率,从而合理规避风险。飞行训练的一个重点内容就是关于情景意识的培养,比如教员时刻会问学员现在所处的飞行状态,具体包括"6W4H"到,即 Why(为什么做)、What(做什么)、Which(选择哪些资源来用)、Where(在哪做)、Who(由谁来做)、When(什么时间去做)、How(如何去做)、Have(目前有哪些资源)、How much(做到何种程度)、How long(做多久)。这就像一张检查单,时刻明确飞行中一切情况及下一步发展趋向。

美国空军飞行员 Tony Kern 对153起成功处置应急情况进行分析后,建立了如图3-4所示的飞行技术模型。在该模型中,纪律性、技能和熟练性是飞行技术的3个基石;除此以外,飞行员要全面了解自我(self)、团队(team)、风险(risk)、环境(environment)、飞机(aircraft)以及任务(mission)等因素,使用用缩略语 STREAM 更便于记忆上述6个方面,它们成为重要的支撑支柱;最后,优秀的飞行员还要保持高度的情景意识和良好的判断决策能力。该模型有助于飞行员更好地制定学习与飞行计划,分析飞行不安全事件以及评估个人飞行技术,更重要的是,不管飞行员在哪里飞行、何时飞行或者何种飞行,通过回想3个基石、6根支柱,飞行员在脑海里过一遍会增强情景意识,进而做出预先判断和决策。

显然,该模型起到了检查单的作用。

图 3-4 飞行技术模型

在3个基石中,纪律性特指机组和任务组抵制诱惑的能力,即在面对诱惑时是否违反规定、违背计划。技能包括心智技能和操控技能两个方面,操控技能是显性的,经过一定时间和强度的专业训练即可获得;心智技能是综合能力,内涵丰富、影响因素多,具有内隐性和不稳定性,需要足够的经验积累。熟练性是指经过多次复训,飞行员熟练到享受飞行,在飞行中感到心情愉悦。显然,经验越丰富、熟练度越高,飞行员更容易在新的任务中快速建立起情景意识,并能够从以前相似飞行情境中迁移决策,减少判断环节。

影响情景意识的典型因素包括时间、自我、团队、风险、环境、飞机、任务7个方面,如图 3-5 所示。

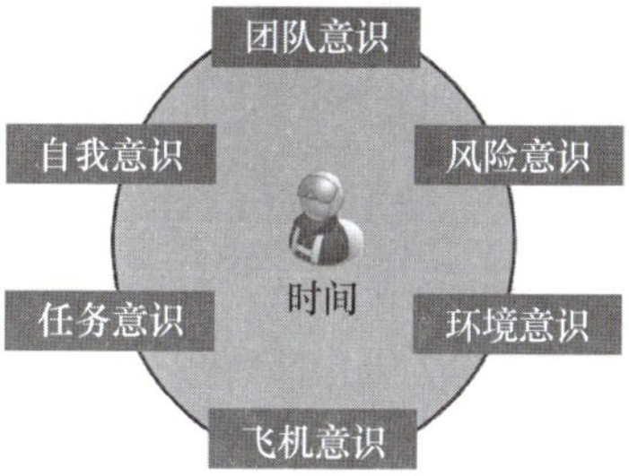

时间是情景意识的核心,飞行员对一切情况的感知、理解都必须及时,对未来以及紧急情况的预测都必须是提前的,错过了最佳时机,事后理解得再透彻也毫无用处。

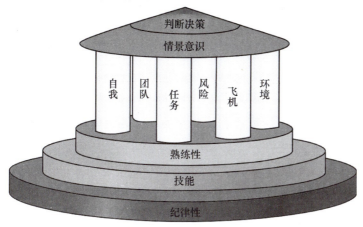

图 3-5 情景意识的典型因数

自我意识要求飞行员具有适度的警觉,能够对高压力负荷或疲劳等自身状态正确识别、评价和有效监控,从而避免将飞行置入危险状态。

团队意识要求组成团队的机上或地面人员有明确的团队目标、角色分工和操作流程,团队成员要密切协作、有效交流,同时避免其他人员向机组提出危及飞行安全的要求。

风险意识要求飞行员对飞行中所有危险源进行识别、分析、评价,从而采取风险防范与控制措施。

飞机意识要求飞行员正确、全面认知飞机性能,避免在某些特定状态下,被飞机假象欺骗进而将飞机操控到无法处置的境地。例如,飞行员要掌握飞机各系统的模式与状态,要对飞机运行数据、警示信号保持警觉。此外,虽然自动化设备会使飞机操作简便有效,但也可能导致系统不可控,或引起灾难性后果。

环境意识要求飞行员及时准确识别物理环境与组织环境,尤其要特别重视组织环境变化对飞行安全的影响。例如,飞行员要主动掌握当前和未来的飞机位置以及空中交通流量和有关地形地貌等。

任务意识要求飞行员识别当前的任务阶段、正确执行或更改任务计划、了解任务中有哪些不明状况以及何时调整任务。如果过分渴望作业任务的完成,有可能忽视对意外风险的准确评估,从而导致在紧急情况下做出错误的判断与决策。

三、情景意识的分类

情景意识可分为个体情景意识和群体情景意识两类。

1. 个体情景意识

个体情景意识是指某名飞行员个人对影响飞行的各种因素和条件的知觉。由于每一个个体的知识经验不同,飞行态度和飞行动机不同,因此不同个体之间的知觉存在差异,每一名飞行员的情景意识水平就有可能不同。

2. 群体情景意识

群体情景意识是指作为一个完整整体的机组所具有的情景意识。飞行安全主要取决于群体所获得的情景意识,而群体所能获得的情景意识主要取决于责任机长所获得的情景意识水平,这样的情景意识绝不是每一个个体情景意识的简单叠加。

机组的整体工作由机组成员分工、协同、配合来共同完成,每名机组成员素质高、配合好,群体情景意识就高。这就要求每名人员要将自己的情景意识贡献给机长,而机长必须分享和接受其他人员所提供的情景意识。

四、情景意识的保持

飞行员可通过优化设计操纵程序、严格执行飞行程序、把握飞行操纵重点、简化复杂飞行局面、协调一致行动和主动管理工作负荷等措施预防和克服注意力分散,并理解和掌握注意力分配与转移的基本方法。

注意力分配包括两层含义:一是确定某一时间段重点关注的目标顺序;二是确定多个目标中的关注中心。例如,某型飞机实施半滚倒转机动飞行,在形成预定仰角后,应分配注意力注意杆、舵的操纵动作。在压杆、蹬舵之后,飞机已经开始滚转时,则应分配注意力注意飞机风挡(机翼)与天地线之间的夹角变化。当飞机风挡(机翼)与天地线之间的夹角为 30°~45°时,应分配注意力再次注意杆、舵的操纵动作。当杆、舵回到中立位置后,又需要分配注意力注意飞机风挡(机翼)与天地线之间的夹角变化。注意力转移也包含两层含义:一是指注意力关注的重点由一个客体全部转向另一个客体;二是指新出现的客体居于注意力的中心,而旧的客体退居注意范围的边缘。例如,飞机起落航线四转弯后对向跑道,首先注意的客体是飞机纵轴与跑道延长线的关系,以便判断下滑方向、位置,而下滑高度、速度等则处于注意的边缘。当下滑方向、位置调整好后,目测就成为主要问题。于是,注意的客体主要转向观察高度、下滑角、高距比和速度等方面,而观察方向退居注意的边缘。根据飞机驾驶基本原则和实践经验,分配与转移注意力的基本方法主要体现在空间、时间、节奏等方面[9]。

1. 注意力分配与转移的空间

当飞机、发动机工作正常,飞行环境未出现异常情况时,飞行员应以飞行状态为主、以其他对象为辅分配与转移注意力,如图 3-6 所示。

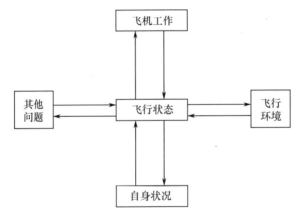

图 3-6 通常情况下的注意力中心

当发现飞机工作或飞行环境等方面出现异常情况时,飞行员注意力应相应调整,如图 3-7 所示。无论是飞行状态出现偏差,还是飞机工作出现异常,都应及时判断偏差和异常的致因,适时转移注意力,如图 3-8 所示。在注意力关注中心确定的情况下,不同驾驶方式感知发现信息的方法也不相同。目视飞行飞机或座舱风挡与外界参照物(天地线、跑道、地面、长机)的关系是重点信息源,注意力分配与转移应以其为主、其他为辅展开,如图 3-9 所示。昼间仪表飞行,地平仪(航姿仪表)是重点信息源,注意力分配与转移应以地平仪为主、其他仪表为辅展开,如图 3-10 所示。

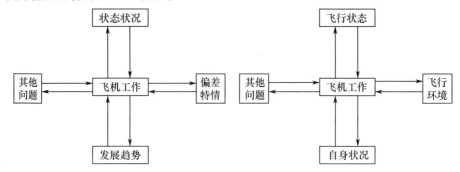

图 3-7　出现异常情况时的注意力中心　　图 3-8　关注中心的重点要素

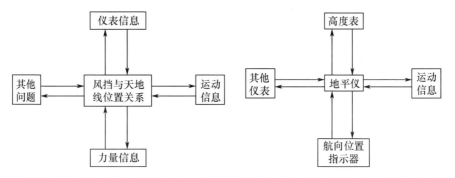

图 3-9　目视飞行注意力分配与转移　　图 3-10　昼间仪表飞行注意力分配与转移

夜间目视飞行,注意力分配与转移应以观察座舱内的仪表为主,以观察外界的地标、座舱风挡与天地线关系位置等为辅。

装有平显的飞机,观察仪表的注意力主要集中至平显。但是,由于平显综合显示信息多,注意力应根据操纵活动的需要,以一个或一部分显示信息为中心进行分配与转移,同时兼顾其他信息。

飞行中,机组成员承担着不同的角色、职责、任务,在同一时间内注意力分配与转移的空间各有侧重,并应适时进行交流,以实现资源共享。

2. 注意力分配与转移的时间

在单位时间内,注意力能否全面关注所有目标点,取决于分配与转移的速度。对目标点的关注度,与注意力分配、转移的速度和可供使用的时间成正比,与目标数量成反比。在飞行中,关注目标点数量和可供使用的时间是一定的,必须加快注意力分配与转移的速度,才能体现飞机驾驶行动对其全面性的要求,即注意力分配与转移应以快求全。

注意力对某一目标点关注的准确性,与机组成员飞行经验、注意力对某一目标的关注时间和目标点复杂程度有关。飞行人员的经验丰富、对目标点关注的时间长、目标点复杂程度低,关注的准确性就高。因此,注意力分配与转移应以定求准。

3. 注意力分配与转移的节奏

快速分配与转移注意力,并延长对目标点的关注时间,是提高关注度和准确性的基本方法。然而,两者又相互矛盾。注意力分配与转移速度加快,必然缩短关注时间;延长关注时间,必然影响注意力分配与转移速度。因此,处理"快"与"定"的关系,基本要求是"快而不乱、定而不死"。实现这一要求,必须建立规范的程序,使注意力按照一定的先后顺序关注目标点,与驾驶行动节奏要求相一致,与其重要性和复杂程度相适应。

综上所述,注意力分配与转移的基本方法概括起来主要是:围绕中心,主次分明;以快求全,以定求准;活而不乱,定而不死。

五、情景意识的丧失

情景意识丧失的一般模式是:出现异常情况后,由于处置时间有限、危险性较大,飞行员感到压力并进入高负荷状态,飞行员注意力分配与转移不当,正常的操作流程与操作习惯被打破,进而丧失情景意识,如图3-11所示。

1999年,美国心理学家丹尼尔·西蒙斯和克里斯托弗·查布里斯进行了一个有关情景意识的实验,充分证明了这一模型,如图3-12所示。实验要求受试者对一段录像中2组篮球队员的篮球传递次数进行计数。其中,一组队员穿白衬衫,一组队员穿黑衬衫,两组队员均来回传递一个篮球。西蒙斯和查布里斯用摄像机记录下了队员的动作,然后将录像播放给受试者。大多数受试者都密切注视了录

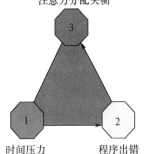

图3-11 情景意识丧失模型

像,几乎没有眨眼,并给出答案。事后,研究者问受试者在录像中是否发现其他异常现象。大多受试者都回答没有。事实上,录像中有一个伪装成大猩猩的女人,她走到篮球队员中间,而且在摄像机前挥了挥手,然后走出镜头。受试者能够回忆出游戏的背景、篮球队员的面貌以及激烈的传球活动;但是一半以上的受试者并没有注意到那只"猩猩"。这是因为录像中的传球速度非常快,完成这项挑战给受试者带来巨大的时间压力。正常的看录像习惯被高负荷状态打破,受试者对全局关注的注意力被分散掉,所有这些分散掉的注意力聚焦到传球动作

上,形成部分情况"视而不见"。

图 3-12　情景意识实验示意

在大量的飞行实践中,人们总结出了情景意识削弱或丧失的常见线索,识别这些线索有助于避免不安全事件的发生。这些线索包括如下几个方面。

(1) 任务执行过程与计划不一致。常见的现象包括:不能获得期望的地面速度、不适宜的燃油燃烧速率,或者不能达到航图所指示的巡航性能等。如果不能分析出异常的产生原因,也就不可能做出必要的修正行动,情景意识的丧失也就在所难免。

(2) 座舱内语义模糊或无法理解。在飞行中,交流要使用标准的指令性语言;否则,会导致歧义信息,或造成飞行员误解。例如,指挥员询问"X 号飞机是不是飞行状态不好?"飞行员回答"不"。这句话就会使指挥员无法判断飞机状态。1996年,在印度新德里西北部75km处上空,一架沙特B747飞机与一架哈萨克斯坦伊尔-76飞机相撞。事故原因与空管员发音不准有关,哈萨克斯坦飞行员询问沙特飞机的距离时,空管员说"11 miles now"(现在还有11miles)。由于飞行员将Now错听成North,从而判断失误导致飞机相撞。

(3) 对飞机系统缺乏监控。随着航空技术的发展,飞机的可靠性大大提高,很多设备都实现了冗余备份,设备出错概率降低。但根据墨菲定理,即便是误差再小、可靠性再高的系统,都仍有可能出错。由于飞机复杂度的不断提高,飞机的故障有时难以及时排除。因此,飞行员只有对飞机系统运行的关键数据进行持续有效的监控,才可能及时发现问题所在。

(4)飞行员任务负荷过重或过轻。过高的任务负荷会使飞行员疲于应付,从而忽视关键信息。而过低的任务负荷也会使飞行员进入一种白日梦状态,使其对周边环境缺乏正确感知。不管是高负荷还是低负荷,最终都会在感知层影响到情景意识,从而造成情景意识丢失。

(5)不当的心理状态。冲动、反权威、逞能心理等都会在很大程度上影响人的行为。在这些心理作用下,很多思考判断都被简化。缺乏对信息的全面掌握和关注,情景意识的丢失也就成为必然。

(6)管状思维。管状思维意味着飞行员将所有注意力集中在某个单一事物上。在这种状态下,飞行员感知到的信息极少,对信息的理解缺乏全面性、准确性,更谈不上合理的预测。在此情况下,必然会丧失情景意识。而且,进入管状思维的人很难意识到自身状态,因此,需要其他成员提醒或帮助。

六、情景意识的重建

情景意识的重建要从其最基本的感知层开始。首先,要合理分配注意力,全面获得外界信息以形成正确感知。要重建感知,必须对当前状态进行全面的感知理解,而检查单或口诀将检查的流程规范化,有助于飞行员系统的感知外界环境,从而完成感知层的重建。

其次,要重建团队意识。机组的合作能够增强机组的视野和理解力,加强机组交流、对机组任务合理分工,会使机组各成员负荷得当。此外,空管人员、指挥员对全空域信息掌握较全面,加强空地交流也有助于情景意识的重建。

最后,在机组成员的共同努力下,建立机组关于飞机的四维场景,重建时间意识和空间意识;查明系统问题,重建系统意识;对任务执行过程进行评估,确定任务的执行阶段和执行效果,重建任务意识;对危险源进行识别重建风险意识。完成诸多要素意识的重建后,即可实现整体的情景意识。

著名学者托尼·科恩对情景意识的重建给出以下建议。

(1)最大限度地争取时间,如尽可能爬升高度,更高的高度意味着更加安全,此外降低油量消耗也可以争取时间。

(2)尽可能稳定飞机状态并保持对飞机的控制。

(3)根据视觉、听觉、直觉获得一切有效信息。

(4)尽快解决机组内部分歧。

综上所述,重建情景意识的关键在于对重点信息的感知和理解。飞行员只有获取需要的全部信息,才能排除异常情况。在获取信息过程中,要确认所有的必要数据,杜绝因省能心理而忽略某些关键数据。

第二节 判断决策

每个人每天都会做出各种各样的决策,飞行员在执行飞行任务中也是如此。随着飞机的更新换代,飞行员的角色逐渐由操纵者向管理者转变,飞行员要时刻监控飞机的状态、获取信息、评估信息、对信息做出反应,飞行中决策的重要性也相应提高。飞行员的每一个决策都会影响下一步的动作,恰恰是这些决策和动作影响了飞机的状态和飞行安全。从这个意义上讲,决策的过程就是解决安全问题的过程。相关研究表明,在人为因素飞行事故中,不良的决策占很大比例。根据美国空军发布在2008年《飞行训练》杂志上的一组统计数据,在众多的事故原因中,飞行员决策错误占52%左右。另外,根据美国联邦航空局的统计数据,受过决策训练的飞行员在飞行中出现判断差错的概率能降低10%~50%;在作战环境下,经过决策训练后,飞行事故率能下降54%。

简单地说,决策(decision-making)就是从两个或两个以上方案中做出一个选择。在决策活动中,人对行动方案的选择,往往经过提出问题、搜集资料、确定目标、拟定方案、分析评价、最后选定等一系列环节。方案选定后,还要检查决策的执行或实施情况,以便偏差出现时能及时纠正。忽视任何一个环节,都可能会影响决策的效果。具体来说,飞行中的决策就是人员感知各种现象、分析现象背后的原因、综合各种信息进行判断、从多个方案中做出选择的一系列过程。

一、飞行中决策的主要特点

影响飞行中人的决策质量的因素[3,10-11]有很多,主要涉及当前的处境(包括任务情况与当前飞机的状态)、飞行员的个性特征以及知识经验、座舱内外的可用资源(时间、油料、人力等)等,如图3-13所示。

在飞行中,当出现天气变坏、不稳定进近情况下的复飞、中断起飞、机械故障等应急情况时,飞行员需要及时做出决策。由于意识到变化的出现或预期的变化没有发生,飞行员就需要做出相应的决策。意识到变化或不变化是决策进程中至关重要的一步,如果没有对出现的变化及时做出响应就能可能导致灾难发生。显然,情景意识是做出决策的基础和关键。这是对飞行中决策的简单模拟,如图3-14所示。

事实上,影响飞行中决策质量的因素有很多。其中,飞行应激情况下人的态度以及相应的应激反应对飞行安全影响巨大。同时,如何有效地利用各种资源,尤其是各类信息以及相关人员的帮助,成为时间资源有限条件下能否保证

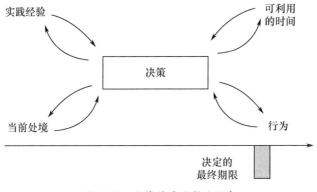

图 3-13 决策质量的影响因素

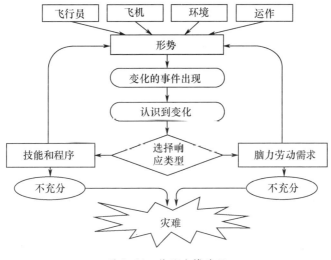

图 3-14 传统决策进程

飞行安全的重要策略。根据上述分析,可对飞行中飞行员的决策过程模拟,如图 3-15 所示。

综合考虑上述因素,可总结出飞行中的决策具有如下特点。

(1) 主观性。受决策者主观因素影响,座舱里的决策具有情感化、情绪化、主观化等特征,它与机器决策的客观化、系统化、完全理性化有本质区别。

(2) 局限性。尽管人的决策优于机器决策,但受到决策者个人能力的限制,人也常出现决策错误。

(3) 紧迫性。决策质量既取决于当前的处境,也取决于时间。只有在有效时间和人员能力范围内实施时,决策才称得上是"好"的。在飞行中,飞机与任务的状态始终在动态变化,一旦错过最佳时间,决策就失去价值。

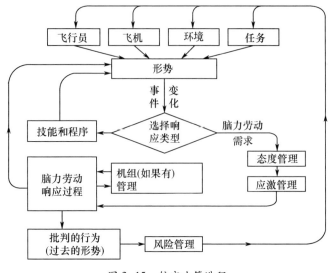

图 3-15 航空决策进程

(4) 不可逆性。由于任务与飞机状态的动态变化,飞行中的决策一旦实施便不可逆转。每一时刻都发生明显变化,"之前"与"之后"永远不会相同。倒退或取消一项操作的可能性极小,因此决策与风险息息相关。

二、飞行应急情况处置的基本过程

从处置飞行应急情况的成功经验和失败教训中,人们总结出了应急情况处置的主要环节及其对应方法,归纳起来主要包括及时发现、准确判断、果断决策、正确操作等几个方面。

1. 及时发现

应急情况发现得早,情况相对简单,可供处置的时间就比较充裕。相反,如果发现得晚,情况相对复杂,可供处置的时间就比较短。因此,及时发现是成功处置应急情况的前提。

(1) 保持警觉。飞行员对飞行中的正常信息、飞行偏差信息,一般不会疏漏。但应急情况信息在刚开始时比较微小和陌生,容易被忽视,及时发现这些信息需要飞行员保持高度警觉。

保持警觉要求飞行员在飞行过程中有较强的情景意识,时刻注意搜寻和预料可能影响飞行安全的问题,对潜在不安全问题始终具有较高的警惕性。保持警觉是一种心理状态,在这种心理状态支配下,飞行员才能及时发现微小的异常情况,并能始终关注其发展变化。与保持警觉相反的是麻痹大意,在后者影响下,飞行员总认为"不会有任何问题""一切正常",对应急情况显现的微小信息也满不在乎,当意识到异常情况时,往往侥幸地认为"飞飞再看",而当应急情况突然发生时,由于出乎意料又惊慌失措。

(2) 注意细微征兆。如果应急情况信息与常用驾驶信息一并明显显示出来,飞行员就比较容易发现。例如,各种常用仪表、仪器显示不正常,视景信息显示异常,操纵装置反馈的力量信息异常等,飞行员比较容易发现。然而,应急情况信息多为没有明显特征的非仪表、非视景等信息。正是这些没有明显特征的信息,往往是重大应急情况的前兆。只要飞行员及时发现应急情况的征兆,就能给后续处置提供宝贵时间。反之,征兆发现不了就可能严重危及安全。例如,某飞行员驾驶飞机起飞,由于起飞前调校机构向前调整过多,连续3次抬前轮感到杆力重没有抬起来,中断起飞又时机过晚,大速度冲出跑道,造成飞机严重损伤。在这起问题中,正是由于忽视了"杆力重"的细小征兆,导致处置不及时,出现严重后果。

(3) 重视非常用信息。应急情况出现时,飞行的外部条件会发生变化。正常飞行不常用的噪声、振动、气味和加速度等信息,常常传递着应急情况的变化。因此,飞行中应注意对这方面信息的收集,通过它们去发现飞行状态和飞机、发动机工作等方面的应急情况。

例如,某飞行员驾驶飞机执行长途攻击飞行任务。起飞后15min左右,发现瞄准具光坏不稳定,光点亮度变暗并逐渐消失。又飞了20min,全机断电。最后,在目标机的引领下飞到机场上空。但是,由于飞机断电,采取应急方法放起落架时又出现错误,致使起落架放不下,场内迫降造成飞机损伤。事后检查,起飞15min左右发电机故障,随后蓄电池电量耗尽。在本起问题中,飞行员没有抓住非常用信息,对异常情况未引起足够注意,错过了最佳处置时机,致使应急情况复杂化,增加了处置的难度。

2. 准确判断

及时发现只是提出了"有异常情况"的问题,到底是不是应急情况、其性质又如何,还有待进一步判明。判明情况包括全面收集信息和综合分析判断两方面的活动。全面收集信息是正确判断的前提,可以争取时间和主动;综合分析则是准确判断最有效的途径,是正确处置的必要条件。

(1) 全面收集信息。对应急情况信息获取得越多,判断就越准确。发现有异常情况后,飞行员应通过各种方式、方法,尽可能地多获得信息,使各方面的信息互为补充,形成完整的信息体系。一方面,加强应急情况有关方面的观察,直接获取信息;另一方面,通过询问机组其他成员、编队中的邻机、地面指挥保障人员等渠道,间接获取信息。通常情况下,应急情况的相关信息不会局限在某一局部,其显示规模或强度也会逐渐变大。在收集应急情况信息时,要注意信息变化的特点,并进行前后、左右对照,以增强信息的及时性与准确性。

在全面收集信息的基础上,要对信息流进行必要的分拣和过滤,从中分离出特征信息。有的信息与应急情况没有直接关系,并不反映其特征,而且这些信息会干扰飞行员的注意力和决心。例如,有的飞行员把进入长机尾流误判为相撞,把盘旋下降误判为螺旋,把道面不平引起的仪表抖动误判为发动机故障等。上述问题判断不准的原因主要在于没有从信息流中分离出有效特征信息。

(2) 综合分析判断。对应急情况的判断,主要包括以下两个方面内容。一方面,应急情况的性质、大体原因和发展趋势。弄清应急情况的紧急程度和危害程度,是哪个方面原因造成的,短时间内可能导致什么后果。如果属于机械故障,还要弄清飞机是否还可以操纵,能否维持基本飞行,能否飞回机场或飞到附近机场降落等。另一方面,当时的飞行状态。飞机的姿态、飞行高度、速度和航向,空间位置及与机场的距离等。在此基础上,还需要把一些具体情况搞清楚,如飞机、发动机故障的程度、具体部位,及其对飞行的影响等。

在飞行实践中,对应急情况的判断大体分为如下5种情况。

① 立即判断。具有丰富经验的飞行员,对相对简单的应急情况一经发现,就能几乎同时进行准确的判断,不需要经过过多的思考。

② 思索后判断。对比较复杂的应急情况,需要根据已经获得的信息进行综合分析,做出判断。

③ 借助补充信息判断。飞行员对已经获取的信息进行综合分析后,仍不能对情况做出判断时,应根据需要,突出对重点方面的观察,有重点地收集补充信息。然后,对收集到的信息再进行综合分析,然后做出判断。

④ 试验后判断。有相当一部分应急情况,飞行员难以获得全部信息。有时需要应用已有的知识和经验,进行必要的推理。有时还需要运用"黑箱方法",通过一些尝试性处置动作或附加动作,通过观察飞机的状态反应以获取补充信息。例如,飞机机体振动与发动机振动的处置方法是不一样的,需要对其做出具体的准确判断。但是,单从振动显示的有关信息本身,难以把两者区别开来。需要运用"黑箱方法",通过调整飞行速度或发动机转速,观察振动的变化情况来判断。如果振动程度随飞行速度 V 而变化,就是机体振动;随发动机转速 N 而变化,则是发动机振动,如图 3-16 所示。

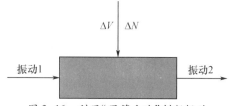

图 3-16 利用"黑箱方法"判断振动

⑤ 条件不足时的判断。由于缺乏必要特征信息和飞行经验,难以对应急情况进行准确判断,只能根据部分非特征信息,对应急情况进行大体归类。

很显然,上述 5 种情况判断的依据有较大差异,有些甚至有本质区别。因此,判断所用时间及其所得出结论的可靠性也相去甚远,如表 3-1 所列。

表 3-1　5 种应急情况判断的比较

识别判断方法	平均判断用时/s	结果可靠性评价
立即判断	2	迅速,可靠
思索后判断	20	比较迅速,可靠
借助补充信息判断	60	延误时间较长,可靠
试验后判断	108	延误时间较长,基本可靠
条件不足时的判断	—	不确定性判断,不够可靠

3. 果断选择

判明情况之后,就需要定下处置的目标和决心。飞行中的应急情况,往往发生突然、发展迅速、不确定因素多,供飞行员思考的时间有限。确定处置的目的和决心,不可能像在地面决策那样从容不迫地进行利弊分析、逻辑推理和优化选择。因此,飞行中的决策是风险决策,只有相对合理,没有万全之策。一般来说,决策风险的大小,与决策的期望值相对应。期望值越高,风险就越大;期望值越低,风险就越小。一般应根据当时的具体情况,按照目标由高到低的顺序进行比较选择,避免理想化的"单打一"做法。

千古流传的司马光砸缸的故事,揭示了一个既浅显又深刻的道理——两害相权取其轻。在处置应急情况的紧要关头,也需要有这种"砸缸""断臂"意识,取其利、避其害,主动以局部损失换取全局主动,以小害换大利。比如,地面滑跑大速度下紧急减速,可采取拖胎的办法或干脆刹爆轮胎;冲出跑道有与障碍物相撞的危险时,收起起落架;重载飞行为争取高度、速度和时间等有利条件,紧急消耗或卸载;做不放起落架的迫降,投掉所有外挂等。在某次飞行活动中,飞行员着陆后发现刹车失效,按规程采取一系列处置措施未奏效。飞机冲出跑道 300m 时,见速度仍很大,飞行员收起起落架。飞机前滑 86m 后停住,距前面一条高出机场近 2m 的公路仅 25m。在处置这起应急情况中,飞行员关键时刻"砸缸"——超常规在地面滑跑中收起落架,尽管飞机局部受损,但只是最低限度的损失。如果飞行员不这么处置,飞机冲出机场、撞上公路,后果会十分严重。

增强"砸缸"意识,最为关键的一条是要正确认识和处理保全人与保全飞机的关系。在尽最大努力挽救飞机而条件不具备时,做力所不及的徒劳努力只会造成更大损失。在这种情况下,弃机跳伞是减少损失的积极措施。在人、机不能两全时,除可能出现危害地面人员生命安全或可能造成地面财产重大损失的极端应急情况外,均应果断跳伞。

在果断跳伞问题上,有大量教训可以吸取。据一项不安全事件统计研究表明,未跳伞而加重事故等级的占38%,跳伞时机过晚的占8%。可见,有近1/2的飞行员因没有做出跳伞的果断决策,造成了不应有的损失。例如,某飞行员驾驶飞机飞行,完成任务返场加入起落航线三转弯时,发现发动机停车。指挥员指挥:"打开空中点火开关",飞行员回答:"已打开,没有起动起来。"当时飞行高度约300m,指挥员指挥:"跳伞!"飞行员答:"不行,我要迫降。"此后,中断联络,发生严重问题。理论计算与实践结果均表明,该型飞机发动机停车后,可以进行场内、外迫降,此前也有迫降成功的事例。但是,迫降需要一定条件,在三转弯位置做场内迫降,至少需要3000m高度。当时高度只有300m,机场周围都是梯田、沟渠纵横,显然不具备迫降条件。飞行员的愿望是好的,但当不具备迫降条件时,唯一有利的选择就是跳伞。

4. 准确操作

正确的处置程序,是综合处理各类事故得到的结果,是血的教训换来的应急情况处置操作规律。在及时发现、准确判断、果断决策的基础上,对应急情况的处置一定要严格按程序规范操作;否则,可能会影响飞行安全。例如,在某次飞行活动中,飞行员驾驶飞机在起飞滑跑过程中,发动机喷口冒黑烟,滑跑速度达到260km/h,已超过该机场规定的中断起飞决断速度;滑跑距离为1850m,已超过该机场规定的中断起飞决断距离。飞行员在做中止起飞动作时,前座飞行员又将投伞按钮误认为放伞按钮,导致减速伞刚刚放出便被投掉,没有发挥减速伞的作用,最后导致一等飞行事故。这起因盲目中断起飞和操作错误的事故给我们的启示是:应急情况处置过程中,操作程序和动作一定要规范、准确。

从动作精确度方面来看,处置应急情况的操作可分为两类。一类是精确动作。这类动作对与错的界限分明、非此即彼。机载电门、手柄、按钮等设备操作方面的动作,基本上属于此类。另一类是模糊动作。这类动作的定性分析有对错界限,但定量分析没有明确标准。需要通过目测以判断高度、速度、方向和距离的处置动作,基本上属于此类。一般来说,前者做到准确相对容易,后者就比较困难。

三、飞行应急情况下的常见决策模式

任何事物都有固有的存在形式,其内部结构、运动发展也有自己的方式。人们把决策理论、决策程序、决策方法的标准样式,称为决策模式。决策模式阐明了决策过程中一系列相互关联的步骤。分析各步骤之间的相互关系以及每一个步骤对飞行员心理品质的需求,有助于飞行员理解决策制定的机理,进而提高飞行中的决策质量。

1. 标准模式

通常认为,飞行中的决策涉及如下几个环节:警觉、发现、诊断、产生方案、风险分析、背景问题、选择、行动。

(1)警觉。这是飞行员决策的首要步骤。飞行员必须在飞行过程中时刻搜寻和预料可能影响飞行安全的问题。例如,如果前方的气象条件正在恶化,飞行员必须决定是否继续飞行。如果意识到继续飞行的决定将带来不良后果,就可能避免决策错误。因此,对即将出错的警觉性与注意到已经发生的错误具有同等重要性。意识到潜在问题可使飞行员在低应激状态下提前计划应对方案,在问题真正出现时便有可能做出正确决策,也就不会带来过高的应激,这对飞行员的观察技能提出较高要求。

(2)发现。这一步骤是飞行员捕捉到危及飞行安全的动态信息,它需要飞行员具备较强的好奇心和知觉技能,也与飞行员的注意力是否集中在飞行上有关。

(3)诊断。飞行员运用已有知识和经验,试图鉴别出问题的性质。这需要一定的信息加工能力、知识、记忆以及解决问题的能力。

(4)产生方案。飞行员针对问题的性质提出一系列可行的解决或避免问题的方案。这一步骤需要飞行员的思维富有创造性,通过发散性思维将可选方案在头脑中勾画出来。在这一步骤,丰富的专业知识和经验必不可少。

(5)风险分析。飞行员对每一种可选方案进行风险分析,确定它们的风险大小,为决策做好准备。这一步骤需要飞行员具有较强的计算能力和对后果的预料能力。

(6)背景问题。背景问题通常包含影响飞行员认知决策的一系列因素,如功利心、自我形象、动机、压力、疾病以及疲劳等。从本质上说,背景问题并不是飞行员决策过程中的独立环节,但它对决策至关重要。要处理这些背景问题,飞行员需要具有坚忍不拔的意志和自我约束力。

(7)选择。飞行员在诸多可选方案中选择唯一的方案,定下决心并准备行动。这一步骤需要飞行员具有果断的意志品质和领导技能。

(8)行动。飞行员开始执行决策,如动杆、蹬舵或油门手柄等。这一步骤需要飞行员具备较强的手眼协调能力和处理人机关系的能力。

上述分析了飞行员的决策过程,总结了每一步骤需要飞行员具备的能力素质,主要包括观察能力、知觉能力、好奇心、信息加工能力、解决问题的能力、创造力、心理承受力、自律性、领导才能和社交技能等。

为更加接近飞行实际,贝诺(Benner)于1975年提出了飞行员决策的标准分析模式。该模式逐步发展成为飞行员非技术能力训练中决策技能训练的有效工具。标准分析模式提供了飞行员符合逻辑的做好决策的6个步骤,如图3-17所示,具体步骤如下:

D-Detect(察觉),飞行员觉察到异常,确定需要进行决策的情况;

E-Estimate(估计),分析异常情况的来源及危害,确定对异常情况是否做出反应;

C-Choose(选择),选择一种有利于飞行安全的理想方案;

I-Identify(鉴别),飞行员对选择方案和即将实施的处置行动进行风险分析,确定这一方案是否能有效改变异常情况;

D-Do(执行),果断地采取必要措施,执行所选择的方案;

E-Evaluate(评价),飞行员对处置行动的效果进行监视,并做出评价。

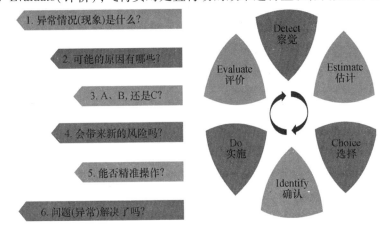

图 3-17　标准决策示意图

标准分析模式又称为 DECIDE 模式,根据该模式能够产生最佳决策方案,但是由于飞行员、飞机、环境等要素状态的动态变化,加上信息不充分以及时间压力等因素,飞行员难以确保在所有情况下都能依据该模式做出决策。

在航空领域,也有人提出了处置飞行应急情况的 FORDEC 模式,其实质与 DECIDE 模式具有一致性,都是帮助飞行人员迅速做出正确决策的标准化步骤,对应步骤的具体含义如下:

F-Factor(因素),针对当前遇到的实际问题,分析所有影响或可能会影响正常飞行的各种因素;

O-Options(选择),针对目前状况,给出可行的选择方案;

R-Risks(风险),分析执行某项方案时可能遇到的风险;

D-Decision(决策),通过以上分析与评估做出最终选择;

E-Execute(执行),对所做决定的具体执行;

C-Check(检查),在执行过程中及时检查,如发现有新的问题产生及时重新评估和决策。

2. 直觉模式

标准模式是决策的理论模式,但在实践中并不完全如此。飞行员是否每次都有时间按部就班地决策?即使时间允许,每次都有必要按照这样的步骤做吗?答案是否定的。下列因素都是在飞行中经常遇到的,其中的一个或多个因素会使决策变得复杂。

(1) 时间压力。

(2) 问题复杂。

(3) 不确定且动态变化的环境。

(4) 变化的、不清楚的或相互冲突的决策目标。

(5) 高风险,即后果严重。

在复杂的环境中,人们习惯于想到一点、做一点,然后评估其结果;在此基础上再想、再行动。每个人都有缩短决策过程的趋向,有时会从问题本身直接找到解决方案,而不需要其他步骤。这种压缩决策过程的模式称为直觉模式。

直觉其实是习得的技巧,它代表依靠经验辨识熟悉模式,进而反应的能力。某件事情做得久了,人就不必思考怎么做,但更重要的是做得次数多了,就能预知结果,并为下一步做好准备。

在标准决策模式下,决策者根据自身经验,首先评估当时状况,并将其划归到他们所熟知的某一类情形中;然后找出最适当的解决方案,并预测出其可能出现的后果。如果结果尚可,该方案就得以实施;如果结果欠佳,他们还会找出第二个方案并进行评估,或者重新评估面临的状况,直到找到满意的解决方案为止,如图 3-18 所示。

与标准决策模式不同,直觉决策模式对最优化决策强调不多。一旦经验丰富的决策者判定了问题所在,通常也就知道了解决这一问题的常用应对方案。实施方案前,他们会在有效时间范围内,通过心理模拟,预测出在实施过程中是否会出现重大问题,并据此测算出该方案的可行性。如果事先预测到了将会出现问题,他们就会修改拟定方案,或者推倒拟定方案,重新确定下一个常用应对方案。

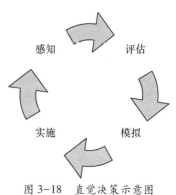

图 3-18 直觉决策示意图

研究表明,经验丰富的决策者与新手的区别,并不在于他们自身的推理能力,而在于对状况的评估能力,即是否注意到了相关线索,并将其糅合到有针对性的环境中,进而产生一系列可靠的诊断、决策选项或假设,而不是把宝贵的时间和精力浪费在其他环节上。

3. 两种决策模式的比较

两种模式各有千秋,根据不同的环境,都能成功地得以运用,认识到这一点非常重要。两种决策模式的对比分析如表 3-2 所列。

表 3-2 两种决策模式的比较

标准决策模式的适用情况	直觉决策模式的适用情况
时间充裕	时间紧迫
决策者缺乏做出合理直观判断的经验	决策者对特定的状况有经验
有几个清楚的被界定的方案可供选择	不确定因素多、风险大
有必要向他人核实决策或解决关于决策的分歧	存在模糊或变化的条件
要求最优结果	只求满意结果

决策即选择的过程,要在几个备选方案中选出其一。人总是试图运用标准决策模式解决问题,而客观实际并不一定具备运用这一模式的条件。根据"DE-CIDE"模式,如果没有充分分析情况或者没有认真评估预选方案,那么决策质量自然不高。在实际飞行中,在工作量不大时,飞行员应尽量收集信息、判明情况,尽量运用群体决策的思维,善于运用座舱内外的一切资源。此外,要尽量利用预期判断核查对情况分析的准确度,对提出的方案进行思维模拟,对方案的直接与间接、当前与长期后果加以认真考虑并查找可能的证明。对于新手或对处理应急情况没有经验的人来说,他们可能需要系统地比较多个方案选项。在决策责任重大且时间充裕的情况下,建议使用标准决策模式。

与标准决策模式强调产生并评估多个决策方案不同,直觉决策模式则强调着力于当前的状态评估,以及随之而来的对决策预选方案所进行的心理模拟,并要求决策者拥有专业知识技能与从业经验。人们习惯性认为,已经使用过并起过作用的决策方案能给决策者带来安全感,尽管这些决策并不一定最好。显然,有经验的飞行行家能成功运用该模式。但由于决策者处理信息的速度过快,很容易将问题归于记忆中熟知的某类假定,而忽略了其他可能。此外,个人偏好、对过去经验的倚重以及某些重要信息,都会导致过快做出决策。

值得一提的是,在决策的过程中,人们一旦做出选择,就会尽力维护该决策。也就是说,人们总是寻求那些能支持该决策的信息,而同时忽略与它相抵触的信息,这在心理学上称之为验证性偏见(confirmation bias),或证实性偏差。更严重的是,当现实情况明显与主观决策相反时,人们还是试图将相反的信息最小化,有时干脆视而不见。

四、飞行应急情况处置的决策失误分析

飞行是飞行员不断做出决策的过程,飞行员的任何行为都建立在判断决策基础上。决策失误只是外在表现,而不科学的思维习惯、不理智的危险态度、不适当的应激反应、不警觉的安全意识才是飞行安全真正的幕后杀手。

1. 不良的思维习惯

飞行员的操作动作是受意识支配的瞬时决策,而意识和行为取决于思维方式,意识和行为失误根本原因是思维方式的缺陷。国际航空专家研究发现,许多事故是飞行员不良思维习惯的放大。行为上的"一念之差",背后则是不良思维习惯的日积月累。

(1)想当然的臆断决策。飞行员若平时养成遇事想当然的主观臆断思维习惯,飞行中的瞬时决策就存在较大的盲目性,关键时刻就可能危及安全。例如,在某次夜航编队集合过程中,僚机前舱飞行员在调整队形过程中,虽然已经判明长机垂尾和机翼航行灯间距变宽,尾灯很亮,但还是主观地认为是长机将航行灯放在100%的位置,想当然判定两机距离还比较远,大速度差赶队,导致双机相撞。

(2)无所顾忌的轻率决策。这类问题多发生在技术成熟的"老"字辈飞行员身上,自恃久经沙场,经验丰富,对自己估价过高,久而久之就会养成无所顾忌的轻率思想,容易出现决策不慎的问题。对于飞行员自身而言,飞行必须讲求万无一失,试一试的心理就是冒险,而冒险失败的概率很高。

(3)犹犹豫豫的迟疑决策。犹豫不决是指在面临选择时迟迟不能做出抉择,生活中通常表现为遇事思前想后、摇摆不定或追求完美,本质是缺乏自信的自卑特质。这种思维习惯在飞行中主要表现为动作不利索、拖泥带水。主要危害如下。一是增大了偏差发生的概率。例如,有的飞行员在做半滚倒转动作时,想进入又不想进入,初始条件创造不好,在犹豫中飞机进入反俯冲,这是导致失速螺旋的原因之一。二是在应急情况下,容易丧失转瞬即逝的处置机会。

2. 不警觉的安全意识

"非零起点"是一切决策的基本特点。多数情况下,飞行员的决策不是在一张白纸上进行的初始决策,而是在飞行经验和充分准备基础上的可靠决策。综合分析每一起人为因素飞行事故案例,或多或少都与飞行员飞行经验不足、准备不扎实、风险预测不充分有关。

(1)低估可能遇到的风险。飞行员的安全水平在很大程度上取决于安全意

识。有的飞行员认为"准备那么多应急处置方案,费了好大劲,一辈子恐怕都遇不上",久而久之,潜意识中便忘记了安全。这类飞行员往往对自己的航空理论、飞行技术等没有一个较为客观的理性评估,不大清楚自己的弱项在哪里,往往高估自己,容易超越能力极限;不大重视未雨绸缪,不会主动地预测可能存在的风险,安全警觉度比较低,一旦出现严重偏差或特殊情况,容易出现瞬时决策空白,手足无措,处置动作带有较大的盲目性和危险性。

(2) 飞行中缺乏应有的警惕。风险始终存在于一切飞行活动之中。发现问题、估计风险是正确决策的前提。所谓问题,即飞行中不正常的、有差异的、不一致的诸多现象征兆,风险就可能隐藏在这些不起眼的现象之中。若忽视这些异常现象,关键时刻就可能决策不当。

(3) 不注意总结经验、吸取教训。飞行员的决策能力不是与生俱来的,而是在长期的飞行体会中取得的,是在吸取别人的教训中提炼的,是在从实践到认识,再从认识到实践的反复循环中完善的。不注意总结经验、吸取教训,同类性质问题就可能重复发生。

3. 不理智的危险态度

态度是指个人对某一客体所持的评价与心理、行为倾向。在飞行训练中,对训练和安全的态度,一定意义上决定了人为差错的发生概率。在飞行领域,飞行员在做出判断与决策的过程中,要注意常见的 5 种危险态度及其矫正方法,如表3-3所列。

表 3-3 危险态度及其矫正方法

危险态度	表现形式	矫正方法
反权威	"不用你管""条例是为别人制定的"	"别人的建议也许合理""条例通常是正确的"
冲动	"没时间了,我必须现在动手"	"不要过于冲动,三思而后行"
侥幸	"不会发生在我身上"	"有可能发生在我身上"
炫耀	"我做给你看,我能做到"	"无谓的冒险是愚蠢的"
屈从	"一切努力都是无用的"	"我不是无助的,我能改变现状"

反权威态度就是不喜欢别人尤其是领导和经验丰富的人告诉他做什么,应该怎么做,他们经常忘记遵守法规制度或不愿意接受别人的意见,认为别人并不比自己强。一些经验丰富的老飞行员容易产生这种态度。冲动性态度表现为经常感到时间紧迫,匆忙动作。产生这种态度的飞行员往往过分夸大处境的严重性,主观臆断,即使错误也会坚持。冲动性态度主要由不良认知方式引起,同时也与个性急躁有关。持侥幸态度的人认为事故只会发生在别人身上、自己运气总是很好;事态没有那么严重,事故不一定发生,发生在别人身上的事故不一定

发生在自己身上;"车到山前必有路,到时候再说",凭侥幸处理问题。炫耀态度表现为总是试图显示自己如何能干,认为自己什么都能做到、都能做好。这种态度常由飞行员对自己能力的不合理评价、对飞行条例的理解不清、对风险后果的严重性估计不足所引起。屈从态度则表现为感到无法控制自己命运或事态局面,认为一切努力都是白费,危险局面已经难以改变,从而丧失主动性。产生这种态度的原因一方面是当事者性格懦弱,另一方面则与他经常遭受挫折的生活经历有关。

在日常飞行训练中,飞行员可以通过日记的方法不断监控自己的行为并掌握自身行为的趋势与局限性,还可以通过询问飞行教员、战友的方法进行反馈以了解他人对自己行为的看法。认识到危险态度可使人思想警觉,这是保证安全的重要一步。

4. 不当的应激反应

在日常生活中,不带任何情绪色彩的人类活动是很少的,飞行员在遇到危险情况时,需要迅速地、几乎没有选择余地做出应激反应,也带有浓重的情绪色彩,直接影响飞行效率和安全。

一是短时性的紧张情绪容易出现决策迟钝的问题。空中出现较大偏差后,飞行员容易出现短时性的紧张情绪,惊慌失措,思维混乱,决策迟钝,动作失常,应对危险能力降低。在紧急情况下,许多偏差特情处置不当也与飞行员的短时性紧张情绪有关。二是长时性的紧张情绪容易出现决策不自信的问题。在处置应急情况过程中,飞行员注意力高度集中,身心疲劳,情绪紧张,思维混乱,容易缺乏自信。三是注意力过分集中的紧张情绪容易出现决策错乱的问题。国际航空专家研究发现,对于成熟飞行员而言,通常用50%左右的精力操纵飞机,而将其余的50%剩余能力储备起来,用于应付意外的应急情况。如果精力过于专注某一方面,没有留有裕度去观察其他方面,就会出现该看的看不到、该听的听不见、该动的不去动等现象,甚至出现判断决策错乱的问题。

第三节 交 流

我们每个人、每天都会与他人进行交流。在飞行过程中,长僚机之间,教、学员之间,机长与机组成员之间,飞行员与管制员、指挥员之间也必然要进行交流。有效的交流并非易事,交流技能既是飞行非技术能力的重要组成部分,也是每个人处理好工作、生活中复杂难题的必然要求。据说,美国总统林肯有一次批评他的女秘书:"你这件衣服很漂亮,你真是一位迷人的女士。只是我希望你打印文件时注意一下标点符号,让你打的文件像你一样可爱。"林肯固然很有权势,但如果他以一副盛气凌人的口吻呵斥:"你怎么工作的？连标点符号都搞不清楚,亏你还是大学生呢!"这样恐怕只能让对方反感,反而达不成交流的目的。委婉、客气的表达,既展示了林肯总统的良好修养和气度,也让这位女秘书对这次批评印象非常深刻,从此她打印文件很少出错,林肯达到了纠正对方错误的交流目的。

根据外军一项关于10年内人为因素飞行事故的统计结果表明,30%的事故与交流不当有关。同样,另外一项关于应急情况处置的统计结果也表明,在处置应急情况不成功的案例中,大约有45%与空地通话不当有关,甚至在有些情况下会直接导致事故发生。

在执行飞行任务的全过程中,每名机长是整架飞机的最终负责人,在飞机上是权威的代表,而在飞行运行时,机长又作为技术领导来带领飞行团队完成飞行任务,因此,交流能力是一项非常重要的技能,高质量的交流不仅能解决问题,也能使团队变得融洽,促进良好的驾驶舱氛围。副驾驶在资质、经验或理论方面可能与机长存在一定差距,在提出建议时,尽量不要提出比机长更为"激进"的建议。作为一名机长,他扮演的不仅仅是一名决策者,更是一名管理者,应该结合每个人的不同特点,"因地制宜"的针对不同的机组成员提出不同的要求,例如,针对比较内向的机组成员,应该多加鼓励,在飞行后讲评时,针对表现好的地方多多表扬,对做得不如意的地方则委婉地指出来,给予其自我思考和自我总结的空间;而针对比较"跳"的机组成员,则应以严格要求为主,做得好的地方适当表扬,点到为止,避免其浮躁,而做得不如意的地方则应直接指正。

一、交流的概念

交流是广义的概念,包括人机之间的交流以及人与人之间的沟通。具体而言,交流是指信息在传递者和接收者之间的交换过程,沟通表示人与人之间在思想、情感和信息方面的相互影响和相互作用过程。交流的方式包括语言交流、书面交流、手势交流以及多种方式的综合等。常见的语言交流如飞行员与指挥员之间的交流。书面交流是指任何书面形式的交流,如通过文件、标准操作程序、检查单、飞行显示器、使用说明书等。手势交流如停机坪调度员在指挥飞机滑入停机位时使用的手语。在飞行中,交流的主要功能包括明确共同的目标、分享情景意识、协调机组行动、建立友好气氛、交换信息、交叉检查、识别障碍等。

二、飞行中交流的特点

1. 干扰性

从交流的渠道来看,飞行中交流的主要形式是无线电通话,语音通过无线电传输,必然受到噪声的干扰。除此以外,发动机的噪声、飞机状态的变化、气象条件的变化等,这一系列因素都会影响飞行员的注意力,导致飞行员无法像在地面一样专注、专一地交流。

2. 单一性

从交流的表达方式来看,人与人之间交流效果取决于 3 个方面:一是言语,也就是要说什么话;二是不同的人或者同一个人在说出同样的言语的时候,会发出不同的声音;三是说话时的肢体语言,包括手势、表情等。在交流学领域有一个"55387"定律,这个定律告诉我们:在传递信息方面,言语传递的信息量只占 7%、而声音占到了 38%,肢体语言占的比例最高,达到 55%。这是因为人的肢体语言属于下意识的范畴,它表达的信息更真实、更全面。

但是,飞行员在空中进行无线电通话的时候,无法像地面一样看到对方的肢体语言。也就是说,飞行中的交流是一种背对背的交流,由于飞行员看不到对方的表情、手势和身体动作。缺少了这 55% 的支撑,双方理解起来更困难。这就是飞行中交流的单一性特点。

3. 情境性

飞行中任何一次通话,都与当时所处的情境有关,包括飞行的环境、飞机的状态、交流双方的心理以及前言后语之间的联系等。由于飞行的情境时刻都在变化。情境不同,同样的话就会表达不同的含义。例如,指挥员说:"注意速度!"如果飞机正在下滑着陆,这句话的意思就是提醒飞行员注意调整速度、做好目测;如果是编队集合的时候,这句话的意思是提醒飞行员注意速度差,不要冲前或掉队。

三、交流的障碍与影响因素

交流是团队协作的基础,能够把问题说清楚代表着人的智慧,说不清楚就会引起障碍,削弱团队的作用。

在人的大脑中,语言中枢负责控制人的思维、意识、语言表达等活动。由于每个人语言中枢的先天生理构造不同、后天发育以及语言能力学习运用不同,导致人与人之间的语言交流必然存在着一些障碍,常见的交流误区如表 3-4 所列。

表 3-4 常见的交流误区

三大误区	体现	正确做法
表明并坚持自己立场	咄咄逼人	建设性态度,假设口气
期待立即获得答案	失去达成共识的可能	应给对方充分时间
认为理性就能成功	忽略非理性因素	顾虑对方情绪等因素

常见的引起空中交通管理违规的无效交流的原因及比例如图3-19所示,其中主要的交流差错表现为听错信息,而不正确的反馈或听错的重要原因是每名飞行员都在习惯的运行方式下飞行,当注意力过于集中的时候,如果出现一个在定势思维下有差异的指令,则容易出现思维短路现象,就会发生听错现象。影响飞行中无线电交流错误的因素有很多,有的是显性行为,有的则是潜在的隐形行为,如图3-20所示。

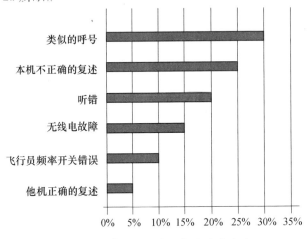

图3-19 常见的无线电交流差错原因

在飞行活动中,要尽量避免说错、听错、理解错,否则就会导致行为冲突、危及飞行安全。常见的导致人与人之间产生交流障碍的因素涉及交流者或被交流者的态度、观念、文化、生理心理状况和语言技巧等几个方面。

1. 态度

由于年龄、性别、民族、经验等方面的差异导致的不尊重是常见的不利于交流的态度,最明显的表现就是不注视说话方的眼睛等不良的交流习惯。事实上,交流中的任何一方如果存在不必要、不交谈、不倾听、不提问等消极的交流态度,则交流很难成功。

2. 观念

在等级观念下,人容易与同级别的人交流,而不愿意跟高一级的人交流。显然,座舱职权差异会影响交流的效果。由于交流并不只是说话,它还包括非言语交流,因此,由于身份不同而导致的交流不和谐既包括非言语方面也包括语言方面。

3. 文化背景

在中国文化中,人的面子是交流的重要障碍。每个人都想保护自己的自尊,

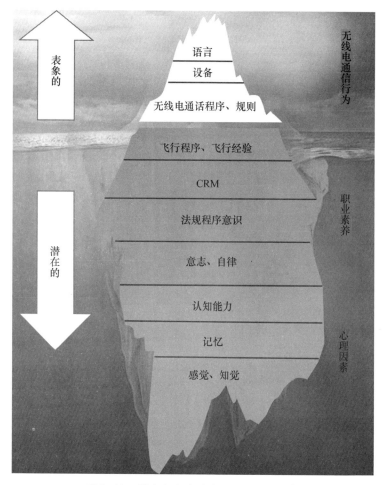

图 3-20 影响交流差错的隐形与显性因素

向他人展示自己优秀的一面而尽量回避令人尴尬的情况。这些努力就是试图保全自己的"面子",即一种受到他人尊重的感觉。因此,座舱里的许多交流,都可看作既是高效而清楚地传输信息,同时也是交流双方各自尊重对方能力的一种微妙交际。交流中,面子受到威胁的程度取决于社会差距、要求程度和权力差距等方面。

4. 生理心理状况

飞行中人的自我意识、心理因素、身体不适、疲劳、工作负荷过重都会令人产生不愿交流的情绪。任务负荷过重的情况会让飞行员顾此失彼,导致注意力分配不当。此外,交流本身会导致注意力分散,注意力分散又会诱发错误。例如,在飞机降落过程中,由于同副驾驶或指挥员说话会忘记放起落架。因此,正在进行中的工作一旦被打断,人的注意力就转移到交流语境中,从而短暂影响人的思维及认知。交流完成后,如果没有从先前的语境中恢复过来,也可能出现不安全行为,导致事故发生。

5. 语言技巧

人的语音、语调、语速、语词选择、语言感染力、面部表情和身体语言不当等都影响交流。而口齿不清、犹豫不决等因素也会让交流更加困难。

同样的文字或语言对于不同的人会代表不同的意思。当两个人使用同一个词或字,但却各自给予不同的意义时会产生障碍。因此,用语不规范会引起交流歧义。

四、交流的理论模型

为了说明交流应该遵循的基本规律,人们从不同角度提出了各种交流的理论模型。[12-13]这些模型简明、直观地反映出交流的主要环节有哪些、影响因素有哪些。通过分析这些模型,便于飞行人员总结出交流应该遵循的基本原则。

1. Shannon & Weaver 线性模型

1949年,信息论创始人香农(Shannon)在美国贝尔电话实验室与同事韦弗(Weaver)一道提出了这个模型。这本来是一个纯技术性的、应用于自然科学领域的通信过程模型。然而,它很快扩大到探讨一般的社会交流过程。如图3-21所示,交流表述为一种线性、单向型的过程。从发送者开始,到接收者结束,其间既看不到接收者的反馈,也看不到其他各个要素之间的相互作用。实际生活中,这种状况虽然有,但不多见。

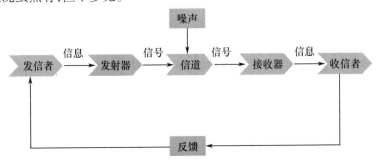

图3-21　香农-韦弗模型

在该模型中,有5个正功能和一个负功能。正功能包括:信源发出信息,发射器将信息转换成信号,信道负责传送信号,接收器将信号还原成信息,信宿接收信号。负功能有噪声。从信息论的角度来说,该模式的关键在于编码和解码的过程。信息正是通过编码和解码才得以转换和接收。但是,噪声可能会导致发出的信号和接收信号有差别,这会导致交流失败。

该模型给予交流很多启示。第一,将媒介一分为三,考虑到媒介可分为发射器、信道和接收器三种。第二,信息要经过编码才能通过发射器传出信号,而且要经过解码才能到达接收者。"发出的"信号和"收到的"信号往往不一致,交流的难点,就在于这种不一致性。第三,导致信号失真的因素是噪声,因此,提高信噪比成为提高交流质量的重要任务。除外部噪声外,人的思想不集中、逆反心理等可归为内部噪声。

香农-韦弗模型给我们以种种有益启示,但它也没有从根本上克服线性模式的局限,即忽视了文化和习惯等社会因素对交流过程的影响。

2. Berlo 模型

1960 年,贝罗(D. K. Berlo)提出了 SMCR 模型(source-message-channel-receiver),如图 3-22 所示。

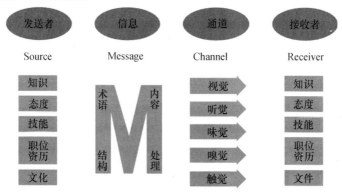

图 3-22　Berlo 模式

SMCR 模型形象地说明,交流的最终效果不是由交流过程中某一部分决定的,而是由组成交流过程的发送者、信息、通道和接收者 4 个部分及其彼此之间的关系共同决定的。

从发送者和信息接收者来说,至少有 4 个因素影响交流的效果。

(1) 技能。即发送者的表达、写作技能,接收者的听、读技能均会影响交流效果。

(2) 态度。态度包括发送者和接收者对自我、对所传信息的态度以及彼此间的态度。

(3) 知识。发送者对所发送内容是否完全掌握,对交流的方法、效果是否熟知,接收者的原有知识水平以及是否能接受所交流的知识等都会影响交流的效果。

（4）社会及文化背景。不同的社会阶层及其文化背景也会影响交流方法的选择和对交流内容的认识和理解。

从信息这个要素来看，交流效果受信息内容、信息要素及信息处理、结构安排和编码方式等各种因素的制约。

最后，从信息的通道来看，不同交流媒介的选择也会引起对人们感官的不同刺激，从而影响交流效果。

Berlo 模型表明交流成功与否取决于信息发送者与接收者的态度与能力的相互匹配。换言之，二者的态度与能力越相似，交流成功的机会也越大。在香农-韦弗模型的理论中，提高发送者或接收者任意一方的交流能力就能提高交流质量。Berlo 模型中，信息发送者与接收者的能力水平是否相当显得更为重要。

3. "语境"模型

语境模型认为，所有的交流都发生在某种语境中，即交流发生时的某种环境和背景。尽管这一定义显得简单，然而，语境本身并不简单。

在形式上，发送者与接收者必须使用共同的语言，交流的语句必须以正确的形式表达出来，尽可能没有歧义。此外，手势与态度能代替话语，也可以削弱或加强话语内容。被解码的信息包括所有语言表达及非语言表达（如态度等）。

如图 3-23 和图 3-24 所示，显然，在不同的语境中，同一短语可能有不同的含义。如果机组成员之间没有相同的语境，交流就会产生误解。

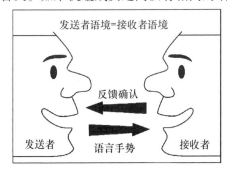

图 3-23　共同的语境促进交流成功

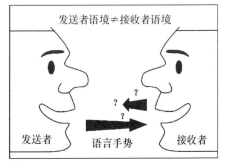

图 3-24　不同的语境使交流无法进行或产生歧义

在一次仪表飞行进近中，当时天气状况差、云顶低，离最低下降高度还有 1000 英尺。机组放襟翼 1，然后放到襟翼 2。这时，机长注意到副驾驶正伸手到顶板上准备操作另一个系统。于是，机组与副驾驶进行了如下交流。

（高度 800 英尺）机长："一号发电机故障啦？别管它，我们就快到了……"

副驾驶："不，好像有问题……"

机长:"你什么意思?"

(高度600英尺)

　　　　　　　副驾驶:"1号发电机并没有真正失效……"

　　　　　　　机长:"现在电压好吗?"

(高度400英尺)

　　　　　　　副驾驶:"是的,电压好,问题不大,只是有一点不稳定。当心,我们就快落地了。"

　　　　　　　机长:"好,襟翼全放。"

襟翼刚全放出来时,起落架喇叭告警。高度100英尺时,起落架在最后一刻放出来了。

这段进近中的通话,出现了交流中几种常见的失误。机长中断他的"进近语境",转而注意到由副驾驶所造成的隐含语境。于是,机长试图将副驾驶拉回到他自己的语境中:"别管这个故障,继续进近。"副驾驶处于"故障语境"中,他最初并没有理解到他应该忽略这个故障。相反,他认为应该继续他的故障分析。于是,他回答了"不,不全对……"这句话,这使得机长的注意力停留在他们的交流上。然后,机长离开自己的进近语境("你什么意思?"),转向副驾驶的故障语境,以使自己能够与副驾驶对话。再一次,副驾驶的回答("1号发电机并没有真正失效……")吸引住了机长的注意力,他告诉机长自己对故障的分析结果。幸运的是,在最后一刻,副驾驶员重新将机长带回到进近语境中,状况得到了扭转("是的,电压好,问题不大,只是有一点不稳定。当心,我们就快落地了。")。

为理解信息,必须要转换语境,至少暂时放弃先前的语境。不管交流的优点、缺点有哪些,多交流是有必要的。发送者在其试图与接收者交流之前,应考虑对方正在进行的活动,并尽可能不打断他们,即打断语境。反之,当自己正在执行任务时,也要注意他人的干扰。

五、飞行中交流的技巧与方法

(1)发送信息时,应运用标准术语,以简明扼要、准确适时的方式传递信息。

(2)接收信息时,应注意力集中,仔细倾听、保持开放的头脑并提供反馈。倾听在交流中是非常重要的。在飞行中没有倾听到重要信息,必将产生重大失误。倾听则要求飞行员不能被动地接收信息,而要有意识地参与到交流中。除密切关注他人所谈论的内容外,还应提出自身所掌握的事实的观点,并听取对方的看法。理解交流的内容并表达自身意见的倾听,称为积极倾听。积极倾听他人的谈话,不仅可以获得更多信息,使自己对问题理解得更透彻,而且会促使他人同样采用积极倾听参与交流。此外,积极倾听还是礼貌的表现,它为创造相互间的尊重打下了基础。在一个团体中,如果每个人都积极倾听,将会极大地提高交流的质量。

(3) 反馈在克服交流障碍中起着重要作用。通过反馈可以使双方对交流的信息进行评估,觉察出哪些信息被顺利接收和理解了,哪些信息被遗漏了或者被错误理解了。反馈使得交流过程能够得以继续下去,直到原来的需要被满足以及所有的信息被完全得到理解利用。

(4) 质询是一种特殊交流技能,是针对特定的情境要求获得观点、意见或建议的过程,包括提问、检查和调查。

作为下属或副驾驶,当感觉到异常、需要向上级或机长进行建议的时候,可采用如下四步骤法。

步骤1:寻求(probe for)与上级之间的较好的理解沟通。

步骤2:忠告提醒(alert)上级已犯下错误。

步骤3:强烈要求(challenge)上级改变错误的决策。

步骤4:紧急警告(emergence warning)上级操纵的飞机即将处于非常危险的境地。

取上述每个步骤第一单词的首字母组成"PACE",故称这个方法为PACE法。这4个步骤是循序渐进的,每个步骤都要求采用询问的方法以减少下级因进谏而日后遭受报复的风险,当然,也是为了下级机组成员能够切实有效地规劝上级改正错误。航空实践证明,该方法具有很强的操作性。

(5) 简令是促进交流的重要内容,包括起飞前简令、进近简令以及客舱简令。

(6) 劝告是交流的一种特殊形式,它不但有利于克服交流的障碍,同时也有利于提高其他人的情景意识。有礼貌、尊重对方以及良好的协作态度将会鼓励其他人参与到交流中来,并使他们畅所欲言。

(7) 口头语言和体语并用,既要重视语言的抑扬顿挫、语音语调,又要重视和运用肢体语言。

(8) 有效交流的7个"C"。一是可信性(credibility),信息发送者在接收信息者眼里必须是可信赖和有能力的。二是环境(context),信息传递应提供给接收信息者感到舒适并吸引他参与的环境。三是内容(content),信息内容必须是切题的,并且对接受者是重要的。四是清晰(clarity),信息必须清晰和传递出的术语必须让接受者能懂。五是连续性和一致性(continuity and consistency),信息必须经常补充强化,并应在使用范围内部统一口径。六是途径(channels),交流途径应该是接受者熟悉的。七是能力(capability),信息必须适合于接受者的能力。

六、飞行中语言提示的依据和要求

语言提示是空中教学的基本方法,带飞中使用得最广泛最经常。它对学员正确掌握注意力分配的方法和操纵要领起着启发、诱导和强化的作用,直接影响着教学效果和学员的思想情绪。

1. 语言提示的依据

(1) 依据学员的性格差异实施提示。要使语言提示达到满意的效果就必须考虑到学员性格的差异,不同性格类型的学员在空中的表现是不同的。如有的学员飞行中容易精神紧张,有的学员自尊心过强,飞行出现差错或技术出现反复,情绪波动比较大,对类似这样的学员除了加强心理素质的培养外,语言提示就应立足于稳定学员情绪。要运用温和的语言提示学员,切忌语气粗暴,大喊大叫,否则将会使学员发"憷"而影响教学效果。

(2) 依据学员的技术状况实施提示。学员掌握技术动作有快有慢。对能力强掌握快的学员,在带飞初期应充分运用提示,帮助学员尽快掌握基本注意力分配和操纵要领,随着学员技术水平的提高,应逐渐减少提示以充分发挥学员的主动性,防止产生依赖心理。对于能力弱、掌握慢的学员,语言提示要耐心,语音、语气和提示时机要恰当,注意激发学员的学习热情,增强学习信心。

(3) 依据课目特点实施提示。不同课目有不同的特点,针对课目特点实施提示,才能收到好的效果。起落航线动作连贯,程序性强,提示要及时、语言要简练。

特技课目速度大,负荷大,动作时间短,状态变化快,提示不易讲清,学员也不易听清。因此,动作过程中的提示应简短、及时、明了,动作过程中不宜提示的内容应在动作与动作之间进行。

编队飞行时长、僚机需要互相配合、密切协同,允许偏差范围小。学员精力比较集中,对教员的提示往往不能完全听清。这时应采用语言提示与动作提示相配合的方法,这样才能达到预期效果。

仪表飞夜航课目的一个共同特点是,语言提示是空中教学的主要方法,而客观上又要求学习环境安静。因此,在运用语言提示时,要善于依据仪表的特性,根据仪表飞行与夜间飞行的特点,做到判断准确、时机恰当、语气柔和、简明扼要,尽可能为学员提供安静的学习环境。

(4) 依据技能掌握规律实施提示。任何一项技能训练,从开始学习到掌握都需要经历一个过程。学习飞行驾驶技术(包括每一个技术动作)同样有一个过程。在这个过程中又有不同的发展阶段。阶段不同语言提示也应有所区别。以特技课目为例,初学阶段,学员没有或只有极少飞行体会,飞行中动作不熟练,常出现注意力分配单一,操纵动作遗漏,程序颠倒等现象。此阶段应多采用直接提示的方法,重点放在动作的操纵程序与注意力分配上,使学员尽快"入门",树立正确的印象。突破难点阶段,随着带飞次数的增加,一般动作已基本掌握,难点动作正待突破,此阶段语言提示重点应放在难点动作的关键注意力分配和操纵要领上,对于已掌握的动作可少提示或不提示,充分发挥学员的主观能动性。到了课目的后段即全面加工整理阶段,教学标准不断提高,语言提示应适当多些,而且提示范围不能仅限于各特技动作,对于一些"外围"动作及养成动作,也应加以提示,全面要求,严抠细训,使动作规范化。

2. 语言提示的要求

(1) 预有准备,搞好协同。语言提示有了准备,就可以增强教学效果,而仓促应付则难免急不择词,利少弊多。有的教员可能认为空中飞行,瞬息万变,提示必须随当时的情况而定,事先想好的东西未必切合实际,准备不准备意义不大。这种看法不全面。空中情况变化确实既快又多,语言提示也确实必须随当时的情况而变化,但这中间仍然是有规律可循的。

第一,所飞练习各动作的变化是有规律的,如飞些什么动作,各动作本身如何变化,动作与动作之间怎样衔接,配套等,都有一定规律。

第二,根据平时对教学对象的了解和教学经验,学员在各动作上可能产生的错误,大体上也是可以预计的。

因此,依据以上两点,对该次飞行中可能用到的言语和可以用来提示的时机,在飞行前预先构思并与学员共同研究好,协同好,是完全可能的,也是十分必要的。例如,学员对本次飞行的提示有些什么希望和要求,教员在本次飞行中准备在哪些情况下进行提示,在哪种情况下常用哪个词进行提示(有些特定的词还可以事先规定它表示的特定意义),以及学员听不清或听不懂时如何处置等,都是可以事先研究和协同的。使学员在思想上预有准备,不至于在空中听不清、听不懂时盲目猜测,或点头称"是",甚至无所适从。教员事先有了准备,届时便脱口而出,运用自如。即使学员听不清或听不懂,但事先有了处置预案,并且进行过协同,就不至于临时无计可施。因此,在每次带飞的预先准备中,都必须对如何实施空中提示进行研究和协同。

(2) 适应特点,掌握技巧。空中时间有限,动作很多,飞行状态变化很快,学员的精力高度集中于操纵飞机,还必须注意经常保持与地面联络畅通。语言提示必须适应这些特点,研究和掌握提示的技巧,做到词精量少、吐词清晰、语气亲切。

① 词精量少。该原则要求用少而精的语句准确表达教学意图,而不是啰嗦繁琐,讲个不停;否则,学员会感到烦躁,而且还影响空地联络。

② 吐词清晰。该原则是指提示时要发音准确,吐字清楚。为此要讲普通话、军语、术语,说话节奏要稍慢,发音要浑厚,音调不要高。

③ 语气亲切。该原则是指提示时要体现和蔼可亲的口气,从而建立起信任、协调和友爱的教学关系。对飞行中容易紧张的学员,提示的语气要平缓、稳定,对一时没听清的学员,要耐心重复。任何时候都不能埋怨指责,更不能大声训斥或讽刺挖苦。

(3) 看准"火候",把握时机。由于空中教学环境的独特性,必须考虑到语言提示的时效性。空中所进行的提示只能在一定的"时空"内才能最大限度地发挥其有效性,如果超出这一"时空",无论是直接或间接提示,效果都会变差,不利于学员的技术掌握。例如,着陆过程中想加深学员的1m印象,教员就应在拉平前的瞬间迅速提示"拉平",从而加强1m印象的树立。

从提示"拉平"至拉平,时间是极其短暂的,只有抓住这一"有利"时机,才能发挥其有效性。提示早了或已经拉平再提示,都将影响1m印象的树立,不利于动作的掌握。

(4) 讲究方法,注重实效。

① 提示应在飞行状态比较稳定、操纵动作简单、学员心情比较平静的时候进行,此时学员不需要全神贯注操纵飞机,能够将主要注意力用来听教员的提示。

② 对某些精力不够用的学员进行提示时,可由教员帮助保持飞行状态,以便学员能集中精力听清、听懂。

③ 提示时,教员一定要冷静、耐心,无论在任何情况下,都应注意克制自己,不急躁,不发火。音调的高低和节奏的快慢,应适合当时的具体情况,以保证提示的音节清晰,音量适当,节奏适宜。

第四节 领导与协作

在现代社会中,依靠个人能力无法快速、准确完成一项工作量较大的工作。每个人必须正视团队成员的个性和能力差别,通过有效沟通,齐心协力,确保目标顺利完成。在飞行中,每名飞行人员必须形成强烈的驾驶舱团队精神,以机长为核心,充分发挥每个人的聪明才智,争取在有限时间内做出正确判断和决策,实现驾驶舱资源的充分利用,确保任务完成和人身与财产安全。简言之,再简单的飞行都要依靠团队的力量,保证飞行安全尤其如此。

但是,最好的队员不一定组成最好的团队,团队成功的条件在于"协作"。衡量团队成功的关键不在于队员们是否互相喜欢,而是他们是否取得了每个队员单独努力而无法获得的成就。

一、有效协作的条件

要实现有效的协作,达成 1+1>2 的效力,领导者、共享的目标、任务分工、相互配合、交流都是必不可少的条件。上述条件可形象地用图 3-25 进行说明。其中,机组搭配是机组协同的基础。

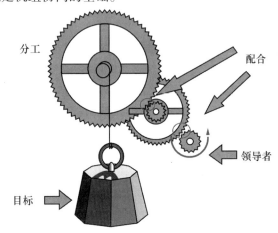

图 3-25　有效协作的条件

在机组搭配方面,座舱内常见的两种不平衡的极端是"权威性太高"和"直陈性太低"。权威性(authority)是指机长在座舱内的威望和地位,直陈性(assertiveness)则用于标识副驾驶和其他机组成员陈述自己观点的果断性和勇气。权威性是一种以居高临下的方式施加于职位较低的人身上,而直陈性则是由下而上对领导者产生影响。

权威性太高的原因包括:机长的管理态度;缺乏交流技能,或不知道有效交流的必要性;以工作绩效为价值取向,对结果的兴趣远胜于对人的兴趣。

直陈性太低的原因包括:被机长的权威性征服,没有受过交流和管理技能方面的训练,过于内向、胆小怕事以及怯弱等个性缺陷。

为了解决有效搭配的问题,爱德华于 1975 年提出了"驾驶舱职权梯度"(trans-cockpit authority gradient,TCAG)的概念。根据这一概念,在匹配机组成员时,既不能将技术、资历、职位很高的机长与年青、胆小的副驾驶匹配在一起(梯度过于陡峭),也不能将两个技术、职位、资历相当的飞行员匹配在一起(梯度过于平坦)。主要原因是:过于陡峭的搭配,副驾驶可能慑于机长的威望不敢提出自己的主张,起不到互相监督和检查的目的,在机长判断、操纵失误或失能时就会危及飞行安全。过于平坦的搭配,则不利于机长的决断,有可能造成相互挑剔、逆反心理或反其道而行之等局面。机组搭配通常考虑安全意识、飞行作风、飞行技术、性格、人际关系、年龄、教学员、领导职务、任务特点等如下几个方面。

(1)"安全常在"意识上的搭配。"安全常在"是机组配合的思想基础,也是机组处理飞行中各种问题的指导思想。

(2)飞行作风上的搭配。良好的飞行作风是严格执行规章制度的保证,是保证飞行安全的重要依据。

(3)飞行技术上的搭配。技术是保证飞行安全,完成飞行任务的首要条件。机长和副驾驶在技术上必须进行强与弱搭配,新与老搭配,生疏与熟练搭配。

(4)性格上的搭配。飞行人员每个人的性格各不相同,表现的形式也不一样。必须考虑飞行人员的个性特点,从有利于协调配合的原则出发,进行科学的搭配。

(5)人际关系上的搭配。人与人之间不可能没有矛盾,长期在一起生活工作,由于各人的素质、能力不同,难免产生一些隔阂,如平时没有解决,带到飞行中就会影响机组配合,影响飞行。在实际飞行中,机组成员之间互相不服气、互相不配合、各飞各的现象时有发生,有的人对战友的提醒不理睬,有的人对正确的建议不接受,最后发生了问题。

(6)年龄上的搭配。年长的飞行员飞行经验丰富,处事稳重,情绪稳定。年轻的飞行员,反应敏捷,记忆力强,精力旺盛,体能较好。年轻飞行员和年长飞行员在一起飞行,有助于互相配合,互相帮助,互相学习,互相促进,使飞行安全更有保障。

(7)教员与学员的搭配。教员通常都是飞行和教学经验比较丰富,新学员动作比较粗猛而且不准确,如果让老教员来带他们,一旦纠错不及时,就会错过处置良机。中青年教员带飞比年龄偏大的老教员带飞更为合适,因为中青年教员精力好、反应快、动作熟练、纠正错误及时。

(8)领导干部飞行的搭配。领导干部主要是指飞行大队和机关处以上领导干部,他们的主要精力集中于管理工作,由于飞得较少,技术容易生疏,错、漏、忘动作较多。因此,应该选派技术精湛、原则性强,又与该领导较熟的飞行员一起飞行。

(9)特殊飞行任务的搭配。特殊飞行任务是指具有政治意义的任务,如专机、抢险、救灾等飞行,它的特点包括:时间性强,非固定航线飞行较多,安全程度要求高,有些任务在时间紧急情况下,临时安排机组,致使人员的思想和飞行准备不够充分,有的只能允许直接准备,这是保证飞行安全的不利因素。安排机组时必须选派技术精湛、思想作风优良的飞行人员组成机组,特别是远程航线和首次飞行的航线,必须精心安排,精心组合。

二、领导是每个人的事

有人曾询问一名美国空军的访问团成员,哪些大学课程对他们的职业生涯产生了巨大影响。他们几乎一致地回答是领导力课程。一位西门子超声公司的高级经理在反思个人最佳领导经历时谈到:"每个人都是领导者,不管是否管理一些人。我刚从军队转业到企业时,只是一名基层员工,但我仍然展现出自己的领导力,像领导者那样积极主动、完成任务。让我们成为领导者的不是头衔,而是我们成就卓越的做事方式。"新加坡资讯通信发展管理局人员发展部的一位主任总结到:"工作的目的在于建立这样一种组织和文化——让每个人都感觉自己是领导者,不管他们是做什么的,欣赏每个人工作产生的积极影响。"

长时间以来,有研究者持续对不同年龄、不同背景的人进行调查,询问他们在生活中奉为榜样的领导者是哪些人。研究人员让被调查者在8类人员中选择他们心目中的领导者榜样,这8类人员分别是:商业领导者、社团或宗教领袖、娱乐或电影明星、家庭成员、政治家、职业运动员、教师教练或其他。研究结果[18]表明,所有年龄段的人都更多地选择了家庭成员而不是其他人。这充分说明亲属是最有影响力的领导者。位居第二的,30岁以下的人选择了教师或教练,30岁以上的人选择了商业领导者。进一步调查的结果表明,这里说的商业领导者是指工作中的直接主管,而不是公司的最高管理者。而在职场中,商业领导者就是他们的教师或教练。这项调查结果清晰地表明,领导力不是只在组织的最高层或者是在正式的组织中才有。领导力到处都有,领导是每个人的事。

三、领导力的构成要素

研究表明,许多群体、团队和大型公司的有效领导都表现出了能令少数派观点具有说服力的行为。这样的领导靠不懈坚持自己的目标来赢得信任。他们常常流露出自信的领导气质来赢得下属的忠诚。具有领导气质的领导们通常对所希望的事件状态有一种引人注目的洞察力,能用简单明晰的语言与其他人就此进行交流,并有足够的乐观精神和团队信念使他人信服自己。人格测验显示,有效的领导大多是外向的、充满活力的、正直的、易于相处的、情绪稳定的和自信的个体。为了更好地把握领导力,有研究者持续几十年在全世界范围内调查了10万余人,他们让被调查者从20种候选品质中选择"在他们愿意追随的领导者身上最想看到的7种品质",也就是搞清楚作为追随者对领导者有哪些期望。最具震撼力、最有说服力是,每年的调查结果中有4种品质被超过60%的人选中,而且这4种品质在不同的国家都排在最前面[14]。这4种品质分别是:真诚(honest)、前瞻(forward-looking)、胜任(competent)、激发(inspiring)。领导力是领导者通过积极进取、决策和影响力,在看似无望的情况下取得成功的能力,除了上述四项品质外,它还涉及其他几个方面。

(1) 真诚。如果领导者不能生动地描绘未来愿景,也就不能说服他人,而以共同愿景感召他人的前提是真诚。如果领导者不相信自己说的话,也就不能感染人。如果愿景只是别人的事,感召他人也就成了一件异常困难的事。没有什么比一个人发自内心地讲话更让人信服,也没有任何事情比一个人相信奇迹能够发生并不加掩饰地为此而激动更有意思了。人们信任领导者的前提是领导者值得信任,因此,真诚成为领导力的重要组成部分。

(2) 前瞻。1945年,在中国共产党第七次代表大会上,毛泽东说:"预见就是预先看到前途趋向,如果没有预见,叫不叫领导?我说不叫领导。"很显然,领导者要共启愿景就一定要有前瞻性,能激发人。

(3) 胜任。如果领导者要挑战现状就要让人们感觉自己是能胜任的。值得信任是真诚的同义词,领导者要使众人行,信任是关键。领导者的能力也是如此。

(4) 激励。卓越的领导者对他们自己和他们的追随者都有比较积极的期望。他们希望人们能做到最好并且实现自我愿望,让平凡的人有不平凡的行为和结果。卓越的领导者对设定的目标和标准非常有雄心,激励人们将精力集中在他们需要做的事情上。他们提供明确的反馈并进行强化。通过表达积极的期待和提供激励的反馈信息,刺激、点燃和聚集人们的能量。

(5) 技能与经验。高水平的技能能使飞机发挥最大效能。飞行是一件专业的事情,机长的飞行技能应该让成员无可指责。机长必须尽力发挥每个架次的最大效率,并借助其他人员的能力与经验。经验来自于时间的积累和航空问题的解决,并非所有的机长一开始就经验丰富,但是迅速学习、获取经验能够较快提高机长技能。获得的经验越多,预见性、细心规划的能力越强,机长就越能够预见复杂的情况并领导机组成员进行处理。

(6) 人格。人格通常理解为个体性格的差异、一个人区别于其他人的处事方法手段。正直对于好的人格很重要,它能够促进相互信任。机长的正直必须不容置疑、无可指责。对于所有的事情,无论是专业事情还是社会关系,机长必须率先垂范。机长必须富有耐心、令人愉快、通情达理、具有灵活性。但是,机长的人格必须足够强大,让机组成员毋庸置疑:机长的角色是指挥官、具有权威性、对机组秩序负有责任。如果有必要,为了机组的和谐,机组成员必须被说服调整其人格。

(7) 坚韧。坚韧是坚持的决心。它与果断有关,包括透过困难看到成功的希望,尽管存在令人沮丧的、表面上势不可挡的失败的可能性。

(8) 忠诚。机长必须以同样的方式忠于上下级,而且这种忠诚必须真心实意、一目了然。机长应该拥有证明忠诚的责任感,并对其他人的忠诚和信任做出回应。

(9) 责任感。机组人员都应具有较高的责任感。培养这种责任感是机长的任务。机组成员必须意识到任务的重要性。机长应该仔细观察个体成员的行为并提供好的建议,或者为鼓励先进给予正确的批评,机长要为机组的协作负责。这意味着为节省不必要的重复劳动以及发挥飞机系统的最大效能,机组成员必须全身心的积极协作配合。机长应该运用得体的、低调的方式关注机组成员的福利,并弱化可能影响机组效率的问题。

(10) 勇气。勇气包括心理、生理两个方面。勇气并不是无所畏惧。实际上,既然勇气是克服恐惧的力量,如果一个人无所畏惧,那么,他不会展现出勇气。生理方面的勇气是指尽管受伤、穷困、接近死亡,仍然坚持工作的能力。心理方面的勇气是指在做出正确而不盲从的决定时展现出来的心理态度。

(11) 首创精神。首创精神是指在困难的情况下,综合运用常识、预见力与想象力的能力。更准确地讲,首创精神是指为应对不确定的环境,在其上级没有先验参考的情况下提出解决方案的能力。其在无任何指导的情况下拒绝失败。首创精神受个人正直、专业能力、勇气、信心等因素的影响,它存在于全体机组成员当中。

(12) 身心健康。如果健康出了问题,机长不可能在应急情况处置中表现出清晰、准确、快速的判断力与毅力。在多成员飞机座舱中,虽然工作负荷有所减轻,但工作复杂性要求机长具有较高的身心耐力。应对应急情况要求飞行员身心具有更加充足的储备。来自身心健康的坚韧不拔更是一种应对应急情况,尤其是机组成员出现伤亡情况下的必备素质。

四、领导的方式方法

领导方式是领导者在活动中表现出来的比较固定的和经常使用的行为方式和方法的总和,又称为领导者的工作作风,它表现出领导者的个性。得克萨斯州立大学的罗伯特·布莱克和简·莫顿提出了二维领导理论,即领导方格理论,如图3-26所示。该理论认为领导行为由关系行为和工作行为两个维度构成。关系行为以关系为导向,致力于对人的关心,重在满足追随者的心理需求,倾向于和追随者建立良好的人际关系,有效提升追随者的参与感、归属感;工作行为则以完成任务为导向。

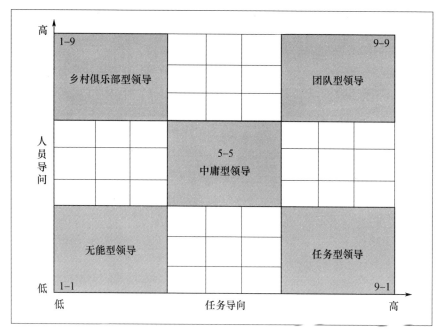

图 3-26 领导方格图

图中,数字 1 和 9 分别表示低关心度和高关心度,并不表示绝对的数量关系。

(1) 1-1 型为无能型领导,领导者既不关心成员,也不顾及任务。他没有试图去影响别人,只是分派责任,让下属自行完成任务。

(2) 1-9 型为乡村俱乐部型领导,领导者对人际关系的关注要高于对任务完成的关注。

(3) 9-1 型为任务型领导,领导者只关心任务的完成,对人际关系表现出的关心很少。

(4) 9-9 型为团队型领导,领导者既关心人际关系,又注重工作成绩。该方式表明对人的关心和对任务的关心两者之间没有必然的冲突,组织目标和个人需要可以最理想、最有效地结合起来。

(5) 5-5 型为中庸型领导,领导者对任务和人都很关心,但当他认为工作量会使人际关系紧张时,会选择放弃,进而维持现状。

以领导者运用权力的范围和被领导者自由活动程度为标准,领导方式又可划分为独裁型、放任型和参与型。独裁型就是领导者单独作决策,然后发布命令,明确规定和要求下属做什么、怎么做。对于决策,下属没有参与权和发言权。在整个组织内部,资源的流动及其效率主要取决于集权领导者对管理制度的理解和运用,同时,个人专长权和影响权是他行使上述制度权力成功与否的重要基础。放任型即领导者对下属实行高度授权,下属可以完全独立开展工作,这是一种适用范围狭窄的领导方式。参与型领导者让下属以各种形式参与决策。这种领导方式的特点表现在以下几方面:在领导者与被领导者之间进行双向沟通;下属的民主权利得到尊重,他们的意见能够影响决策;能提高决策的科学水平,减少决策工作的失误;有利于决策的实施和执行。

领导者的行为方式多种多样,它们没有绝对优劣之分。只有与被领导者和工作环境的特点相适应,才能取得预期领导效果。

在飞行活动中尤其是出现偏差特情后,领导的方式方法就显得尤为重要,常见的领导方式包括如下几种。

(1)率先行动。身先士卒是最常见的领导方式。在这样的领导模式下,用不着必须回答所有的问题,所需要的仅仅是自己首先行动起来,以显示承担了处置某种情境的责任,证实自己具有处置紧急情况的能力,使机组步入有计划、可预料的和慢速反应的处境。

(2)示范。设置一个良好的榜样是非常有必要的。只有自己做得很好,才能期望其他人为自己设立一个较高的标准和具有积极的态度。

(3)指导。为确保每一个人都能够按照领导意图行动,好的领导应该检查成员对自己的意图是否完全理解。如有必要,应该对未能完全理解的问题予以解释。

(4)激励。好的领导应该尽力理解他的机组成员,并把他们作为一个独立的人来尊重。这样的领导应该真正使他的机组成员参与到飞行任务中来。

(5)设置目标。设置清晰的目标,并将其向机组成员清楚说明尤为重要。所设置的目标既可以直接指向特殊的飞行任务,也可以指向于一般意义上的飞行安全和飞行效益。

(6)授权与委派。作为领导者,虽然没有必要立刻对所有问题做出回答,但必须准备利用所有可以利用的资源去达到对问题的解决。通过授权和任务的委派,可以使整个机组的效益达到最佳。

(7)设置环境。领导功能只有在条件适宜的条件下才能够发挥。因此,领导者的首要职责是建立这些条件。要建立这些条件,应该建立良好的交流与简令、健康的质询与反应环境、建立短期策略、进行工作负荷控制以及使用恰当的管理方式。

(8)管理时间。确定好决策的最后期限,定状态,推算时间。

五、协作方式与追随者类型

被领导者通过随时提供信息、思想以及支持来实现团队目标。每个成员的经验、技能都是团队的重要资源,成员的价值在于弥补他人在技能、经验、注意力、记忆力和逻辑方面的不足。

被领导者应该通过如下几种方式参与协作。

(1) 理解领导者职责,维护领导权威。

(2) 做好分内工作。

(3) 提出意见建议,主动交流。

(4) 必要时,主动承担部分甚至全部领导职责。如果机长没有实施领导职能,副驾驶应该采取一定的行动以便激发领导职能。要注意的是,应该把使机长重新回到对情境的控制上来作为首要目标。

(5) 忠诚于团队,态度积极。

根据态度上的积极程度以及对团队建设的批判性作用,被领导者可分为图 3-27 中的 4 种类型。显然,与抱怨型、顺从型、机器型相比,直陈型追随者是团队建设追求的目标。

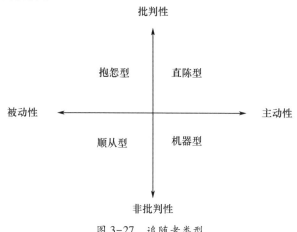

图 3-27　追随者类型

第五节　工作负荷与应激管理

在机组资源管理发展过程中,"工作负荷与应激管理"(workload and stress management)是一项重要的基本技能。驾驶舱内的工作负荷与应激管理,实质是一个问题的两个角度,工作负荷可以作为应激源影响飞行员的表现,应激状态又能够影响飞行员的工作绩效。通过驾驶舱状态的控制,做好工作负荷与应激管理,能够有效利用人的心理资源,提高飞行安全裕度。

对于飞行员来讲,应急情况发生后往往会产生高度紧张情绪。在日常生活中,情绪控制对每一名飞行员来说尤为重要。如果处理不好,轻则影响心情,重则影响飞行的效率与安全。在人的大脑中,前额皮层是实现自我调节的主要神经区域,它把每一个人导向最佳状态。前额区的背外侧是认知控制、注意力调节、决策、推理以及灵活应变的地方。杏仁核是苦恼、愤怒、冲动、恐惧等情绪的触发器。一旦杏仁核神经回路接管人的大脑,[15]它容易导致人去做事后感到后悔的行动。显然,前额皮层是人的大脑的"好领导",而杏仁核是个"坏领导",如图 3-28 所示。大脑的功能是保全人的生命安全,因此,大脑的构造决定了杏仁核享有特权。一旦杏仁核发现威胁,它可以在瞬间控制大脑其他区域,尤其是前额皮层,这种现象称为"杏仁核劫持"(amygdala hijack)。在飞行中的任何环节,一旦出现了"杏仁核劫持",飞行员就无法集中精力完成工作,记忆会出现混乱,应激会过度反应。这时候飞行员的处置只能依赖于过度学习、训练形成的习惯,也就是惯性行为。此外,飞行员还可以采取多种策略摆脱"杏仁核劫持"。一是认知方法,适时质疑自己情绪失控时的想法;二是通过日常训练,养成保持身体平静的行为习惯,这样在最需要控制情绪时,它能发挥巨大作用;三是能够即时发挥作用的策略,那就是机组资源管理,通过其他人力资源、设备资源、检查单等一切可以利用资源的及时介入,让前额区重新控制人的大脑,从而避免事后"后悔不已"的不良局面。从这个角度看,飞行员从整体上理解、感悟机组资源管理的实质内涵,注重全面提高各项飞行非技术能力具有极其重要的意义。

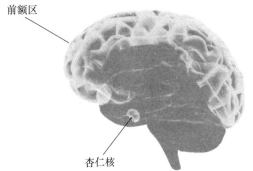

图 3-28　情绪控制对应的脑结构

一、应激的概念、历史发展与应激源

1. 应激的概念

人在从事各种活动中,当认识到重要性时,会自然地表现出积极的紧张情绪。正是这种适度的紧张情绪才使飞行员在处置应急情况过程中积极动员自身的智慧、精力和体力。如果紧张程度超过了飞行员正常耐受程度的最大值,则会形成过度紧张情绪,直接危及飞行安全。

应激(stress)是人类和动物经受和体验的一种心理生理状态。stress一词在物理学中用以指那些加于物体之上的外力或压力。工程学把外力称为负荷,把内部的力称为stress。在用于人的心理生理反应中,stress含有紧张的意思。在情绪的维量上,它处于"紧张—轻松"这一维量紧张度的强端,是一种紧张而带有压力性质的情绪状态。过度紧张情绪在心理学上称为应激。

2. 应激研究的历史发展

对应激的研究起源于20世纪三四十年代。1936年,年轻的加拿大生理学家H. Selye意外地发现,在给一组老鼠注射一种化学提取物后,这些老鼠出现了溃疡和包括免疫系统衰退在内的各种生理问题。Selye对这一结果进行了进一步研究,他发现罪魁祸首并非是注射的化学物质,而是每天的注射过程本身。此外,许多不同类型的环境改变也会产生相同的结果。借用工程学的术语,他把引起这种非特异性反应的原因称为应激。但是,Selye的这种非特异性理论也招致了很多研究者的批评。对于应激,多位研究者提出了对应的理论模型。

(1)应激的非特异性理论。1956年,Selye提出了一般适应综合征(general adaptation syndrome,GAS),阐述了应激过程的3个阶段:一是警觉期,表现为活动的增加,当个体接触到一个充满应激的环境时立即进入这个阶段;二是抵抗期,包括应对和尝试扭转警觉阶段产生的影响;三是衰竭期,当个体反复处于充满应激的环境中又不能做出进一步的抵抗时就会进入这个阶段。

(2)应激的战斗/逃跑理论。这一应激模型由坎农于1932年提出,是指应激由外部威胁引发了战斗或逃跑反应,包括活动频率增加或唤醒提高。他认为这些生理变化使个体或逃离应激源或与其对抗。在坎农的模型中,应激被定义为对外界应激源的反应,主要为生理反应。应激是个体能够控制应激事件的适应性反应,而持续的应激可能会导致健康问题。坎农和Selye的理论为应激研究奠定了重要的基础,但是这两个模型也存在着一些问题:二者都认为对外界应激源的反应是自动的,并在直接的刺激—反应框架下描述应激,却都没有解决个体差异问题,认为心理因素的作用非常小。二者都认为应激的生理反应是一致的,并把这种反应看成是非特异性的,即无论应激源的性质如何,生理反应的变化都是相同的。

(3)应激的生活事件理论。生活事件理论尝试脱离坎农和Selye强调生理变化的应激模型,生活事件理论研究对生活经历进行反应的应激和与应激有关的变化。霍姆斯和拉希提出了近期生活经历表(schedule of recent experience,SRE),向被试者提供了大量可能的生活事件和生活变化。生活事件理论也存在一些问题,主要如下:个体对事件的评价很重要;被试者在少数情况下报告消极事件,很少报告积极事件;生活经历之间可能会相互影响,例如,两个生活事件的影响可能恰好相反,并抵消了应激的负面后果;一系列生活经历的结果是什么;应激源可能是短暂的也可能是持续的。坎农和塞里的早期应激模型都将应激定义为对外界应激源的自动反应,生活事件理论也反映了这种观点,该理论认为个体对生活事件做出应激反应,从而影响其健康状况。

(4)应激的相互作用理论。最广泛使用的应激定义是Lazarus和Launier提出的,他们将应激看作人和环境的相互作用,并用人对环境的适应来解释应激。Lazarus认为应激包含了个体与外部世界相互作用的过程,当个体对一个潜在的应激事件进行评价时,会引发应激反应。他定义了两种形式的评价:初级评价,即个体首先评价事件本身,有不相关、良性的和积极的、有害的和威胁的以及有害的和充满挑战的4种可能;次级评价是个体对他们不同应对策略正反两方面的评价。Lazarus特别强调认知因素在应激反应中的作用,注重对应激的过程进行研究,是现代应激的认知应对研究领域的先驱。目前,普遍被研究者接受的应激理论是第四种,即强调个体认知评价和应对策略在适应应激情境中的重要性。

3. 应激源

应激源是指能够引起个体产生应激反应的各种因素。按照来源可分为内部应激源、外部应激源。内部应激源指产生于机体内部的各种需求或刺激。外部应激源指产生于有机体外部的各种需求或刺激,包括自然环境和社会环境两个方面。

应激源还可以按属性可分为如下四类。一是躯体性应激源,指直接作用于躯体的生物学刺激物。最初这些刺激物只被看作引起生理反应的因素,现在则认为这类刺激物亦可导致心理反应。二是心理性应激源,包括人际关系的冲突,个体的强烈需求或过高期望、能力不足或认知障碍等。三是社会性应激源,可以概括为两大类:第一类指客观的社会学指标如经济、职业、婚姻、年龄、受教育水平等方面的差异;第二类指社会变动与社会地位的不适,包括世代间的变动(亲代与子代的社会环境变异),上述社会学指标的变迁是指个人的社会化程度、社会交往、生活、工作的变化,重大的社会政治经济的变动等。四是文化性应激源,指因评议、风俗、习惯、生活方式、宗教信仰等引起应激的刺激或情境。

应激源也可以分为生理性应激源和心理性应激源。生理性应激源作用于个体引起的反应称为生理应激反应。心理性应激源指环境对个体提出的各种需求,经个体认知评价后引起心理或生理反应的刺激。心理性应激源作用于个体引起的反应称为心理应激反应。生理性应激源引起的应激反应只有生理反应,而心理性应激源引起的应激反应除了有生理反应还有心理反应。一般认为生理应激反应是由皮层下水平对自主神经系统进行调节,是自下而上的控制模式,对心脏交感和副交感系统的影响是协调的交互作用模式。而心理应激源引起的生理反应是由更高级的脑结构调节,如前额叶,是自上而下的干预模式。自主神经系统各支的反应彼此独立,未表现出交感和副交感此消彼长的交互影响模式。

从研究的角度还可以把应激源分为两种:一种是生活事件应激源;另一种是实验室应激源。生活事件应激源发生在日常生活中,实验室应激源则是在实验室中进行。通过实验室诱导方法使机体产生应激反应,称为实验室应激源。研究者利用实验室应激源模拟现实生活中的自然应激源,引起机体类似的应激反应。常用的实验室应激源包括生理性应激源和心理性应激源。

二、常见的应激反应

应激反应的表现是多样而复杂的,因此得到了众多研究者[16-29]的广泛关注。应激与多种情绪相结合而形成复合情绪,如在应激产生的同时附加恐惧、震惊、愠怒、厌恶等,而个体由于应激源的刺激而产生的生理、心理、行为等方面的变化称为应激反应。

1. 生理反应

通常用适应来描述个体面对应激时的生理反应。适应是机体组织在面对环境或生理挑战时会做出反应以维持体内的生物学平衡。适应系统的活动导致人体提高机体组织能力以适应变化或者增加生存可能性的组织能力。应激在身体上主要影响如图 3-29 所示。

(1) 交感神经—肾上腺髓质系统调节。当机体遭遇特殊紧急情况(如严重脱水、失血、暴冷暴热以及乏氧窒息等)或应激状态时,由交感神经系统兴奋性提高,反应灵敏;血液重新分配,内脏血管收缩、肌肉血液增多,心率加快,心输出量增加;肝糖原及脂肪分解,使血糖升高,游离脂肪酸增加,为机体适应和应对紧急情况或应激反应提供充足的能量。如果应激反应过于强烈或持续时间太长,可造成副交感神经活动相对增强或紊乱,使得心率变慢,心输出量减少,血压下降,血糖降低,引起眩晕或休克。

(2) 下丘脑—腺垂体—肾上腺皮质系统调节。腺垂体和肾上腺皮质都属于人体重要的内分泌腺。当应激源作用于人体感官时,引起神经冲动,通过脑干的感觉通路传递到下丘脑,引起促肾上腺皮质激素释放因子(corticotropinreleasing factor,CRF)分泌,CRF 通过脑垂体门脉系统再作用于腺垂体,促使腺垂体合成分泌促肾上腺皮质激素(adreno-cortico-tropic-hormone,ACTH),ACTH 再刺激肾上腺皮质激素的合成与释放,引起一系列的生理反应。在应激状态下,ACTH 和糖皮质激素分泌的量大大增加,以增强机体对有害刺激的耐受力。糖皮质激素能提高机体很多组织对神经和内分泌调节因素的反应能

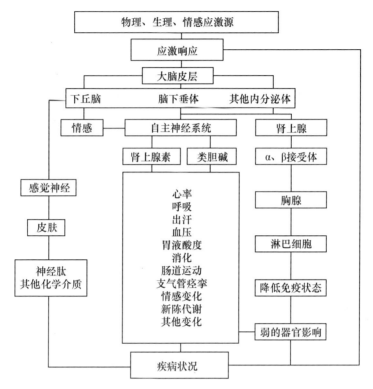

图 3-29　应激在身体上的主要影响

力。糖皮质激素有抗炎症、抗过敏、抗休克和抗毒素等作用。在应激状态下，分解代谢类激素如皮质激素、髓质激素、生长激素和甲状腺素等分泌量增加，而合成代谢类激素如胰岛素等分泌量减少。恢复正常状态时，上述激素分泌的变化正好相反。

（3）神经、内分泌、免疫系统的相互调节作用。神经系统、内分泌系统和免疫系统之间存在着密切联系：一方面神经系统直接支配胸腺、淋巴结、骨髓、脾等免疫器官，通过5-轻色胺等递质作用于免疫细胞上的受体；另一方面，促肾上腺皮质激素等也可通过与淋巴细胞表面的受体结合发挥调节作用。通过人们的研究发现，温和而短暂的应激反应不影响或略增强免疫功能，而强烈持久的应激过程影响下丘脑的正常功能发挥，使皮质激素分泌过多，导致胸腺和淋巴组织退化或萎缩，巨噬细胞活动能力减弱等，机体的免疫功能下降。而机体免疫功能下降，导致各种疾病发生，反过来影响神经系统和内分泌系统功能调节的正常发挥。

2. 心理反应

（1）认知反应。一定程度的应激反应,特别是良性应激有利于神经系统的发育,它可使机体保持一定的"唤醒"状态,对外界环境保持积极的反应,可增强认知功能。持续的劣性应激可损害认知功能。如长时间的噪声环境可使儿童的认知学习能力降低。使得注意力范围缩小;记忆力减退,记忆范围缩小,对非常熟悉的事物的记忆和辨别能力下降;实际的反应速度降低;错误率增加;思维混乱增加;客观公平的评判能力降低。

（2）情绪反应。情绪在很大程度上是一种主观感受,其客观表现为情绪性表情、情绪性动作及生理功能变化。因此,在心理社会因素的应激反应中,情绪反应有时会成为左右整个应激反应非常关键的因素之一。不良应激会导致以下几种情绪反应。

① 焦虑。焦虑是应激反应中最常出现的情绪反应,是人预期将要发生危险或不良后果的事物时所表现的紧张、恐惧和担心等情绪状态。

② 恐惧。恐惧是一种企图摆脱已经明确的有特定危险会受到伤害或生命受威胁的情景时的情绪状态。

③ 抑郁。抑郁表现为悲哀、寂寞、孤独、丧失感和厌世感等消极情绪状态,伴有失眠、食欲减退、性欲降低等。

④ 愤怒。愤怒是与挫折和威胁有关的情绪状态,由于目标受到阻碍,自尊心受到打击,为排除阻碍或恢复自尊,常可激起愤怒。

3. 行为反应

应激的社会行为反应是一个复杂的受高级中枢调控的过程,但总体来看,应激常常改变人们相互之间的社会行为方式。

（1）逃避与回避。逃避是指已经接触到应激源后而采取的远离应激源的行动;回避是指事先知道应激源将要出现,在未接触应激源之前就采取行动远离应激源。

（2）退化与依赖。退化是当人受到挫折或遭遇应激时,放弃成年人应对方式而使用幼儿时期的方式应付环境变化或满足自己的欲望;依赖即事事处处依靠别人关心照顾而不是自己去努力完成本应自己去做的事情。

（3）敌对与攻击。敌对是内心有攻击的欲望但表现出来的是不友好、谩骂、憎恨或羞辱别人;攻击是在应激刺激下个体以攻击方式做出反应,攻击对象可以是人或物,可以针对别人也可以针对自己。根据攻击对象的不同,攻击行为可分为直接攻击和转向攻击两种。

（4）无助与自怜。无助是一种无能为力、无所适从、听天由命、被动挨打的行为状态;自怜即自己可怜自己,对自己怜悯惋惜。

(5)物质滥用。某些人在心理冲突或应激情况下会以习惯性地饮酒、吸烟或服用某些药物的行为方式转换自己对应激的行为反应方式。常见表现包括：语言问题增加；兴趣和热情减少；旷工次数增加；睡觉被搅乱或失眠；忽视新的信息；采取事不关已高高挂起的消极态度解决问题。

应激对行为的影响表现在很多方面，尤其重要的是对决策的影响。有时候，在应激状态下，人甚至对于接通一个简单的开关也表现出非常紧张，而且不论压力是否由其他人引起。除了极端情况，应激对人的体力劳动能力有很小的影响。但是，它对复杂任务有戏剧性的影响，如扫视雷达幕后做逻辑判定。一个极端的应激源的影响表现出思维定势或管状视力，即人会集中于一个问题而排除其他问题。一个人失去了看到面前所有信息的能力，就很难或不可能从备选方案中做出可靠的选择。由于工作负荷的增加，应激使得处理所有的任务需求变得越来越困难。

三、飞行应激反应

依据认知加工理论和影响应激的因素，Landman 等研究人员总结出了在面对刺激时的认知加工模型，如图 3-30 所示。根据该模型，在个体遇到突发性时间时，首先，不自觉地将注意力投射到该刺激，接下来对该场景进行加工理解；若刺激强度高，则直接进入惊惧反应；若刺激强度未达到阈值，则进一步快速评估是否存在危险；若对个体无危险，则进入惊讶反应，慢速评估并决策与行动。若

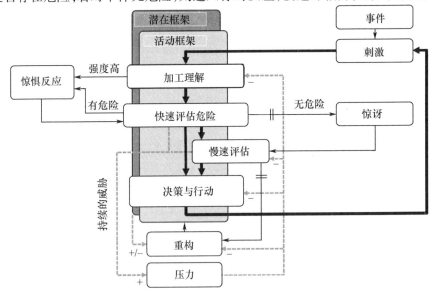

图 3-30　惊讶和惊惧反应的概念模型

对个体有危险,则进入惊惧反应,快速评估危险并采取决策与行动。如果个体未能找到解决方法,则再次进行重构。如果个体面对危机迟迟找不到解决的方法,不能采取决策与行动,则不停进行重构,外在表现为"目瞪口呆"。

1. 低水平应激与高水平应激

应激反应既包括应激的积极影响,也包括应激的消极影响。换句话说,应激并非都是坏事,适宜的应激水平或强度有助于提高人的唤醒水平,激发人的生理和心理能量去应付当前的情境,提高工作效率,有利于解决问题。只有过高或过低的应激才会使人的操作绩效遭到破坏,如图3-31所示。

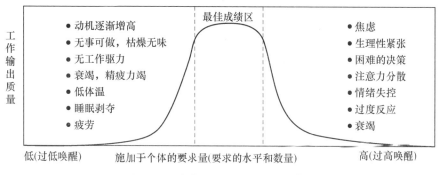

图3-31 最佳唤醒促使成绩达到最佳

低水平的应激反应表现在如下几个方面。

(1)情绪淡漠。对飞行缺乏兴趣,工作热情不高,觉得干什么事都没意思,显得无精打采。

(2)动机不足。缺乏工作动力,飞行目的不明确,不知道为谁飞行,为什么要飞行。

(3)睡意。由于心理上动机不足从而导致生理上睡意朦胧,老打呵欠,意识模糊。

(4)厌倦。由于对飞行缺乏兴趣和动机不足,逐渐对飞行产生厌倦情绪,表现为不愿飞行。

(5)反应迟钝且不准确。由于缺乏适宜的唤醒水平,缺乏心理准备,所以当意外情况出现时不能及时觉察,也不能及时反应,反应的准确性亦会下降。

(6)注意涣散。表现为思维飘逸,注意力没有集中在飞行任务上,这种现象与工作动机不足、厌倦等因素有关。

(7)遗漏。由于动机不足,意识不清及注意力涣散等因素,导致遗漏重要的飞行信息和必须执行的程序,如仪表信息、通话信息以及检查单项目等。

(8)省略。由于工作动机不足,从而马虎、草率行事,常省略一些应该执行的飞行程序。

(9) 惊慌失措。由于缺乏心理准备,出现意外情况时表现出惊慌失措,且很难恢复常态。

(10) 情景意识缺乏。对自己、飞机及周围环境缺乏清晰认识,表现为发现异常情况迟钝。

低唤醒或低应激状态常发生在有一定飞行经历的年轻飞行员身上。没有飞行经验的飞行学员和经验非常丰富的老飞行员一般都对飞行较为重视,因而很少处于过低的应激状态。

与低水平的应激效应不同,高水平的应激效应主要表现在如下几个方面。

(1) 注意范围锥形收缩或注意分散。处于过度应激状态中的飞行员,注意往往固着于某一情境、某一仪表或告警信号上,对于其他信息却视而不见或充耳不闻,注意范围呈管状收缩状态。另一种情况与此相反,当处于过度应激状态时,飞行员表现出注意分散,思维不是集中在寻找解决问题的方案上,而是飘忽在后果与当前情境之间,从而贻误处置时机。

(2) 思维困难、犹豫不决。由于情绪过度紧张,导致飞行员不能迅速、准确地分析当前情境和备选方案,表现为犹豫不决,举棋不定。

(3) 工作程序性混乱。在过度应激状态时,飞行员往往倾向于过高估计情境的危险性,因此,常表现出一些冲动性动作,工作计划性不强、程序混乱,在行为上表现为"手忙脚乱"。

(4) 肌肉震颤、语速过快、过慢或结巴。由于过高的唤醒使生理、心理能量动员过甚,从而导致肌肉震颤、语速过快或过慢,甚至结巴;其后果是使动作协调性降低,影响交流质量,破坏座舱资源管理的能力。

(5) 反应迟钝、准确性降低。由于思维不清晰,心理负荷过重,故而反应迟钝、反应准确性降低。

(6) 行为倒转。由于情绪过于紧张,使原有的行为自动呈现出来,如寻找原来飞机上的按钮或手柄,或执行旧有的飞行应急程序,以及用家乡土语代替座舱通话的标准方式等。

(7) 省略或遗漏检查单。由于过分夸大时间的紧迫性,以及思维的不清晰和注意的不能集中,因而常出现省略或遗漏检查单项目以及其他飞行程序。

(8) 木僵。极度紧张状态下,飞行员会出现呆愣不动的现象,有人也将之称为"自杀行为"。

使飞行员处于过度应激状态的因素很多,几乎所有应激源在达到一定强度时都可使飞行员处于这种状态。而且,应激具有累积效应,几个微小的应激事件同时出现,或很快地相继出现,都可能导致过度应激状态。

2. 飞行应激阶段的划分

如果应激状态持续时间过长,就会导致机体有限的能量消耗过多、过快,降低免疫系统的机能,进而引发全身范围内的适应性疾病。加拿大生理学家赛里(H. Selye)于1956年提出,持续存在的应激会击溃人体的生物化学保护机制,从而导致身心疾病甚至威胁生命,其所引起的"一般适应综合征"包括3个阶段:警觉阶段、抵抗阶段、衰竭阶段,同样飞行员在应急情况发生时的应激反应也依次表现为3个阶段,如图3-32所示。

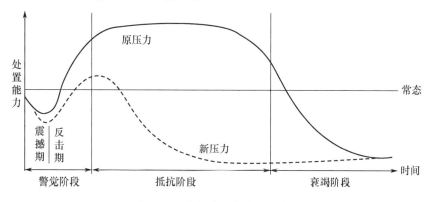

图3-32 应激过程中的三个阶段

(1)警觉阶段。人体识别应激源,并准备以面对或逃避的方式应付。此时,肾上腺素分泌进入血液,使人的心率增快,呼吸频率增加并泌汗。其结果是血糖水平增高,瞳孔放大,消化减慢。主观上体验到自己突然间变得非常强大、肌力增强、听觉、视觉以及警觉性均得到改善,所有这些都有助于提高分析问题、解决问题的能力,便于迅速找到解决问题的方法。从情绪的分类来说,应激属于复合性情绪,即由多种情绪复合而成,包括紧张、焦虑、恐惧、愤怒、忧伤、甚至狂喜等成分,它们引起的人体反应是不同的。如果在警觉阶段恐惧是其主导情绪,人体的反应将是血压降低,导致人脸色苍白。根据不同情况,飞行员在警觉阶段可分为3种类型:一是抑制型,表现为一段时间内目瞪口呆、不知所措;二是兴奋型,易冲动、考虑不周、顾此失彼;三是常态型,大多数人属于此类型,表现为短时间内有过度紧张情绪,而后受到阻抗,进入下一阶段。

(2)抵抗阶段。身体各个系统的潜能被充分动员起来,以应付危急的情境。这时,全身代谢水平提高,呼吸和心率加快,血压升高,血糖增加。这一阶段持续时间过长,会使体内储存的能量大量消耗,疾病易感性增强。多数飞行员遇险情后,能抵抗住过度紧张情绪的发展并进行自我调控,使心理恢复到较为正常的紧张情绪状态中,而后重新组织自己的行为。这时,飞行员的操作能力虽达不到最佳状态,但也颇为接近。因此,飞行员遇险情后,不是排险越快越好。根据国外有关资料,大型飞机飞行员处理飞行险情时,如不是非直观、机械、单一的险情,以险情出现后30s左右的时间进行处置为最佳,显然此时间点因人而异。

(3) 衰竭阶段。由于长时间处于应激状态,机体内的各种能量储存濒于耗竭,免疫功能下降,机体处于危机状态,严重时可导致重病或死亡。飞行员遇重大应急情况后,有极个别在抵抗阶段没能控制住过度紧张情绪的发展并更趋恶化,最后导致严重的恐惧心理,进入衰竭期,致使整个身心都被不良情绪所控制,甚至产生错觉和幻觉,记忆有可能部分或全部丧失,思维能力障碍、口吃,惊慌失措、不能应变,情绪急躁、缺少自控、行动离奇、不顾后果等。此时期内,飞行员的排险能力彻底崩溃。

图3-32中的实线显示了通常的一般适应综合征的过程,虚线则表示如果在原有的应激源基础上增加新的刺激事件,则个体抵抗阶段的适应能力将大为降低,导致衰竭阶段的提前到来。这也能说明为什么有人遭到连续打击后往往比较脆弱。

飞行应激反应与其他的应激反应一样,会产生神经生理反应、内分泌系统反应、免疫系统的反应,产生各种心理反应。神经生理反应、内分泌系统反应、免疫系统的反应与其他的各种应激一样,会导致身体内环境改变,产生各种神经生理变化,动员身体能量,应对应激事件。心理反应主要是情绪反应、认知反应与行为反应。心理反应有积极的反应,也有消极的反应。有利于有效应对飞行应激的情绪反应包括保持积极的情绪状态,保持情绪稳定。不利于有效应对飞行应激的情绪反应包括过度紧张、恐惧与惊慌、焦虑等。有利于有效应对飞行应激的认知反应包括头脑冷静,认知灵活,注意范围大,思维运行速度快;不利于有效应对飞行应激的认知反应包括认知加工速度缓慢,注意范围缩小甚至进入心理不应期等。有利于有效应对飞行应激的行为反应包括操作恰当,动作灵活,动作幅度适合等。不利于有效应对飞行应激的行为反应包括操作失误,多余动作,操作不到位,出现错、忘、漏等行为。

四、飞行应激管理

1. 正确识别应激信号

每个人都必须处理各种类型的应激源,在持续的训练和作战环境中,飞行员要能够在过度紧张、疲劳等情况下,正确识别潜伏的不良应激、应激的累积效应以及应激带来的不良影响。

在对应激的管理方面,常见的问题是在指导思想上把"优先顺序"和"争取时间"搞混淆了。飞行员的职责是"安全"和"快速"地控制飞机,但飞行员往往首先考虑"迅速",这显然是一种误区。因此,飞行员必须首先学会识别出个人的警告信号,然后及时采取措施降低其负面影响。下面关于这些问题的测试有助于识别是否处在应激超负荷状态。

(1) 你说话很快吗?
(2) 你急于补充别人的讲话吗?
(3) 你吃饭很匆忙吗?
(4) 你讨厌排队等候吗?
(5) 你感觉很多事赶不及吗?
(6) 你的日程安排超过可用时间吗?
(7) 你讨厌浪费时间吗?
(8) 你开车通常很快吗?
(9) 你经常要立即做多件事情吗?
(10) 你经常对别人没有耐心吗?
(11) 你很少有时间放松、亲昵或享受吗?

对于上述问题,如果大多数问题的对应答案是"是",则说明应激处于超负荷的概率比较大。由于每个人对于应激的反应、应对存在较大的个体差异,因此,概率大并不代表一定出了问题。有些人过着快节奏的生活,因为他们的身体和思想能够适应较快的节奏;一些人想尝试更快的节奏,但是在快节奏中应激反应比较强烈,他们可能意识不到应激的危害或者根本没有关注异常信号的意识。

飞行员必须要知道个人和身边人的应激习惯,重点要放在机组成员如何操纵飞机上,理解自己和他人在什么样的状态下能够做出有效的决策,同时要防止处于超负荷的工作状态。有些典型信号有助于飞行员识别出当前驾驶舱内是否处于超负荷的工作状态,如信息混淆、反应慢、易愤怒和判断决策受损等。当出现这些信号时,飞行员需要及时采取措施进行应对,尽量使团队调整到不忙乱的状态。

2. 掌握不良飞行应激的产生原因

导致应激的刺激可以是躯体的、心理的和社会文化的诸因素。但是这些刺激物通常不能直接地引起应激;在刺激与应激之间还存在着许多中介因素,如个体健康、个性特点、生活经验、应付能力、认知评价、信念以及所得社会性支持的质与量等,均可起重要的调节作用。应激产生的认知原因有以下几方面。

(1) 已有的知识经验与当前事件的要求不一致,或新异情境的要求是过去所未经历过的,会导致相当的压力而产生紧张的情绪。

(2) 已有的经验使人对当前境遇感到无力应付和无法控制,也是应激产生的原因。在紧急情境中,应激导致知觉狭窄,行动刻板,注意力被局限;抑制在正常情境下应付策略的变式选择,减少思维中可利用的线索,导致心理操作效率的全面下降。

飞行中出现应急情况时,飞行员的大脑通常会迅速对应急情况进行评估。如果依据其经验与心理准备程度,飞行员认为这种应急情况对自己不构成危险或危险不大,那么其情绪不会发生太大变化;如果飞行员认为应急情况危险性很大,又不知如何处置,那么他就会立刻产生过度紧张。飞行中常见的意外有:发动机突然停车,无线电通信故障,进入浓云中失定向,遇到雷、雨、风暴、冰雪,迷航,油量不足,与其他飞行物相撞,劫机事件等,这些都是飞行中的急性应激源。飞行中的意外事件往往是不可预测的,而且是高危的。飞行工作是在非常复杂的条件下进行的,在飞行过程中,容易发生紧急情况,使飞行员产生急性飞行应激。飞行中突然发生意外情况时,适度的飞行应激对于危机是必要的和重要的。但有时候飞行应激反应过于强烈,导致认知功能和行为操作紊乱,就会导致飞行重大事故。常见的影响飞行员产生不良应激反应的原因包括如下几个方面。

(1) 飞行训练或准备不足。如果正常的飞行情景发生重大变化而飞行员缺乏相应的训练,则会产生不适应。具体包括如下几种情况:一是不能判断矛盾信息,无法立即判断出哪些是正确和有用的信息;二是决策冲突,即应急情况对应多种处置方案,这些处置方案可能是矛盾的,并且每种方案可能有不同结果;三是信息和时间不足,飞行员自己感到处理应急情况所需的信息和时间缺乏;四是应急情况直接威胁到人机安全且又超出飞行员的排险能力,这时飞行员都会不自觉地加剧紧张,继而发展成为过度紧张情绪。

(2) 飞行技术不过关。飞行员的飞行技术水平是影响飞行应激的最为关键的因素。飞行员技术水平熟练,就能够很好地应对飞行过程中发生的意外事件,应对飞行应激事件。同时,飞行技术高超使得飞行员在遇到飞行应激时能镇静自若,保持头脑清醒,因为他们有较高的飞行效能感,相信自己的能力与技术,因此就能够很好地应对意外事件。如果飞行技术一般,就增加了飞行紧张,在飞行过程遇到意外事件,就可能失去控制,措手不及,不能够有效应对飞行中的意外事件。驾驶技术熟练的飞行员拥有超过正常飞行要求的操纵能力,当出现险情时,他们可用较多的精神储备稳定不良情绪、控制负面心理,并处置险情。对于驾驶技术不熟练、经验缺乏的飞行员来讲,一旦出现应急情况,首先主观上就会诱发不良应激反应。

(3) 生理病理性因素。民航的商用飞行,飞行员的一些生理病理因素,如昼夜节律、疲劳和疾病等也是重要的应激源。航空飞行中,尤其是国际跨时区飞行,会导致睡眠—觉醒—就餐的时间周期紊乱,构成一种慢性应激源,由此造成飞行员工作效率下降,思维迟缓,认知灵活性下降等。疲劳对飞行安全也是一种经常的慢性应激源,疲劳会使得飞行员心理耐受性下降,注意力涣散,心理不应期延长。在民用航空飞行中,短时间内需要完成多种工作的情况经常出现,工作量往往是超负荷的,不仅容易造成生理疲劳,也容易造成心理疲劳。疾病(如肠胃功能紊乱、高血压等)也会使得飞行员在飞行过程中产生焦虑、烦躁、情绪低落等,导致飞行质量下降,动作失误增多。

(4) 心理社会因素。很多心理社会因素,如人际关系局限、生活单调、家庭生活困难等也是影响安全飞行的重要因素,构成了飞行应激源。飞行活动是一项特殊的工作,飞行员的人际交往、特别是直接交往过于单一,范围狭窄,人员间通过语言、面部表情、体态表情等心理接触不足,使得他们的人际交流能力相互影响。在处理机组成员间、机组与地面指挥员间的关系时,容易产生不协调与不和谐,影响飞行情绪,危及飞行安全。由于紧张、频繁的飞行任务,飞行员在飞行结束后无兴趣和精力再进行其他活动,容易造成心理疲劳。再者,由于飞行工作的流动性大,飞行任务重,使飞行员无法将精力过多地投入家庭与私人生活中。因此,容易造成婚恋失败、子女升学困难、就业不理想、与家人交流不足等问题,由此引发焦虑、失落、愤怒等情绪反应。如果处理不当或长期未能解决,则可成为潜在的应激源。生活事件、家庭关系、人际关系等,也会影响飞行员的认知水平、情绪状态和飞行动机等,从而影响飞行员的心理和谐。家庭关系亲密、人际关系和谐,能够为飞行员提供一个安全的情绪与认知背景,使飞行员得以在积极的情绪状态中执行飞行任务。人际关系不和谐,有人际冲突等方面的问题,就使得飞行员在飞行中产生不安全的心理背景。在这样的情况下,带着不良情绪执行飞行任务,容易操作失误。尤其是当遇到意外事件时,就很难有效地应对危机。

(5) 人格因素。飞行员的不同人格特征会影响飞行应激。对于同一个紧张性事件,有的飞行员会看到更多的可怕结果,产生强烈的应激反应,而有的飞行员只会把它看作一种挑战,进而应对自如。拥有后一种人格特征的个体往往具有投入、控制和挑战的特点。投入意味着高度参与生活与工作;控制是指认为自己有能力控制生活变故和紧张事件,并采取行动去解决问题;挑战意味着能够把生活变故与应激事件看作一种挑战,具有人格的坚韧性。自信心强、性格外倾、情绪稳定性好、有较好的充沛性敢为性、自律性较高等性格特征,有利于飞行应激;而过度自我关心、焦虑、高敏感和高紧张度等性格特征则不利于飞行应激。另外,人格的动力性特征如需要、动机、兴趣、价值观与信念等也会影响飞行应激。

3. 飞行应激阶段划分与应激分类

如图 3-31 所示,在过低与过高应激的两端之间,存在一个最佳唤醒/激活区域,即中等强度的应激水平。在这个区域,飞行员的感觉敏锐、注意力集中,思维活跃且清晰、动作准确、反应迅速,飞行技能常超水平发挥,人的整个心理达到最佳状态,则能使飞行操作绩效达到最佳。因此,可把这个状态视为应激管理所要达到的目标,而把过高和过低的应激状态当作管理的对象,管理的主要方法是通过积极的心理调整尽量降低应激状态的消极影响。

3个阶段的知识提示人们,人不可能长期处于应激状态中,在经历一段时间的应激后,应有意识地调整一段时间,即有意识地利用抵抗阶段"修身养息",在飞行后的休息时间里应尽可能避免遭遇应激,如家庭纠纷、人际关系紧张等。很显然,应激的第3个阶段是每一个飞行员都必须避免的。

(1) 急性应激管理。飞行活动受情绪影响很大,而且直接影响情绪最有效的媒介是语言(包括语气、表情),苏联著名心理学家普拉托诺夫认为,在能引起人的情绪反应的刺激中,最重要的是语言,语言能比其他任何一种因素对人产生强烈的影响,并引起深刻变化。因此,飞行中指挥员、教员一句亲切的提示或询问会使飞行员精神振奋、心情畅快、操控飞机也仿佛更为得心应手。相反,如在飞行中经常受到急促的询问、提示或训斥,则会心情烦躁,甚至产生抵触情绪。不论什么原因引起的不良情绪都可能同飞行员神经、心理产生紧张叠加交织在一起,导致过度紧张、造成神经系统"破裂"。其中,飞行员个人的心理特点和调节能力起着很大作用,应有意识地利用各种场合和时机,进行积极的情绪感染,克服消极情绪影响。当产生过度紧张时,可采用积极的自我暗示进行心理调节,告诫自己不要紧张、问题能够解决,同时把全部精力集中到创造条件克服困难上来。如果杂念丛生,消极的自我暗示会使信心丧失殆尽。可见,积极的自我暗示是一种很好的镇定剂,它能在一定时间里降低对外界刺激的感受性,排除不利影响,使飞行员从高度紧张中得到解脱,充分发挥技术水平。

① 在感到紧张时,休息几分钟以便使自己恢复平静。这有助于飞行员降低当前的负荷过载,保持良好的后续精力以及识别应激产生的原因。

② 在可以预料的应激发生前有计划地做一次心理放松。例如,在到达一个不熟悉机场前:可首先复习一下机场信息、跑道方向、起落航线以及无线电频率;然后在工作负荷较低的间隙里花几分钟放松一下,并在心理上准备一下对可能出现问题的应对措施。

③ 在突遇应急情况时,不要老想危险情境的后果,应尽快地将注意力转向寻找解决问题的方案或途径,深思熟虑的决定产生后应立刻付诸行动。

④ 在进近着陆过程中发现飞机故障时,如起落架指示灯,应中断进场并复飞,加入等待航线。这样,飞行员就可获得较长的时间去处理故障,时间压力也会随之减轻。

⑤ 早作决定,在飞入不良气象条件目的地机场前返航或改飞备降机场。

⑥ 不要分散注意力,例如,在执行检查单时,要求乘客、教员或检查员不要干扰。

⑦ 不要随便中断或改变正常的航路。

⑧ 作好飞行延误的心理准备,应意识到着急于事无补、反而会增加自己的心理负担。应意识到飞行延误是寻常事,气象条件、飞机加油、检修与维护,甚至驱车去机场都可能导致延误。

⑨ 应对飞行各阶段的工作负荷和自己的能力变化了如指掌,以便自己做好心理准备。对于飞行各个阶段的工作负荷与工作能力变化曲线,每一个飞行员都应熟悉并掌握。

(2) 慢性应激管理。慢性应激是飞行员日常生活中的背景应激,涉及环境中的压力的累积作用。必须及时消除慢性应激效应,用现代医学模式管理健康,预防心身疾病,这也是民航医务人员对飞行员日常保健的内容,应付慢性应激的方法 包括如下几种。

① 生理学方法。降低应激影响的最简便方法是增加有助于健康的活动,如体育锻炼、散步、游览以及参加舞会、听音乐及短期休息。这些活动能使人感到健康、强壮有力,产生良好的自我形象,增加生活的信心。

② 心理学方法。应付慢性应激的心理学方法之一是情绪控制,改变工作态度和生活价值观。克服自己的局限、形成积极的生活与工作态度。不要对引起应激的一切因素都感到担忧,要努力将应激源置于适当的情境之中。要记住:一定的应激是有益的,也是必要的,气功、坐禅、冥想、生物反馈、音乐、文体活动等方法都可以起到情绪疏导的作用,如图 3-33 所示。

③ 营养学方法。减少或停止有害于健康的不良生活习惯,如吸烟、饮酒以及无规律、不科学的饮食习惯等。饮食标准要符合航空食品营养要求,有足够的营养,不可空腹或过饱飞行。

④ 医学方法。学习用现代医学模式,提倡自我保健,提高生活质量。早在 1948 年,世界卫生组织就提出了"健康是人的身体、精神和社会方面的完好状态,而不仅是没有疾病和虚弱",这一观念不仅看到了人的生物属性,也看到了人的社会属性。生物因素、心理因素、社会因素、环境因素等在人的健康和疾病转化中的作用越来越重要,有的学者预言,21 世纪将是大生态医学模式,并将健康定义为"健康是人的身体、精神、心理状态与其生活环境之间达到和谐和良性互动"。评价生活质量(quality of life,QOL)的指标包括健康感、身体症状、性机能、劳动欲望、感情状态、认识能力、社会活动、对生活的满足度。

此外,还可以采取环境措施来控制生活与工作环境。例如,通过精心设计,

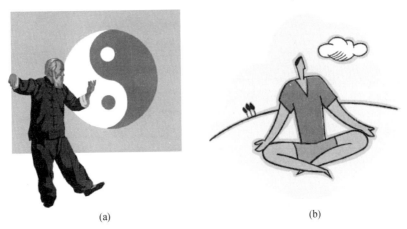

图 3-33　太极拳和瑜伽有助于身心放松

用好的环境措施改变自己的行为,以下的行为变化是可取的。

(a) 建立一个亲密朋友的支持网络,寻求社会支持。

(b) 学会较多的交际手段和方法。

(c) 学会肯定自我。

(d) 对别人和自己的不完美应持较宽容的态度。

(e) 学会并提高对环境应激源的洞察力,要分清能够改变的或无法接受的事实,要能够识别自己的缺陷。

慢性应激并非驾驶舱内直接管理的内容,但它与飞行安全紧密相关,这就要求飞行员了解这些常识。在正常情况下,飞行员应该仅用50%的工作能力便能够操纵飞机,将其余50%的心理资源储备起来,用以应付意外事件和应急情况,这就是通常所说的:"十分准备七分正常,留出三分给预防。"

飞行中的应急情况,大多数都是在飞行员毫无准备的情况下发生的,而其发生的性质、时机和可能造成的严重后果千差万别。对于飞行过程中的应急情况,能否及时发现、准确判断、正确处理,在很大程度上依赖于飞行员对飞机和飞行各方面知识与技能的掌握是否全面、准确。应急情况的处置成功与否,更取决于飞行员在整个应急情况处置过程中良好的心理状态、正确的决策策略、准确的处置程序和方法。作为一名成熟的飞行员,其技术素质得以充分发挥与具有良好的心理品质是分不开的,因为它直接影响着由素质到行动的转化过程。因此,如果没有优良的心理素质,飞行员的技术素质就不能迅速有效地转化为决策和行动,在应急情况下尤其如此。

(3) 生活应激管理。生活应激涉及面比较广,这就要求每名飞行员学习应激理论,掌握关于应激知识,对自己进行客观评估,采用系统的方法解决问题,通过改善个人的生活方式缓冲应激的影响,通过实践行为管理技巧,从而建立和维持牢固的应激管理支撑体系。常见的技巧和方法包括如下几个方面。

① 注意你的苦恼,不要掩饰问题。
② 知道什么事情让自己苦恼。
③ 知道应激对自己的身体产生怎样的响应。
④ 如果开始变得神经质或心烦意乱,尝试采用一些特别的方法。
⑤ 避免或完全消除压力源。
⑥ 缩短自己承受压力的时间。
⑦ 尝试休息一下。
⑧ 避免用夸张言语描述压力源。
⑨ 避免过度反应和用绝对批判的眼光看待事物。
⑩ 吃得均衡有营养。
⑪ 保持恰当的体重。
⑫ 劳逸结合。
⑬ 按时就寝,睡眠充足。
⑭ 促进互助的友谊和人际关系。
⑮ 追求现实的目标。
⑯ 预想一些挫折、失败和伤心事。
⑰ 和蔼友善对待自己。

4. 预防飞行应激障碍训练

偏差训练和模拟处置应急情况训练,是提高飞行员应激对抗能力的最有效手段。在应急情况处置准备中,如果局限于死记硬背,一到空中遇上情况就"抓瞎"。究其原因,除了与应急情况处置知识掌握的灵活程度及飞行经验有关外,缺乏有效的训练办法也是重要因素。据外军研究,经过 2~3 次面对危险情境的重复训练后,96% 的飞行员可有效减少消极心理反应。中国空军的研究也表明,新飞行员在首次进入起落航线模拟训练时,平均每架次出现"错、忘、漏"问题 5次,经过 9 架次模拟飞行后降为 0。心理学研究表明:人的大脑经视觉、听觉、触觉接收的信息量比从书本和文字中间接获得的信息量要高出 3~4 倍。因此,通过模拟训练,熟悉应急情况出现后的各种现象和相关数据变化,有利于提高飞行员的心理承受能力。此外,优良的心理品质与平时的培养、过硬的技术和坚定的事业心都有关系。归纳起来,飞行员应激对抗能力的主要训练方法如下。

(1) 意志训练。人的心理是以生理为物质基础的,心理的极限状态是通过生理的极限引发的。人的心理潜能具有有限和无限的相对性和统一性。具体到每一个个体,从现有水平看,它是有限的,但是用发展的眼光和它具备的潜在能力看,它又是无限的。这种有限性和无限性具有辩证的动态发展性,而这种动态发展性只有当个人的生理、心理极限升至最大阈值,并受到一定冲击时,功能才能得以延伸和增长。

① 在工作、学习和生活中培养不怕苦、不怕累的吃苦耐劳精神。给飞行员创造锻炼的条件,如克服困难,完成复杂、生疏、持久、超过自己能力限度的任务。

② 训练飞行员体验紧急和重要关头的情景,提高困难情况下冷静判断、果断决策和迅速行动的能力,增强毅力。

③ 通过体育活动,如长跑最后拼搏冲刺、力量练习等,有意识的锻炼飞行员的坚强意志。

(2) 表象训练。表象是指回忆或想象心理活动过程中不同感觉器官产生的各种形象。当清晰的表象再次经历时,仍能体验到与当时相似的情绪反应,这是表象的重要特征,是发展心理技能的有用工具。广义的表象包括记忆表象和想象表象,人感知客观事物后,其形象保存在大脑中,即记忆表象。记忆表象经人脑加工、改造、分解和重组,转化为新表象,即想象表象。两类表象均保持着感性、直观的特点。

应激反应有两种常见表现:一种是活动抑制或完全紊乱,甚至发生感知记忆的错误,从而做出消极的反应,如目瞪口呆,手忙脚乱,陷入窘境;另一种则是调动各种力量,活动积极,以应对紧急情况,如急中生智,行动敏捷,摆脱困境。在面对危急情境时,有时部分人会目瞪口呆,仿佛被"冻"住,这是因为认知资源有限,在复杂、多变的真实情境中、在有限的时间内,无法完成对该信息的加工与处理,因此外在应激反应为"目瞪口呆"。大脑是一个多通道、有限容量的信号处理器,它内置了时间限制,影响其在实时紧急情况下运行的能力。对外界信息的加工是在工作记忆中进行的,它有两个重要的限制:在任何时候只能保存这么多的信息(容量有限)和在最优条件下,高阶的认知至少需要 $8\sim10s$ 才能完成(速度有限)。认知任务越复杂,所需的神经回路就越宽广,所需要的处理时间就越多。而危急情境可能会进一步减缓信息处理速度,这有助于解释在灾难发生的关键阶段部分人反应迟缓或缺乏反应。

人的认知过程列序分为感知、理解、决策和执行运动;这个顺序中的每个元素都需要自己的时间来完成。在应急情况下,事件往往是不可预测的和快速的,一个人对正在发生的事件反应越快,他存活的机会就越大。认知加工理论认为,提前的准备与演练可以将复杂的认知操作(耗时 $8\sim10s$)转换为简单的认知操作(耗时 $1\sim2s$),从而提高反应速度。这一过程是所有学习行为的基础,学习驾驶飞机完成空中特技和学习演奏乐器一样,如果反应已经学会,大脑就不再需要深思熟虑或更高阶的认知来组成正确的图式,而只需要在一系列预先学会的反应中做出选择,从而节省认知资源,提高反应速度。

提前的演练除了能预先建立行动图式缩短反应时间外,本身也能降低个体的应激强度。个体对连续出现的相同或相似刺激逐步表现出习惯化是个体在进化过程中具有的正常适应能力。研究者发现,被试者能够对连续5天重复的压力情境表现出习惯化,即唾液皮质醇的反应越来越弱,对该场景的主观压力评分也越来越低。

从根本上说,心理活动是由客观环境的刺激引起的,能力是在实践中形成和提高的。要提高飞行员某一方面的应对能力,就必须创设足以引起需要这方面能力的主观体验的相应军事飞行危机情境,尤其是令人紧张急迫的情境。飞行员进行空中应急情况表象训练,通常可分为两步:一是先使身体处于完全放松状态,静下心来无杂念;二是想象飞行中应急情况全过程的表象,在大脑中对整个处置应急情况过程进行分解,逐步进行,尽量想细、想全,并把分解的各个动作过程结合起来,使整个过程前后连贯,能熟练地在头脑中经历整个过程。飞行员进行表象训练时应注意默想,力求逼真,而且不能遗忘和颠倒。

(3) 暗示训练。暗示就是运用能积极动员自己的语言、动作进行积极的心理暗示,以抑制一切消极的情绪杂念,进一步稳定情绪。

① 言语暗示。突然发生险情将导致飞行员产生适应性防御反应和复杂智力活动,前者对激活情绪有作用,后者对险情的判断和排险方法的实施起作用。飞行员在遇险情时通过内部言语可起到激励、强化信念、树立自信等作用。例如,对自己说"我很好,我没问题""我一定行"等内部积极言语来促进发挥自己的内部潜能;千万不要用"完不成任务怎么办""出事怎么办"等消极语言来暗示自己。如果飞行员杂念丛生,消极的自我暗示会使排险能力丧失殆尽。暗示语尽量用积极、简洁、投入、重复的语言,通常需要事先设计并经常练习。

② 动作暗示。飞行员在飞行中出现应急情况时,大脑会立即极度兴奋,很容易造成过度紧张心理,出现慌乱。如果此时处理问题,失误自然较多。在时间和条件允许情况下,利用一些动作把注意力稍加转移,如检查仪表、观察地标、深呼吸、活动身体等,用注意力的转移引导情绪的变化,缓解过度紧张后,再清醒地处理应急情况,成功的可能性就比较大。

(4) 认知训练法。认知是指一个人对一件事或某对象的看法,对自己、他人的想法,对环境的认知和对事情的见解等。认知行为治疗认为:人的情绪来自人对所遭遇的事情的信念、评价、解释或哲学观点,而非来自事情本身。正如认知疗法的主要代表人物贝克(Beck)所说:"不良的行为与情绪,都源于不良的认知。"依据此理论,可从调整飞行员对危急场景的认识入手,改善其在危急场景下产生的消极情绪。

对飞行员的认知训练主要可以从两个方面着手：首先，应训练提高飞行员的风险认知能力，促进其对任务中的各项风险做出正确的评估，从而避免不良情绪的产生；关于这一点，我们将在优化决策训练的章节进行重点探讨，因为风险认知不仅仅关乎情绪的产生，更是飞行员决策的重要组成部分，风险认知的缺陷会导致不正确的决策，机组成员没有足够的能力评估工作情境中的风险已经被确定为许多航空事故的原因，这也体现了综合性训练的原则。其次，在日常疗养中，可运用特定的心理疗养法，如正念减压训练等，减轻飞行员的知觉压力，以改善情绪。

正念（mindfulness）指的是全身心关注于当下，以一种不作任何评判的姿态来感知当下境况。正念训练有以下几项原则：不对自己的情绪、想法、病痛等身心现象作价值判断（non-judging），只是纯粹地觉察它们；对自己当下的各种身心状况保持耐心（patience），有耐性地与它们和平共处；常保初学者之心（beginner's Mind），愿意以赤子之心面对每一个身、心事件；信任（trust）自己、相信自己的智慧与能力；不强求（non-striving）想要的（治疗）目的，只是无为地（non-doing）觉察当下发生的一切身心现象；接受（acceptance）现状，愿意如实地观察当下自己的身、心现象；放下（letting go）种种好、恶，只是分分秒秒地觉察当下发生的身、心事件。

正念减压训练（mindfulness-based stress reduction，MBSR）是由卡巴特（Kabat）在正念的基础上提出的一种通过有效地自我管理来帮助个体适应压力事件的负面影响，减少压力、焦虑和抑郁等问题的心理干预方法，它通过改变认知过程实现对个体情绪反应的改变。

（5）极限训练法。极限训练法是指通过一定手段提升人的生理、心理极限的训练方法。军事飞行危机情境训练项目就利用高危情境的冲击性，帮助飞行员轻松适应空中可能面对的应急情况。

（6）情境训练法。情境训练法是指创设能引起人的某种主观体验的环境和情况，借以提高相应能力的训练方法。从根本上说，心理活动是由客观环境的刺激引起的，能力是在实践中形成和提高的。要提高飞行员的某一方面的应对能力，就必须创设足以引起需要这方面能力的主观体验的相应军事飞行危机情境，尤其是令人紧张急迫的情境，显然，情境训练法是必不可少的重要手段和方法。

（7）模拟机训练。模拟机训练可以演练应急情况处置程序，提高克服困难的心理品质，有利于培养应激对抗能力。通过模拟机训练，可以让飞行员在头脑里形成某些操纵动作表象，熟悉排险的程序动作。如果模拟应急情况训练与生物反馈技术结合,在训练过程中,通过随机设置应急情况,即同时监控飞行员生理心理指标的变化,进行有针对性的调节,对应激对抗能力的提高效果会更好。

(8) 空中适应性训练。在保证安全的前提下,根据飞行训练的目的和飞行员的知识技能状况,让飞行员在空中体验有关应急情况。该类训练能让飞行员体验到地面模拟所不能体验到的感受,如驾驶杆力、飞行速度、载荷变化等,这样更有助于培养飞行员的信心。

五、工作负荷的概念与等级

工作负荷(workload),又称工作强度或劳动强度,是指单位时间内人体承受的工作量。其中,工作量不仅包括劳动强度,还包括环境条件、社会和心理因素等对人体施加的影响。一般认为,工作负荷既应包括工作消耗的能量,也应包括工作的难度和复杂性。通俗地讲,工作负荷是指"分配给某人的、在一定时间内需要完成的工作量"。

按负荷承受时间的长短,工作负荷可区分为瞬间工作负荷和持续工作负荷。瞬间工作负荷是指人体在短时间内承受的工作负荷,持续工作负荷指人体在较长时间内承受的工作负荷。按负荷的性质差异,工作负荷又可区分为体力工作负荷(physical workload)和心理负荷(mental workload)。体力工作负荷是指人体在单位时间内承受的体力活动工作量,主要表现为动态和静态肌肉活动的负荷,心理负荷是指单位时间内承受的心理工作量,表现为认知、思维、判断或情绪等负荷,主要出现在追踪、监控和决策等不需要明显体力的场合。

描述驾驶舱内飞行员的工作负荷可引入一个简单的经验公式,即

$$工作负荷 = 任务数 \times 任务价值 / 可用时间$$

在上述公式中,飞行员所面临的飞行任务可划分为若干个组块或者单元,如操作任务、空间定向任务、无线电通信任务以及检查单任务等。任务的价值或者权重则是指任务的难易度以及它们的相对重要性。可用时间是指在当前的情境下容许做出的判断和实施决策的可用时间,也就是完成特定的任务或者多个任务的时间。显然,任务数越多,飞行员的工作负荷就越大;工作任务的难度越大或者越重要,那么,它的价值和权重也就越高,给飞行造成的压力也就越大,其工作负荷就越高。与此类似,在特定的情境下和特定的环境中飞行员能够用于完成任务的时间越短,飞行员的工作负荷也就越高,所承受的压力也会越大。因此,我们可以把驾驶舱的工作负荷视为若干个工作单元乘上任务的价值或者权重后再除以可用时间。虽然上述公式并不是绝对科学的定量方法,但仍有助于我们描述许多情境下的工作负荷问题。

工作负荷随不同的飞行状态而有所不同,飞行事故的发生往往是工作负荷超过了机组所能承受的能力。那么,如何提高机组的工作负荷能力?最重要就是做好工作负荷管理,在航班运行中机组要对环境压力和生理压力产生的工作负荷要有充分的准备,在运行中按照标准操作程序执行,做到合理的任务分工,提高机组资源管理能力。

最早研究工作压力对工作业绩影响关系的是 Yerkes 和 Dodson,他们于1908年提出著名的 Yerkes-Dodson 关系模型,该模型认为应激与业绩之间存在着一种倒"U"形关系,如图 3-34 所示。

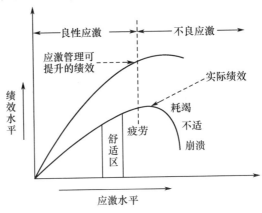

图 3-34 应激与绩效关系曲线

这个模型认为适度应激水平能够使工作绩效达到顶峰状态,过低或过高的应激都会使工作效率降低。良性应激上升到一个平台期的时候,工作绩效也是上升的;应激水平超过最高点以后即为不良应激,不良应激的发生会导致工作绩效下降。人在超负荷情况下容易产生操作忙乱,造成差错与事故;工作量少的情况则对应低工作负荷,低工作负荷使人厌倦无聊。

从图 3-35 中可以看到,最佳的情况是,飞行员通过自身努力和外力帮助,将应激维持在可控水平,低于疲劳点但又不至于过低,这样飞行员可以保持警觉,其工作绩效也较高。

根据对工作负荷的相对量化以及对飞行员工作表现的影响,可将座舱内的工作负荷划分为 5 个等级,既正常、偏低、过低、较高以及过高的工作负荷状态。

(1)正常工作负荷是指飞行员的警觉或激活水平处于适宜的状态。表现为思维清晰、反应敏捷及情绪稳定,工作的效率和准确性高。

(2)偏低工作负荷是指飞行员感到悠闲,活动减慢,宽心放松,这里需要通过交谈或联络保持警觉水平。

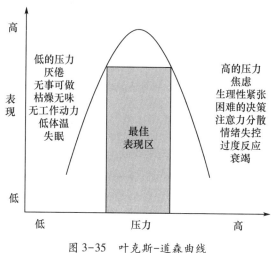

图 3-35 叶克斯-道森曲线

（3）过低工作负荷会使飞行人员情景意识下降，情绪厌倦，瞌睡打盹，出现疏忽性错误。

（4）较高工作负荷下飞行员会感到工作吃力、发生错误及动作量过大。也可能注意力集中在某一个方面却忽略对其他方面的监控。

（5）过高工作负荷下飞行员不能理智和富有成效地完成面临的复杂任务，飞行员自身的感受是精疲力竭。

工作负荷偏高或偏低，可以通过工作效率进行判断。在操作上，可通过行为表现和注意力变化进行，如表 3-5 所列。

表 3-5 工作负荷等级与行为表现

工作负荷等级	行 为	注 意 力	效 率
偏高	很强的情绪	注意力分散	行为能力差，失去控制
正常	警觉性高	选择倾向于变化、注意力集中	有效率和选择力、反应快
偏低	警觉性下降	注意力涣散、不能集中	创造性思维好、监控能力差
过低	困倦	脑海中浮现各种画面或做白日梦	能力差、缺少时间标准

六、工作负荷与资源管理

1973 年，D. Kahneman 开始对人的注意资源或容量概念[30-32]进行研究，他认为，作为信息加工主体的人类，存在着一组无差别的心理资源，类似计算机所拥有的内存，这就是所谓的单资源理论。在人的所有活动中，都不可避免地或多或少地动用着这种资源。活动数量或活动难度的增加都将提高心理资源的投入量,而后者是通过生理唤醒水平的变化诱发产生的。与计算机一样,人的这种资源是有限的。任务难度过大,所伴随的心理要求过大,这将导致资源供应脱节,从而导致操作效率下降。进一步研究认为,在从事多种活动时,人的资源会在各任务之间进行特定的分配。分配状况取决于当时各任务的特点及操作者的意图。在无法保持操作总绩效时,操作者可通过改变资源分配策略使特定活动的绩效不出现下降甚至提高。单资源理论认为唤醒状态的变化与一系列生理参数,如瞳孔直径、皮肤传导性以及脉率等的波动相联系。

单资源理论还指出,随着操作难度的增加,资源需求上升。当同时从事两个难度较大的活动时,会出现资源竞争的情况;通过资源分配策略的改变可使某活动保持恒定的操作水平。C. D. Wickens 认为,工作负荷可以通过资源需求与供应状况之间的关系来确定。当资源需求小于资源供应容量极限时,随着需求的增加,资源供应量相应增加,而剩余资源量下降,工作负荷变大。因此,工作负荷与剩余资源量成反比。当资源需求大于资源极限时,随着工作需求的增加,资源供应量不再增加,但操作绩效下降,这时,工作负荷与操作绩效成反比。

按单资源理论,从工作负荷、资源需求、供应及操作绩效之间关系中,把飞行员能力和操作绩效对应,把任务要求与资源实际供应对应,把安全余度与资源储存量对应,就可以发现,在起飞和降落期间,由于心理负荷增大,所需供应资源增加,使储备资源减少即飞行安全余度下降,操作绩效下降,便使导致事故的可能性增加。

七、工作负荷的评测

传统上对于心理工作负荷的评估一般可以分为两个类型:主观评定方法和客观评定方法。主观评定方法是操作者根据自己在操作中的工作难度、时间压力、紧张心情等的主观感受或体验对工作负荷水平进行评价的方法。心理负荷的主观评定方法主要有以下几种:SWAT 评定量表、Cooper-Harper 量表和美国国家航空航天局作业负荷指数法。另外,对于心理工作负荷的客观测定方法也有很多,这些方法主要涉及主任务测量技术和次任务测量技术及生理测量技术。主任务测量技术采用单任务情境,通过直接考察操作者或整个系统的绩效来评价特定作业的工作负荷要求,常用的指标包括作业准确性、反应时、漏失率和错误率等;次任务测量技术采用双任务情境,要求作业者除完成主任务外,同时完成一项额外任务、即次任务,通过考察双任务情境下次任务恶化的程度(相对于单任务)评价心理工作负荷;生理测量方法主张,人在从事各种工作时一定会伴有一定的生理功能变化和体内某些生化物质含量的变化,这种变化往往与工作负荷水平有密切关系,因此,通过测量个体在操作作业过程中的生理指标如心率、大脑皮层诱发电位和其他生化物质含量等,可以间接测量任务的工作负荷水平。

1. 主观工作负荷评定法

心理负荷可以从3个维度即时间负荷、心理负荷和心理应激负荷加以描述。具体描述时,这3个维度又各分为3个水平,用量表将上述3个维度各3个水平组成27种状况,要求被试根据状况的描述各想象一种实际事例与之对应,然后再按照实际事例之间心理负荷强度的两两比较结果将27种情况进行顺序排列。经统计分析,最后得到主观工作负荷评定法(subjective workload assessment technique,SWAT)量表值以及对应的状况描述。根据SWAT量表的描述,能够评定实际事例的心理负荷大小。

2. 生理测定

单资源理论模型表明,在对有效资源进行分配以满足工作需求的过程中,操作者的各种生理状态会发生若干变化。因此,适当选择自主或中枢神经系统活动进行测量,也是评定心理工作负荷的一种常用方法。

大脑诱发电位的变化对心理活动的某些成分(知觉/认知负荷)较为敏感,其中P300尤为敏感。P300是指刺激呈现后约300ms时出现的一个正向电位波动。J. B. Isreal在1980年研究评定空中交通管制中的工作负荷状况,他让被试者从事两项活动:一项是模拟的空中交通控制作业;另一项是字母辨认及计数作业。在后一项作业中,研究者以声音的形式呈现ABABBA…这样的一组刺激,要求被试者辨认并计数其中某一刺激(如"A")。研究发现,随着空中交通控制作业难度(工作负荷)的不断增加,由声音刺激诱发的大脑电位中P300振幅出现了持续衰减。

另一项指标是心率变异。正常情况下,人的心率模式是不规则的。这种不规则造成的心率变异有时可达10~15次/min。研究发现,假如操作者将注意集中到某个知觉中运动任务上,则心率的这种变异将下降,而且随着所处理的信号数增加(难度增大),这种变异将趋于消失。

3. 辅助任务测量

让操作者从事主任务的同时,从事另一项特定的辅助任务,这样能反映出主任务之后,剩余心理资源情况。主任务负荷越大,剩余资源越少,辅助任务的能力减弱。例如,记录搜寻作业要求被试者事前记忆一个字母表,然后在主操作时,呈现一个刺激,让被试者将该刺激与记忆表进行比较,辨认这一刺激是不是记忆表的内容,并做出是否反应,以反应时作辅助任务的效绩。许多研究表明,反应时的大小与主任务负荷有相当密切的关系。

4. 主效绩分析

根据单资源理论,随着作业难度的增加,操作者投入的资源量越来越多,剩余资源越来越少,心理负荷也随之上升。当操作所需的资源量超过特定限度时,由于资源供需的脱节将造成操作效绩下降。因此,对主任务效绩进行测定和分析,是评价操作者心理负荷的可选择方法之一。

工作效绩对心理负荷强度存在明显的依赖关系。例如,当人机系统中呈现的信息量较大时,操作者由于心理资源要求过大而处于应激状态。这时操作者往往难以同时完成对全部信息的感知和加工而出现感知信息的遗漏或错误感知,导致控制或决策失误。然而,当信息呈现较少时,如在雷达监视中,操作者会由于久久得不到目标信息的强化而处于一种单调枯燥、注意力容易分散的状况。这时,操作者会表现出反应时延长、反应敏感性较差,即使真的出现目标信息也很可能发生漏报。对于上述两种现象,分别称为"心理超负荷"和"心理低负荷"。在这两种情形下,操作者的工作绩效往往降低。只有让操作者从事中等心理负荷强度的工作,才能取得较佳的操作结果。G. Johannsen 在 1979 年将工作效绩与心理负荷强度的关系以一种假设的模型表现出来,以 TR 表示操作者在客观上要求的时间,这是操作要求(强度)的一种度量;TA 表示操作者实际能够提供的有效时间,它反映了操作者当时的工作能力是与操作以及当时其余工作(如果有的话)的强度有关。TR 与 TA 的比例是心理负荷大小的一种度量。当 TR 远大于 TA 时,操作者处"心理超负荷"状态。反之,当 TR 远小于 TA 时,操作者处于"心理低负荷状态"。

5. 生活事件应力剖面

为提高对应激源的认识水平,表 3-6 给出了完整的生活事件应力剖面调查问卷表,在过去的一年中你所经历的每件事及对应的分值在其中。生活变化单元总分是每件事的分值总和,总分与应力评定对比可检测出个人的压力指数。

表 3-6 生活事件应力剖面

生活变化单元分值	生活事件
100	配偶去世
73	离婚
65	夫妻间分居
63	刑期
63	亲密的家庭成员去世
53	个人受伤或疾病
50	结婚
47	失业

续表

生活变化单元分值	生活事件
45	婚姻和解
45	退休
44	家人生病
40	怀孕
39	性功能障碍
39	家庭成员增加
39	生意困难
38	财政状况改变
37	亲密朋友的去世
36	换了一个不同的行业
35	改变了合伙人的总数
31	房屋抵押贷款或贷款超过一定数额
30	丧失抵押赎回权
29	工作职责(岗位)改变
29	儿子或女儿离开家庭
29	法律纠纷或合伙人家庭纠纷
28	杰出的个人成就
26	配偶或合伙人开始或停止工作
26	你开始或结束工作
25	居住条件改变
24	修正个人习惯
23	与上级或教官有矛盾
20	工作时间或条件变化
20	工作住所变化
20	学校或教学制度的变化
19	教堂活动的变化
19	娱乐活动的变化
18	社会活动的变化
17	房屋抵押贷款或贷款低于一定数额
16	改变睡眠习惯

续表

生活变化单元分值	生活事件
15	改变大量家庭社会活动
15	改变饮食习惯
13	休假
12	圣诞节
11	轻微的违法行为

生活变化单元总分：×××

生活变化单元总分	应力评定/风险关联
000~099	很少或没有健康风险，日常的压力对抗
100~199	轻微的身体风险/情感变化
200~299	可能对健康有负面影响；必要的压力管理
300~399	健康风险可能性大；必要的生活方式改变
400~	高健康风险；必要的医学治疗

生活中有越多的改变，就会经历越多的压力，更可能出现健康下降。根据调查报告，150~199 分，37%的人在两年内健康上有变化；200~299 分，51% 报告健康改变；超过 300 分，79%的人产生的疾病在一年内有生命危机。

八、飞行工作负荷管理

工作负荷随操作阶段的不同而变化，从常规的飞行前计划和中途巡航，到低能见度仪表进场的强工作负荷。过低或过高工作负荷都是危险的，事故常常发生在工作负荷的要求超出了机组人员的能力时。应注意引起大多数飞机事故的阶段是起飞、进场和着陆阶段。这些阶段也是机组高工作负荷的阶段。如果在这些阶段出现注意力分散或不正常的事情，比其他时间发生事故的可能性更大。低工作负荷也可能对安全是一种危险。在长时间的巡航阶段，机组人员可能警惕性较差。甚低或甚高的觉醒都可使工作能力降低。

对工作负荷进行平衡以便在所有的飞行时间里和所有的机组成员之间得到较好的分配，不至于出现过高或者过低的工作负荷状况，这是机长的一项重要的管理职责。但作为机组成员来说，也应该清醒地认识到：虽然工作负荷的控制是机长的职责，但每一个机组成员也必须要能够接受分配给自己的工作负荷，并使机长成为整个工作负荷的备份，使他能够有精力对驾驶舱内的工作负荷进行全面的平衡。

工作负荷管理迫使飞行员思考他们的能力和在工作环境中的其他个人能力。改变了工作状态后,很多表现能维持在熟练的高水平。工作负荷管理有助于飞行员进行目标优选和提升职责能力。工作负荷管理训练指导个人从必要的活动中避开干扰,分散和管理工作负荷并避免个别任务超负荷。在高工作负荷期内关于优先行动和分配工作负荷的差错占机组协调差错的大部分。

1. 工作负荷控制措施

(1) 对环境压力和生理压力产生的工作负荷要有充分准备。要对飞机状况、身体状况、所飞航线和机场资料整个飞行活动中工作负荷的变化情况,做出有针对性的计划,这能够减轻心理负荷,有利于调整状态。

(2) 执行标准操作程序(standard operational procedure,SOP),记住关键应急程序,集中精力处理未预料到的事件。

(3) 合理任务分配,利用驾驶舱内的自动化设备则有助于使机组将机器能够完成的工作交给机载设备去做,从而达到降低人的工作负荷的目的,使机组能够将主要的精力用于处理亟待处理的问题上,这是将驾驶舱工作负荷状态控制在适宜范围内的一个有效途径。

(4) 确立优先,将书面工作、不必要的交流、信息的收集、简令等工作移到飞行工作负荷较低的阶段去进行,也是使工作负荷得到较好分配的措施之一。

(5) 要格外注意工作顺利时的警觉性,尤其是低水平负荷时,要通过交流提高情景意识水平。

(6) 识别注意力分散,注意力分散是个体分心因素干扰而将注意力指向无关刺激或脱离当前主要任务的现象,常发生在工作过负荷之时,它严重危及飞行安全,是工作负荷管理的重要内容。

(7) 应用短期策略。短期策略是飞行员和机组针对某次飞行或某一个特殊处境而制定的计划,可分为5个步骤。

① 识别问题并确认存在。
② 建立计划分清轻重缓急。
③ 校正计划,确信正确性。
④ 总结简令,明确每个人职责。
⑤ 监视,强化监视,询问和反应。

2. 行为激励

20世纪50年代,美国斯坦福大学的H. J. Leavitt教授在《管理心理学》一书中,对人的行为提出了3个相关的假设:第一,行为是有起因的;第二,行为是受激励的;第三,行为是有目标的。

勒温在研究需求系统和心理动力学方面,提出人的行为公式,即

$$B=f(P,E)$$

式中：B 表示个体行为；f 表示函数；P 是指人；E 表示环境。用数学术语来说，B 是 P 与 E 的函数。用通俗的话来说，行为随着人与环境这两个因素的变化而变化，即不同的人对同一个环境可产生不同的行为，同一个人对不同的环境亦可产生不同的行为，甚至同一个人在不同的情况下，对同样的环境也可产生不同的行为。勒温提出了动力场说，并把对个体行为的动力学研究推向对社会群体、组织的动力学研究，从而确立了他的"群体动力场理论"模式。

人的行为过程的这一基本模式对所有的人都是一样的。这一行为模式也适用于机组管理。在同样环境、同样工作负荷条件下，通过激励和目标意识能够改变个体行为，尤其在低负荷状态下，"安全意识"是对警觉的唤醒。因此，在控制工作负荷中，"安全常在"的目标指向能够将外部环境负荷转化为积极的心理动力。

3. 避免与克服飞行疲劳

飞行疲劳是指在一定强度的持续工作之后，人的主观上感觉疲乏、吃力，客观上工作能力降低的现象。疲劳可分为体力疲劳、脑力疲劳和情绪性疲劳。飞行过程中，随着飞行时间延长，飞行员需要消耗体力与精神储备来克服疲劳带来的种种不适。飞行时间越长，消耗也越大，如要维持正常飞行，飞行人员只能加大和加快精神消耗，直至精神储备用尽，此时如遇险情，就不易控制负面心理。

在飞行过程中，飞行疲劳主要症状表现在如下几个方面：感受性下降、注意能力下降、记忆力减退、思维迟钝、动作协调性降低、言语减少与兴趣性降低、睡眠紊乱等。产生飞行疲劳的条件较多，大致包括座舱环境、飞机性能、复杂气象与夜航、昼夜节律改变、生活节律改变、后勤保障不良、高寒与高温、习惯不良、飞行经验不足、飞行量大、睡眠休息不足、情绪因素、身体心理健康不良、自我负荷（饮食、饮酒、吸烟、用药、疲劳性娱乐等）。其中，飞行量、睡眠与休息、情绪因素应引起飞行员的高度重视。

常见的飞行疲劳的征兆包括如下几个方面。

（1）用力地眨眼。

（2）不情愿地打盹。

（3）不断打哈欠。

（4）参差不齐的短期记忆。

（5）神情恍惚，思绪缺乏组织。

（6）错过或错误执行例行的程序。

（7）精确控制的降级。

疲劳作为一种身心状态,具有明显的积累特征。疲劳大体可以分为3个阶段或3种程度,即轻度疲劳阶段、一般疲劳阶段和过度疲劳阶段。在轻度疲劳阶段,疲劳感相对轻微,劳动效率不下降或稍有下降;在一般疲劳阶段,劳动效率下降明显,可以为人所觉察,随着工作的进行,下降趋势愈演愈烈,但一般来说,这一阶段劳动效率的下降只涉生产的质量,产品数量的下降则不明显;在过度疲劳阶段,倦怠感强烈,工作曲线(以时间为横坐标)或者急剧下降,或者忽高忽低,之所以忽高忽低,是因为人力图维持原来所规定的工作进度,但这种情况不能持久,最终则是作业动作紊乱,使人感到一种病态而无法继续工作。

疲劳不仅来自工作过多的累积效应,也可能由于长期从事低唤起水平的工作,或者称为警觉不足。

乍眼一看,"无事可做"的操作者比处于超负荷情境下的操作者有更少的人因学问题。然而,长期的研究和事故分析都揭示出,在超低唤起环境下对警戒任务维持注意造成的危害与疲劳和在高工作负荷情境下对人类造成的伤害一样大,而且超低唤起也需要很高的心理努力,这反映在主观评价中。例如,几个研究已经发现生产线上的质量监督员——他们的唯一工作就是发现次品——表现出了高漏报率,这种情况需要警惕。

警觉不足的表现包括漏报、虚报等问题,在警戒时间增加时,漏报次数也会增加。相关研究已经发现了在信号和相关事件探测过程中造成绩效下降的关键的环境特征,这些特征包括如下几个方面。

(1)时间。要求操作者保持警觉的持续时间越长,漏报发生的可能性越大。

(2)事件显著性。亮度、响度、间歇和其他显著事件是很容易被探测的。微妙的事件,如在一个英文单词中的字母错误、线路板中的一个小裂缝,或者一束光的偏移等的探测会随着时间延长而出现更多的错误。

(3)信号比率。当信号以一个相对低的比率出现时,检测它们的出现是更需要努力的,而且它们被探测到的可能性也是下降的。一部分原因是对低比率信号的期望会使操作者适应了一个更保守的判断标准,而且出现的事件会作为刺激使操作者更好地保持唤起。当这些事件在数量上下降时,唤起也就降低了。

(4)唤起水平。在警觉情境中的一个问题是,很少有与任务相关的内部活动去维持信息加工系统工作,使之保持警觉或唤起状态以获得最优的知觉,操作者常常是位于倒"U"形曲线的左端,并且注意资源是递减的。就像预期的那样,进一步减少唤起的任何事情,如睡眠剥夺,对警觉操作都会有非常深的影响。

解决警觉问题可围绕如下4个方面采取措施。首先,值守或警戒时间不应该太长,并且应该给予操作者相当频繁的休息间隔。其次,信号设置要更明显些。如果漏报率高,操作者可能要通过奖励(正确地探测到信号有更高的回报)改变探测信号的标准或者改变对信号的期望值。然而,在一个信号(或目标事件)很少出现的情境中,有效地(和可靠地)改变信号期望值的唯一方式是引入虚假信号,即把陌生的目标刺激放在生产线上,或者有意在参加检查的行李中隐藏武器等。再次,采取措施维持一个更高水平的唤起。经常休息会维持高水平的唤起,就像摄入适量的兴奋物质(如咖啡因)一样。其他形式的外部刺激也是有效的,如音乐、谈心、太极拳和瑜伽活动等。但是要注意,不要使它们导致分心进而影响任务完成。最后,应该尽力避免操作者睡眠不足,因为警戒任务特别容易受到由于睡眠不足产生的疲劳的负面影响。

第六节 任务规划

在飞行安全领域,有这样一句名言"再差的计划也是经过深思熟虑的"。毫无疑问,这句名言是对计划、规划工作的充分强调。任务规划(mission planning)是在综合考虑任务要求和现有资源的基础上,生成完成任务的行动计划,为后续行动分配资源,确定行动起止时间,排除资源使用冲突,并对计划执行过程进行监控和适应性调整,确保计划的顺利执行。好的计划是成功的一半,计划既能促进任务的完成,又有助于保证飞行安全。尤其在快节奏的训练环境中,"早计划防止差表现"。在执行任务前,飞行员必须明确任务目标、目的和完成标准,并知道要完成的是什么,为什么这样做,能否正确完成任务,并进一步明确主要任务、任务阶段、可能发生的意外事件、所需时间和精力等。如果飞行前周密思考应急程序,飞行中的反应会更精准。

一、需求分析

随着现代飞机的发展,飞行员已由操作飞机向管理多项并行任务转变,飞行任务通常需要多人共同完成。驾驶舱里的并行任务会占用飞行员的注意力等认知资源、机组人力、时间等一切资源,如果资源分配不科学,就会影响飞行安全,导致事故发生。因此,任务规划成为影响飞行安全的重要因素。

任何人的信息处理容量都是有限的,一旦信息流量超过飞行员的处理能力,任何附加信息都会变成冗余。在多个任务并行的情况下,飞行员不仅需要具备完成任务的能力,而且需要具备管理任务的能力。有效的任务管理已经变成成功遂行飞行任务的关键部分。例如,应急情况的出现可能会导致机组资源不足,如果机组成员不能有效管理任务,错误分配可用资源到并行的任务上,可能会影响飞行安全,甚至导致飞行事故。

二、基本过程

任务管理是飞行员为安全、有效地完成飞行任务,对同时进行的多个任务进行资源分配的一种加工过程,这一过程反映了飞行员在某个具体时间点上如何进行监控、选择注意、建立优先等级以及应急情况处理等多种同时性任务的操作倾向。

随着飞机自动化水平的不断提高,现代飞机都装备了先进的驾驶自动化管理系统,自动化导航、电传操纵(fly-by-wire)以及玻璃座舱(glass cockpit)等先进技术设备已被飞行员和航空工业广泛接受。相应地,飞行员的角色也由原来的飞机"操纵者"转变为自动化的"管理者",那些即时即地的传统手动操作已经成为历史,取而代之的则是对多个同时性任务的有效监控和管理。然而,这种新型的驾驶工作特性一方面提高了飞行员的认知要求,增加了认知负荷;另一方面,飞行过程中经常出现的一些突发事件打乱了飞行员的程序化操作行为,使得他们的资源分配能力受到极大挑战,从而推迟或延缓了他们重返进行中任务的时间。因此,驾驶舱任务管理(cockpit task management, CTM)已经成为影响飞行安全的一个核心因素,如果飞行机组不能有效地监控和管理那些同时进行的多项驾驶任务,那么将会直接导致重大恶性事故或事故征候的发生。

事故调查显示,飞行员因操作疏忽、遗漏等驾驶舱任务管理方面的失误导致的航空事故已占整个人因事故的47%以上,1994年,在拉瓜迪亚(La Guardia)机场,机组由于没有打开空速管温度开关,从而致使一架客机在起飞前冲出跑道。1996年,由于机组忘记设定液压杆位置导致一架客机在休斯敦机场着陆时无法放下起落架。这些事故的一个共同原因是高技能、高经验的飞行员忘记执行一些基本操作步骤(如打开空速管温度开关、设定液压杆位置和设置襟翼等)。那么,到底什么原因导致了这些专家级飞行员发生这种疏忽和遗漏失误呢?相关调查发现,机组驾驶舱任务管理方面的失误不能简单地归结为飞行员的"粗心""自满"和"缺乏责任心",它在很大程度上反映了具体情境中人的认知过程对任务要求的固有局限。飞行过程中经常出现一些中断、干扰和意外任务要求。通常,飞行员并不认为这些新增任务要求能增加他们的工作负荷。事实上,每个新增任务都有竞争资源的要求,一旦有新增任务出现,必然会打破机组正常操作程序中系列任务的注意力分配平衡,使得进行中任务的资源优势逐渐下降。因此,飞行员重新返回进行中任务的可能性越来越小,从而导致疏忽和遗漏失误发生。系统分析驾驶舱同时性任务的属性和要求以及驾驶舱任务管理的影响因素,不仅有助于更好地理解飞行员疏忽、遗漏等驾驶舱任务管理方面的失误的发生机制，而且还能从实践干预角度为提高飞行员人因训练的效率和改善危险驾驶行为提供有效的理论支持和充分的实证依据。

正常飞行中，飞行机组经常同时管理多种任务。即使机组很好地实施了负荷管理(机组成员分担任务和按优先次序处理任务等)，每个飞行员也必须在同一时间完成两个以上的任务。尤其是在准备启动发动机、滑行、爬升、下降和进近阶段显得更加繁忙。经验丰富的飞行员在处理一些熟悉性任务时，通过必要的任务转换通常能够很好地应对同时性任务要求。即便如此，同时性任务管理也是机组失误的一个重要来源。因为控制加工是一个有限的认知资源，相应地，这将限制了飞行员同时注意多项任务的资源分配能力，以及记得完成所有任务要求的行为能力。为了促进飞行机组能更好地管理飞行任务的多重任务和同时性任务，1991年，Funk提出了如下驾驶舱任务管理的概念[30-32]：驾驶舱任务管理是指飞行员为实现整体飞行目标，在同时进行的多个任务中有选择性地注意其中某些任务的加工过程。它决定了飞行员在某个具体时间点如何选择执行任务的优先级，如何分配注意资源以及如何管理其他任务。随着驾驶舱任务管理研究的不断深入，包括航空领域在内的许多复杂技术系统领域都普遍接受了这一概念。

驾驶舱任务管理涉及系统(system)、目标(goal)和任务(task)3个核心概念。首先，动态系统是一个具有输入、输出和状态的客体。输入是物质、能量或流入该系统的信息；输出是物质、能量和系统信息的流出；状态是在某一特定时间内的系统属性集合。另外，如果状态是一个系统连续的历史表征，输入能够预测将来的输出和趋势。

复杂系统中的输入和输出连接的两个系统称为超系统。如果一个系统通过简单的系统输入和输出形成连接，那么，这个简单系统就称为子系统。例如，飞机系统将被定义为飞行员、自动导航仪、机身和发动机子系统的集合。然而这仅是一个"相对的"术语，因为不论它叫系统、子系统还是超系统，这都取决于研究者的观点。例如，如果飞机是一个系统，那么，自动导航仪就是一个子系统。如果研究者涉及自动导航仪，那么，自动导航仪就是一个系统，飞机就是一个超系统，自动导航系统中的自动保持电路就是子系统。系统行为是在时间间隔内的一个离散序列或一系列连续的输入、状态和输出值。例如，机身和发动机子系统组成的系统，行为可以定义为时间序列的油门设置(输入)、高度(状态)、声压仪(输出)。输入、状态和输出匹配系统行为。

功能是实现目标(如飞行任务、转弯要求的航向、在自动驾驶仪中设定目标航向)的执行过程。事件则是一系列的系统行为，在时间间隔末梢，一些状态成分会以显著的方式发生改变。例如,一个10000英尺处的事件由一系列飞机行为构成,每个事件在10000英尺高度值结束。系统目标由一系列期望行为构成,如果其中的一个行为被系统表现出来。那么,目标将会实现,否则将不会实现。任务是系统为了完成目标而必须实现的一种过程,是由人来完成的一种功能,它与机器截然不同(如在自动驾驶仪中设定航向)。任务包含一个或多个辅助系统或子系统的必要行为。例如,目标是为了达到航路点7,必须有一个飞过航路点7的任务。飞行员、座舱显示器、液压系统、发动机正好是完成飞行航点7的任务,以实现主系统(飞机)到达目标所需的辅助系统在航点7。这些辅助系统称为资源。换言之,任务要求资源来实现目标。

根据认知心理学理论,任务绩效依赖于可利用的认知资源。如果资源供给不能满足任务要求,任务绩效将会下降。在驾驶舱任务管理中,人们需要一些资源来决定如何管理这些任务。所有这些将会导致人们对有效任务管理要求的一些认识。执行任务时一个或多个系统或子系统的协调行为称为资源。每个任务的完成都需要一定资源,如果资源不到位,任务就不能圆满地完成或目标无法实现。驾驶任务需要各种资源。设备资源包括自动驾驶仪、收音机和显示器。人力资源包括机长、副驾驶、飞行工程师。由于资源是系统的,它们可以分解成简单的子系统。人力资源可以分解为个人感觉、运动和认知等层面。认知资源可以进一步分解成语言和空间资源。因为两个同时性任务可能需要同样的资源,这就构成了潜在问题。必要的资源行为与一个目标实现相兼容,也可能与实现另一个目标不兼容,并且一个或多个任务的绩效可能受到影响。也就是说,任务绩效被资源的可用性所限制。在有些资源中,如显示器或者手和脚,将表现得非常明显。但它对认知资源来说也是真实的。任务资源要求超过可用资源的情境称为任务冲突。

例如,在上述情境中,如果一个进近航路点获得空中交通管制的许可,那么这个设定和保持的进近任务才能实现。假设这个任务需要多功能显示器资源,那么,发动机显示器必然会陈列。假设首要电子系统出现故障,诊断和纠正这个电子系统故障的次要任务将起积极作用。如果,此时这个子任务需要电子系统显示模式同样的显示器资源,那么,这种资源限制将导致任务冲突,即使两个显示器可以同时用来完成这些任务。但是,由于认知资源的限制还有可能出现任务冲突。这个例子说明,在没有其他机组成员可以协助完成这两项任务时,他可能缺乏足够的认知资源来同时注意这两个任务,这可能会在完成一个或两个任务时发生错误。

为了更好地实现任务目标,1999年,Colvin提出了驾驶舱任务管理过程的一个视觉表征模式,如图3-36所示。由于任务期限内要完成任务目标的优先化,

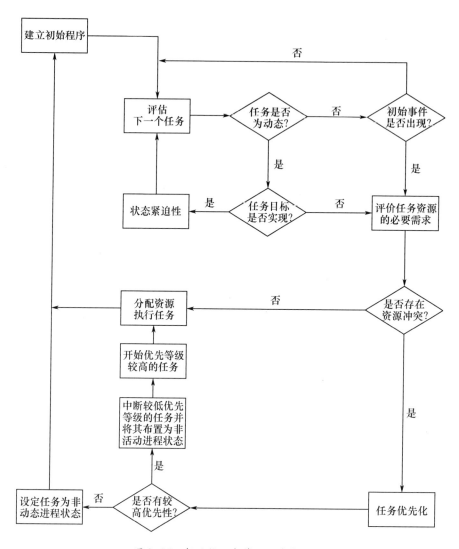

图 3-36 驾驶舱任务管理的基本过程

该理论提出首先要建立由任务和初始事件构成的一个初始议程。议程一旦建立,管理过程就开始,并且一直持续到这个任务目标被完成或者认为不可能实现。如果任务确定为不可能实现,那么,只有在飞机及其子系统达到安全状态后这个过程才被终止。这时,飞行员必须评估当前情境。为了确定是否有一个显著事件出现,与飞行及其子系统相关的所有因素必须被认真考虑。当初始事件出现时,飞行员必须启动可能发生在这些事件上的任务。接着,飞行员通过评估活动任务状态来确定实现任务目标的过程是否满意。每个任务的当前状态可预测目标实现的可能性。如果目标实现了,那么该任务状态则是满意的。基于这种评价,飞行员将结束实现或者没有实现目标的任务。由于环境变化,任务目标可能不相干。任务结束将减少资源分配的竞争性。飞行员通过优化活动任务,评估剩余任务资源要求来支配被要求的资源去完成他们,这包括该任务目标的紧迫性、其他任务的重要性和紧迫性、该任务的当前和预期状态以及其他任务的当前和预期状态。

三、主要内容

任务规划的目的是确保飞行人员更好地管理多重任务和并行任务,以改善飞行中人的行为表现。任务的管理过程主要分为如下几个环节。

(1) 启动任务——在条件具备的情况下激活任务。
(2) 监控任务——任务执行过程中时刻监视并评估任务的现状与进展。
(3) 评估任务——根据重要性和紧迫性,评估多项任务并确定执行任务的优先顺序。
(4) 分配资源——根据任务特点和实际,分配完成任务所必需的各项资源。
(5) 中断任务——为了给高优先级任务分配可用资源,中断次优先级任务。
(6) 重启任务——当资源变得可用或任务优先顺序改变时,重新开始已中断的任务。
(7) 终止任务——当任务已经被成功完成或确认无法完成时,终止该项任务。

任务规划主要考虑飞行任务、飞行环境、飞机、机组成员、飞行情景等。飞行任务包括本次任务的目标以及重点、起飞降落机场以及备降场等;环境指任务执行的气象情况、地形信息、飞行高度要求等;飞机包括飞机的机型、状态、使用注意事项、可能分散注意力的因素等;机组成员指各成员的能力水平、技术特点、应激情况、心理特点;飞行情景包括本次任务的航线阶段、编队信息、沟通问题等。或许上述因素并不全面,但可以为制定计划、分析以及组织任务提供思路。

例如,飞行前要确定飞行任务的目标。不管是训练飞行还是任务飞行,树立恰当的飞行目标是任务规划的第一要务。对于训练飞行要明确本次训练的总体目标、训练中的重难点等;对于任务飞行,要确定任务的作战意图、作战方向等。制定的目标应该是可实现的、可衡量的。可实现是指任务目标不能超出飞行员的个人能力,可衡量是指任务目标是否达成或达成的效果是否可以通过相应的手段检测出来。

四、关键环节

任务规划包含任务前的分析、规划和简令,任务进行中的评估以及任务后的讲评,主要环节涉及如下几个方面。

1. 地面预想

在地面围绕任务进行预想,详细制定各类设备的使用流程、飞机的操作流程以及紧急情况的应急处置规定和流程。机组人员可对历次同类任务中的风险进行搜集整理形成危险源列表,任务结束后,将任务执行过程中新识别的危险源进行总结,完善危险源列表。此外,还应对危险源进行评估,确定风险等级,制定落实针对性措施,进而规避和控制风险。如果任务过程中出现严重威胁飞行安全的情况,可终止任务。

把时间和精力放在分析和制定计划上是为了降低突发事件的发生概率。飞行员对突发事件总是本能地按照已有的计划做出反应。这些反应可能是对的,也可能是错的。飞行前对应急情况处置程序准备得越全面,飞行中对突发事件的反应越及时。换句话说,好的计划和分析可以减少处置突发事件时的不确定性。

2. 优化方案

机组人员首先要准确把握起降、进入空战等不同阶段的任务重点。例如,重要时机应关注的重点仪表,进入空战后,要保持视野向外,注意"动内不看外",熟练掌握紧急情况下的口诀与读卡操作等。

此外,优化方案的重点工作是根据任务的重要程度和紧迫性,合理确定任务的优先顺序。如果方案没有得到优化,会使次要任务优先级高于主要任务,导致先期执行任务阶段耗损过多资源,降低安全裕度。任务执行过程中,为了给高优先级任务分配可用资源,可临时中断次优先级任务。

3. 明确协同

如果每名机组成员在整个任务中的定位不清,任务执行过程中则会行为混乱,错失最佳决策或行动时机,导致机组整体效能无法有效发挥,进而影响到任务完成和飞行安全。

4. 下达任务

下达任务应明确与任务有关的各方面问题,并达到以下标准:阐明相关问题、清晰的逻辑、适当的细节、合理的备份计划、有问答时间,其主要内容包括:任务内容、目的和要求;敌情、我情、战场态势、任务环境和目标、电磁等情报信息;任务起止时间、活动区域、高度范围、气象条件等;飞行规则、安全规则以及实施限制;任务讲解、各类应急程序;地面指挥、空中指挥、任务协同;飞机、弹药、靶场、靶标、保障设备、器材等。

5. 飞行讲评

飞行讲评是指任务完成后,对机组行为进行分析评价,从而不断完善和改进飞行活动。飞行后的汇报讲评非常重要,通过讲评,机组成员能更好地准备后续的飞行。任务讲评的主要目的,首先是批判表现和处理矛盾,其次是给出每个机动动作和全部任务的成绩,每一条都会影响机组成员下一步的任务表现。

好的任务讲评应该能够提供正反两方面反馈,并加固经验教训。如果所有个体接受开放式的批判,促进沟通,理解什么做对了,什么做错了,下次飞行任务会飞得更好。

飞行后讲评的主要特点包括以下几方面。

(1) 交流时间相对充分,具有弹性,可长可短。
(2) 交流内容具有回顾性、总结性,交流语句属于完成时。
(3) 交流过程可连续集中进行,通常是一对一回应。

飞行后讲评与飞行前任务简令同等重要,其价值在于为改善以后的飞行和飞行安全奠定基础。飞行后讲评可以给每名机组成员提供学习机会,矫正自己的行为,避免再犯同样的错误。飞行后讲评的基本要求与技巧包括以下几点。

(1) 尽可能在飞行任务、程序或事件发生后立刻进行讲评。
(2) 应首先考虑自己应该改进的方面,然后对其他机组成员进行评价。
(3) 在指出不足的同时提出改进意见。
(4) 将发生的所有问题视为全体成员的问题。即使是某一个成员的错误,也应从机组找原因教训,并加以矫正。
(5) 对犯错误的成员不能施以责罚,发生的错误必须指出并加以讨论。
(6) 机组成员应抛弃一切偏见,端正态度确保有用信息被接受。

五、风险防控

风险是不安全事件发生概率及其后果的组合。它是对伤害的一种综合衡量,通常仅用于至少存在负面后果可能性的情形,它从偏离期望的后果或可能的事件中产生,其基本示意如图3-37所示。

风险防控的关键在于对未发生的安全事件进行预测分析,风险防控的对象具有很强的不确定性。常见的影响飞行安全的风险因素如图3-38所示。

1. 基本过程

军事飞行安全风险管理活动通常包括风险识别、风险分析、风险评价、风险应对和监督检查等步骤。其中,对风险识别、分析、评价和应对是最关键的4个步骤,如图3-39所示。

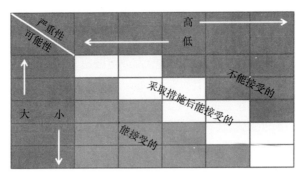

图 3-37 风险的严重性与可能性

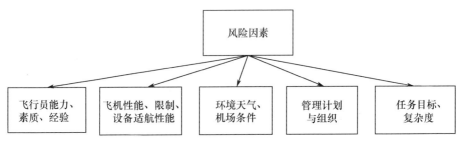

图 3-38 常见风险要素分析

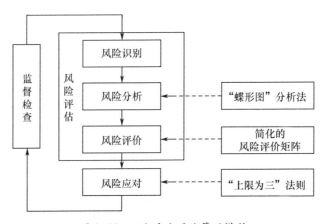

图 3-39 飞行安全风险管理模型

风险识别通过识别风险源、影响范围、事件及其原因和潜在的后果等，生成一个风险列表[33]。一般而言，风险识别需要全体相关人员围绕军事飞行任务所涉及的人、机、环境、管理等多个方面全面、有重点地进行。具体而言，针对每次飞行任务，风险识别应以飞行员为核心，抓住任务特点，突出关键风险，以满足风险管理的实时性要求。

风险分析要综合考虑可能导致风险的原因和风险源、风险事件发生的可能性与严重性、不同风险及其风险源的相互关系,通过定性或定量分析为风险评价和风险应对提供支持[34]。飞行事故通常是多个风险事件发生连锁反应形成的,因此风险分析的关键在于能否充分揭示不安全事件发生的可能路径及其控制流程,并为风险评价和风险应对提供依据。

根据国际民航组织的定义,风险是某一特定危险情况发生可能性与后果严重性的组合。风险评价是将风险分析的结果与组织的风险准则比较,以确定危险情况或风险事件的风险等级,从而为风险应对提供决策依据。

风险应对是根据风险评价结果,选择并执行一种或多种改变风险的措施。要做出合理的决策,一般要经过大量实践,并对人员、装备、环境、管理、任务、甚至社会因素等多方面进行综合衡量后才能确定。

2. 工具方法

风险管理既是一门科学,也是一门艺术,可供选用的工具方法也有很多。结合军事飞行任务突发性与时效性强、风险高的特点,站在系统工程的角度分析风险管理问题,本节提出"蝶形图"分析法[34]、简化的风险评价矩阵和"上限为三"法则,通过上述工具方法的综合运用能够提高风险分析、风险评价和风险决策的操作性和有效性,为微观层面的军事飞行安全风险管理提供理论和技术支持。

(1)蝶形图分析法。"蝶形图"方法,英文原称"bow tie methodology",最早于1979年由澳大利亚昆士兰大学的科研人员提出,近些年,在澳大利亚、美国等国家的军、民航领域得到了广泛运用。"蝶形图"将危险源、预防措施、风险事件、补救措施以及事件后果等要素以图形方式表达出来,能够有效揭示不安全事件的发生路径及其与安全管理之间的关系,如图3-40所示,其中危险源为可能导致人员伤亡、设备损坏、财产损失或环境破坏的状态或事物;顶事件是危险源释放后直接引发的风险事件;威胁是可能释放危险源、引发顶事件的各类事件起因;预防措施是防止某一威胁演变成顶事件而采取的各种方法或行动;补救措施是顶事件发生后防止其继续演化从而导致不良后果而采取的方法或行动;升级因素是能够对预防或补救措施产生削弱或破坏作用的各类条件或问题;升级因素控制措施是为防止升级因素产生负面影响而采取的控制措施;后果是顶事件经持续演变后所导致的最终结果。

"蝶形图"分析法既可由1人单独进行分析,也可由2~4人组成小组通过讨论进行集体分析。由图3-40可以看出,"蝶形图"分析法实际上是故障树分析与事件树分析的有机结合。由顶事件出发,从右到左经演绎分析得到导致顶事件发生的所有失效模式,即故障树分析,如图3-40左半部分所示;由顶事件出

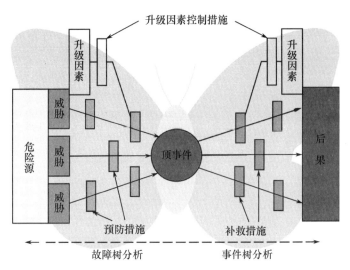

图 3-40 蝶形图分析示意图

发,从左到右按照事件发生的时间顺序和因果关系得到不同的结果,即事件树分析,如图 3-40 右半部分所示。具体分析步骤如下。

①根据系统的运行和失效模式,结合任务特点,确定影响活动安全的重点顶事件。

②以故障树分析模式辨识出所有可能导致顶事件发生的各种威胁、间接原因、直接原因,并制定相应的预防措施,绘制"蝶形图"的左半部分。

③以事件树分析模式确定由顶事件开始至可能导致后果终止的一系列演变路径,并制定相应的补救措施,绘制"蝶形图"图形的右半部分。

④识别出影响每项预防措施以及补救措施的升级因素,并制定相应的升级因素控制措施,同时绘制于"蝶形图"图形中。

(2)风险评价矩阵。为提高风险评价的操作性与效率,将风险等级划分为 3 级,高、中、低 3 级风险等级依次对应红色、黄色、绿色三类风险预警级别,如图 3-41所示,其中三类预警级别的含义如表 3-7 所列。

表 3-7 风险事件评价结果定义

等 级	预警级别	定 义
高	红色	产生严重影响,在现有条件下不可接受
中等	黄色	产生中等影响,需采取风险缓解措施后进行决策
低	绿色	产生微弱影响,风险可接受

对于每一起顶事件,风险管理人员在风险分析的基础上,可借助表 3-8、表 3-9 以及相关经验知识对风险事件发生的可能性和严重性采用定性的等级方式

严重性\可能性	灾难的	严重的	轻微的
很可能	高	中	中
可能	中	中	低
较少	低	低	低

图 3-41 风险评价矩阵示意图

进行赋值。得到风险事件的可能性与严重性等级后,将其输入表 3-41 所列的简化的风险评价矩阵,即可得到风险事件的风险等级。

表 3-8 风险事件可能性等级定义

等级	定义
很可能	发生的可能性很大,可以证实经常发生
较少	发生的可能性中等,可以证实罕见发生
不可能	发生的可能性很小,可以证实尚未发生

表 3-9 风险事件严重性等级定义

等级	定义
灾难性的	严重损伤部队战斗力;有人员伤亡、飞机严重损伤;无法完成重要任务;有广泛、长期的不良社会影响
严重的	轻微损伤部队战斗力;有人员重伤、飞机损伤;无法完成一般任务;有较大范围、短期的不良社会影响
可忽略的	临时损伤部队战斗力;有人员轻伤、飞机损伤;对完成任务有影响;有局部、暂时的不良社会影响

表 3-10 简化的风险评价矩阵

风险可能性	风险严重性		
	灾难性的	严重的	可忽略的
很可能	高	高	中等
较少	高	中等	低
不可能	低	低	低

(3) 风险决策准则。风险决策准则指导与风险管理有关的行动。这些准则始终贯穿作战任务和行动全过程。美军等发达国家空军有明确的风险决策准则,如"绝不接受不必要的风险、在适当的级别进行风险决策、利大于弊时接受

风险、将风险管理融于各级作战和计划之中"等。

对所有顶事件进行风险评价后,飞行员应选择并执行规避、消除、转移、保留等不同的风险应对措施。综合考虑风险承受度、相关法规要求,可选择如下军事飞行安全风险决策的准则。

① 若所有顶事件的风险等级均为"低",按照绿色预警的要求,则继续进行飞行活动以保留风险。

② 若出现1个以上(含1个)顶事件的风险等级为"高",按照红色预警的要求,则停止或退出可能导致风险的飞行活动以规避风险。

③ 若出现1个或2个顶事件的风险等级为"中等",按照黄色预警的要求,则采取风险缓解措施降低风险后继续进行飞行活动。

④ 若出现3个以上(含3个)顶事件的风险等级为"中等",根据人们直觉思维中"事不过三"反映的"量变引起质变"思想,同样停止或退出可能导致风险的飞行活动以规避风险。

通过定义"红、黄、绿"3个风险预警级别,上述准则可形象地概括为"红灯停、绿灯行、三盏黄灯等于一盏红灯"。这样既便于记忆,又提高了风险决策的操作性。上述准则可简称为"上限为三"法则,它不仅来源于人们日常生活中的直觉思维,而且有严谨的数学证明作理论依据[35-37]。

3. 实例分析

风险防控可以在宏观和微观两个层面进行。宏观层面的飞行安全风险管理,以一个单位(如航空兵团、场站等)为对象,其特点是系统、全面、多人参与、时效性不强。微观层面的风险管理,以一次飞行任务为对象,由一名或几名飞行员完成,其特点是简单易行、时效性强。

(1)组织层面的风险防控实例。某航空公司根据航线规划工作安排,计划新开通某条航线。开通之前,公司基于两点考虑决定启动新开航线的风险评估工作。航线到达的机场跑道比较特殊,共有7条跑道,而且相互交叉;该机场曾经发生多起不安全事件。此外,该公司缺乏复杂机场运行的经验。

为此,该公司开展一次组织层面的风险评估工作,主要包括评估前准备、确定评估内容、做出评估结论3个步骤和环节。

① 评估前准备。为做好这次风险评估工作,公司重点开展了两项准备工作。一是成立评估组。这次新开国际航线的安全风险评估,主要涉及部门包括飞行部、运行控制部、维修工程部以及安全监察部,这些部门的专家共同组成了风险评估组。以飞行部为例,专家组成员包括总飞行师、副总飞行师、机型总师以及安全质量中心风险评估员。二是收集安全信息。安监部获取了相

关空域的相关资料、到达机场的运行经验,重点收集了历史上该机场发生的严重不安全事件,一共11起,并对事件原因进行了总结。例如,2006年7月23日,一架美国联合航空公司的波音B737客机在该机场27L跑道上执行夜间起飞,此时,另一架美国亚特拉斯航空公司的B747飞机在14R跑道降落。结果,两架飞机差一点在27L与14R跑道的交汇处相撞。事件的原因是航空交通管制错误。

② 确定评估内容。这次风险评估充分借鉴了美国联邦航空局的风险评估工具,这一工具为风险评估提供了一个初步的参考,它共有38项评估内容,主要涉及机组资格与经验、运行环境以及装设备3个方面。

公司评估组通过召开风险评估研讨会,在借鉴美国联邦航空局风险评估工具的基础上,识别出4个方面的11项危险源作为这次风险评估的主要内容,这4个方面分别是:机组资格与经验、通信、地面滑行以及运行控制。

③ 做出评估结论。评估组通过研讨分析,在识别出11项危险源的基础上,确定了每项危险源的风险等级,并重点制定了对应的风险防控措施,每项措施都有明确的责任部门、责任人和完成时限。例如,机组搭配是一项风险因素,它的风险等级是"高风险",对应的风险控制措施是:执行该航线的第一、第二班机组,必须由具备报务检查员资格的飞行干部做责任机长,其他成员则由有报务单飞资格的报务教员、报务员组成。还有一项风险因素是"机场地面标志、记号、停止线、各种灯光的掌握情况",它的风险等级是"中等风险"。对应的风险防控措施是:制作专门课件,介绍跑道地面灯光以及飞机上各种灯光的使用方法,并组织飞行员认真学习,还要对学习效果进行监控。

最后,通过风险防控措施的严格落实,风险评估组通过会议讨论,做出结论:新开航线的风险已经降低到可接受的程度。

个体层面的风险防控实例如下。

以某战斗机飞行员在一次飞行训练前的风险防控活动为例进行说明。

首先,飞行员根据当时实际情况,综合考虑飞行活动所涉及的人、机、环境、管理、任务等风险因素,识别出5项主要危险源,即顶事件。

其次,运用"蝶形图"分析法对所有顶事件进行风险分析,其中飞行员"云中飞行进入不明状态"是一典型的顶事件的"蝶形图"分析结果如图3-42和图3-43所示,通过图示分析过程可得出10条预防措施、6条补救措施。这16条措施之间的逻辑关系通过"蝶形图"清晰表达出来,既便于飞行员理解,又为风险评价奠定了基础。因篇幅关系,其他顶事件分析从略。

再次,通过风险分析,飞行员充分掌握了5起顶事件的具体情况后,借助经验知识依据表3-7~表3-10便可以进行风险评价,具体结果如表3-11所列。

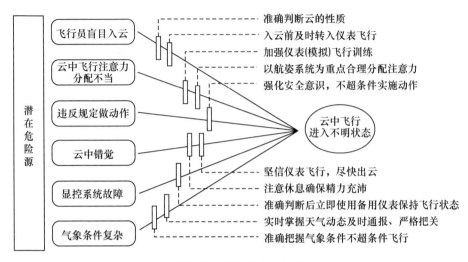

图 3-42 风险防范示意图

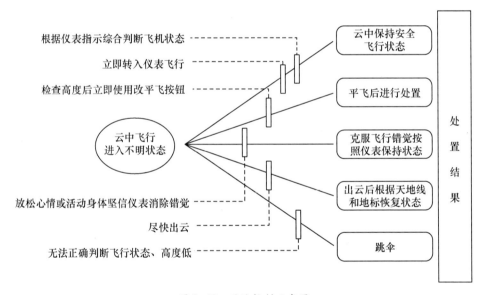

图 3-43 风险控制示意图

表 3-11 某次飞行安全风险管理活动的结果说明

序号	风险识别	风险分析		风险评价		风险应对
	事件名称	可能性	严重性	风险等级	预警级别	应对策略
1	云中飞行进入不明状态	很可能	可忽略的	中等	黄色	降低风险
2	飞机进入复杂状态	较少	严重的	中等	黄色	降低风险

续表

序号	风险识别	风险分析		风险评价		风险应对
	事件名称	可能性	严重性	风险等级	预警级别	应对策略
3	发动机空中停车	不可能	严重的	低	绿色	保留风险
4	低于安全高度飞行	较少	严重的	中等	黄色	降低风险
5	鸟撞飞机	不可能	严重的	低	绿色	保留风险

最后,依据风险决策准则,由于出现3起顶事件的风险等级为"中等",飞行员应选择"停止飞行活动、规避风险"的风险应对策略。

参 考 文 献

[1] Directorate of Defence Aviation and Air Force Safety. Australian air publication 6734.001-Defence Aviation Safety Manaual[S]. Australian Air Publication,2012.

[2] 托尼·科恩. 文化、环境与CRM[M]. 北京:中国民航出版社,2003.

[3] Dedale S. A. BRIEFINGS-A human factors course for pilots and aviation professionals course manual[M]. 中国民用航空总局,2000.

[4] 葛盛秋. 民航机组资源管理. [G/OL]. [2015-09-25]. http://blog.sina.com.cn/s/blog_62d0df5b0100frgc.html.

[5] 徐宝纲,李永平,童小兵. 机组资源管理[M]. 北京:清华大学出版社,2012.

[6] 陈力华,李永平,王悦. 飞行人因工程[M]. 北京:清华大学出版社,2012.

[7] 牟海鹰,张宏伟. 民航飞行员非技术技能结构分析[J]. 心理与行为研究,2016,14(2):241-246.

[8] 中国民用航空局飞行标准司. 机组资源管理咨询通告[S]. 北京,2011.

[9] 丁邦昕. 飞机驾驶学[M]. 北京:蓝大出版社,2004.

[10] 付国强,王昊鹏. 英国皇家空军飞行手册[R]. 长春:空军航空大学,2016.

[11] 周长春,谭鑫,陈勇刚. 航空安全管理[M]. 中国民用航空飞行学院,2008.

[12] 戴元光,金冠军. 传播学通论[M]. 上海:上海交通大学出版社,2000.

[13] 刘伏海,吴家庆. 传播理论与技巧[M]. 长沙:湖南师范大学出版社,1994.

[14] Kouzes J M,Posner B Z. The Leadership Challenge[M]. New York:John Wiley & Sons,Inc,2017.

[15] Daniel G. The Brain and Emotional Intelligence:New Insights[M]. Beijing:China CITIC Press,2012.

[16] 周政. 本能恐惧的神经环路调节机制研究[D]. 深圳:中国科学院大学(中国科学院深圳先进技术研究院),2018.

[17] 张伟,张海峰,杜竞一. 飞行学员训练过程中的典型心理应激及管理[J]. 安阳工学院学报,2018,17(06):1-3.

[18] 赵静. 军人心理因素与军事应激反应的研究[J]. 名医,2018(04):67.

[19] 人类战争心身应激——军事应激研究的新概念[J]. 第三军医大学学报,2018,40(05):362.
[20] 唐孟军,胡文东,马进,程珊. 应激条件下飞行能力评估及在飞行员选拔中的应用研究[J]. 航天医学与医学工程,2017,30(06):396-400.
[21] 祝筱姬,胡德忠,褚海波. 飞行应激对飞行员生理和心理的影响[J]. 航空航天医学杂志,2011,22(12):1447-1449.
[22] 张帅. 飞行人员的应激及其管理[J]. 科技促进发展,2011(S1):67-68.
[23] 韩适朔. 工作负荷对于机组团队情景意识的影响[J]. 消防界(电子版),2017(05):72.
[24] 胡乃鉴,田建全,王洪芳. 心理训练对战斗机飞行员军事应激损伤防护效果[J]. 中国健康心理学杂志,2015,23(08):1161-1163.
[25] 蔡荣荣. 军事应激对认知功能影响及相关机制研究进展[A]. 第四届全国痴呆与认知障碍学术研讨会及高级讲授班论文汇编[C]. 北京,2015.
[26] 张佳丽. 不同人格特质飞行员模拟飞行应激反应分析研究[D]. 北京:中国人民解放军医学院,2013.
[27] 束泱泱. 特情处置中的心理品质分析[J]. 民航经济与技术,2000(01):33-34.
[28] 李津强,马进,魏焕成. 军事应激及其防治措施综述[J]. 华南国防医学杂志,2014,28(02):194-196.
[29] 梁永志. 军事飞行训练中的机组资源管理研究[D]. 长春:吉林大学,2013.
[30] 于小龙. 飞行教学中机组资源管理模式应用研究[D]. 长春:吉林大学,2013.
[31] 田书婕,王波,王丽,等. 基于时间-多资源占用的工作负荷评估模型[J]. 北京航空航天大学学报,2017,43(12):2497-2504.
[32] 姬鸣. 任务优先及中断[D]. 西安:陕西师范大学,2012.
[33] 中国国家标准化管理委员会. GB/T 24353—2009 风险管理原则与实施指南[S]. 北京:中国标准出版社,2009.
[34] Gifford M J,Gilbert S M,Barnes I. The Use of Bow Tie Analysis in Ordnance,Munitions and Explosives Safety Cases[C]. The 2003 Equipment Safety Assurance Symposium,2003.
[35] 施雨,李耀武. 概率论与数理统计应用[M]. 西安:西安交通大学出版社,2005.
[36] Jay H. If nothing goes wrong,is everything all right[J]. Journal of the American mathematical association,1983(13):143-145.
[37] Jovanovic B D,Levy P S. A look at the rule of three[J]. The American statistician,1998(51):137-139.

第四章　训练实施

机组资源管理训练是指运用课堂教学、模拟飞行训练、团队活动、案例分析以及角色扮演等方式促进机组掌握有助于安全、高效飞行的知识,并形成相应态度和行为模式的过程。掌握机组资源管理的发展、概念和核心要素之后,为有效提高受训人员的非技术技能,还需要系统掌握机组资源管理训练的实施原理、步骤与方法。

第一节　训练阶段、方式与内容

CRM 训练的系统方法已经成功应用于航空兵部队、航空公司和其他行业领域,相关训练一般分为不同阶段、具有多种形式和丰富内容[1-6]。

一、训练阶段

有效的机组资源管理始于初始训练,通过反复训练和反馈进行加强,通过持续强化获得保持,这是普遍认同的机组资源管理训练的 3 个阶段。

1. 初始训练

在初始训练阶段,建立与机组资源管理有关的概念、术语和基本原理,并将它们与飞行中遇到的问题直接联系起来。通过这一阶段的训练,使受训人员确信他们就个人而言能从机组资源管理训练中获益,并积极影响受训人员对待人为问题的态度。

2. 反复训练和反馈

知识的掌握、观念的变化,对于机组资源管理训练而言仅仅是初步的。接下来,就要通过技能练习和实践反馈,强化训练效果。有效的反馈可以来自自我评价,也可以来自同事,还可以通过模拟器、训练设备和录像等辅助手段进行。

3. 持续强化

任何课程或训练,仅仅一次是完全不够的。一个有趣的例子是,人们在使用锤子时大多误伤过自己的手指,即所谓"一次性尝试学习"。通过这样的练习,人们虽然立刻就领会了锤子、手指相互作用的概念,并可能发誓决不再犯这样的错误。然而,在反复多次的实践活动中,人们很可能还会再次砸伤自己的手指。机组资源管理训练的历史发展也表明,期望少量、短期训练就扭转多年的习惯是不现实的。它应该融入飞行训练的每个阶段,并通过持续强化积淀为组织文化的组成部分。

在持续强化阶段,可以将飞行事故通过模拟机或视频手段再现,进行错误原因分析后,再进行正确操作演练。通过精准模拟事件情境、设备使用和活动内容,可使受训者产生真实感受与体验,进而在多次重复训练中产生条件反射,强化受训人员的心智与动作技能。毫无疑问,强化理论学习与实际操作是巩固机组资源管理训练成效的必须手段。

二、训练方式

人的不良态度和习惯不是一朝一夕形成的,也不能期望通过少量训练、简单训练就取得实质性改变。为提高训练效果,机组资源管理训练的途径和方式也是多种多样的,具体包括课堂讲授、CBT 训练、模拟机训练、实装训练、角色扮演和案例分析等。显然,这些途径和方式并不是独立存在的,在实际训练中往往是因材施教、多措并举。

1. 理论教育

理论教育能够使受训人员掌握机组资源管理的基本知识和基本原理,具体形式可以包括:知识传授、个案研究、观看视频、分析录音、问卷自测和学习讨论等。

2. 案例分析

案例分析就是选择典型的因机组资源管理缺失而导致的飞行事故、飞行事故征候或飞行应急情况,重点剖析缺失现象、导致原因、主要教训和成功经验,提出对策措施。案例分析不仅能反映受训人员理解理论知识的程度,而且能反映出受训人员运用理论知识解决实际问题的能力,有助于提高人员运用机组资源管理理论解决实际问题的能力。

3. 地面演练

没有人能只通过书本和教材就学会飞行,同样机组资源管理训练也需要体验式培训,各类地面演练就成为必不可少的训练方式。常见的地面演练通过运用徒步演练、座舱模拟、计算机网络系统等手段,设置不同情景、扮演不同角色,充分发挥地面演练中可随时暂停、多次重复、能够模拟空中多机态势的特点,演练标准操作程序、飞行简令、标准喊话、指令复诵和检查单使用,强化受训对象系统意识、角色意识、情景意识和任务意识,使其掌握应用工具的使用方法和技巧,为飞行应用打牢基础。

4. 模拟训练

模拟训练可使受训人员进一步加深对机组资源管理知识和原理的理解,并初步形成有关技能。例如,情景意识保持、注意力分配和转移、交流与判断决策等。具体实施过程中,可以将情境设置、角色扮演、个案研讨、观看视频、分析录音等形式融入模拟训练当中。

5. 飞行应用

目前,无论是国际民航组织还是世界各国空军的研发人员都达成了一个共识,即人的因素和机组资源管理训练不能从飞行技术训练中分离出来。这意味着,要将技术训练和机组资源管理训练进行一体化设计,也就是要进行机组资源管理的实装飞行训练,这是巩固并提升非技术能力的有效方式。

在实装训练时,准备阶段要有明确的训练目标和课目设置,同时辅以角色扮演、任务简令、表象训练等形式,训练结束后要利用训练过程的声像资料做飞行后讲评,借此清楚观察受训人员在遵守标准操作程序、决策、团队协作、领导与协作等各方面的表现。

三、训练内容

针对不同的训练对象,机组资源管理训练的内容也有所不同,对于飞行人员而言,机组资源管理训练应该包括如下内容。

(1)机组资源管理训练的概念、原理与发展。

(2)飞行安全文化、标准操作程序与机组资源管理。

(3)飞行中人的局限与表现。

(4)交流。

(5)情景意识。

(6)工作负荷与应激管理。

(7)判断与决策。

(8)领导与协作。

上面简要列出了机组资源管理训练至少应包括的主要内容,每项内容还要有其对应的具体内容。对于不同人员或者不同训练阶段而言,机组资源管理的训练内容可能有所差别,但其训练目标是一致的,即使受训人员获取与团队工作有关的知识并形成有利于团队工作的技能与态度,进而促进飞行安全。

第二节 训练方案制定

制定训练方案是开展机组资源管理训练的基础性工作,一份科学的训练方案至少应该有明确的训练对象、训练目标和训练评估方法手段。

一、训练对象

机组资源管理训练的主要对象是飞行员,以及与飞行员有经常重复性工作关系的其他人员。这些人员包括但不限于领航员、通信射击员、空中机械师、空勤学员、加油员、空中投放师(空中特设师)、空中乘务员等。

二、训练目标

有句话说得好,"假如你不知道要到哪里去,那么走哪条路都达不到目的地。"与传统飞行训练不同,机组资源管理以非技术能力培养为核心,主要目标包括如下几部分:一是帮助受训人员掌握影响团队工作表现的因素,以提高受训人员在工作中对这些因素的敏感性;二是提高受训人员对"人-机-环-管理-任务"等资源的管理能力,如人为差错管理、沟通联络、判断与决策、工作负荷管理、遵守标准操作程序等,以提高工作效率与飞行安全水平;三是形成正面积极的安全态度,去除消极、不利于安全的态度、行为及做法。

三、训练评估

训练评估是开展训练的必要环节,但是人的心理、行为以及态度往往没有数量化特征,并且随环境的改变而发生变化,精确测量受训者的机组资源管理训练效果并不容易。

通常,机组资源管理训练评估围绕反应、学习、行为以及组织影响4个方面进行。针对反应水平,可利用问卷调查评估受训人员对教员、训练内容、训练方式等方面的满意程度。针对学习水平,可评估受训人员是否获得新的知识,对训练内容的理解与掌握程度,以及对机组资源管理训练态度的改变。针对行为水平,可以检查受训人员在训练中学习的机组资源管理训练技能迁移到实际运行中的程度,评估应涵盖威胁与差错管理、交流、判断与决策、工作负荷管理以及情景意识等主题。在组织影响水平,可最终反映机组资源管理训练的有效性。该水平的评估包括对比训练前后相同或类似的人为差错、事故征候、组织的安全文化以及受训人员职业文化的变化等。评估方式除问卷外,还包括对训练过程的观察和反馈等。

第三节　常用工具

机组资源管理在长期发展中形成了一套行之有效的工具,即标准操作程序、标准喊话、飞行简令、检查单、指令复诵、交叉检查。这些工具是对标准操作程序的精简提炼，能够起到有效避免风险、降低错误率的重要屏障作用。这些工具的使用确保整个飞行过程更为井井有条，也能帮助机组更好地把控飞行节奏，避免在正常情况尤其是不正常情况下的慌乱。这些工具形成了一个有效闭环，能检验机组的每一个动作，每一步程序，从行为上有限避免了犯错的可能。

一、标准操作程序

人的局限性决定了人为差错发生的必然性，而标准化的过程可以有效弥补这些局限。标准操作程序(standard operation procedure,SOP)是完成某项任务的操作步骤和注意事项，它以统一、清晰的格式描述出来，用以规范和指导飞行操作活动。其内容只限规范正常情况下的操作活动，非正常及应急情况下的操作活动一般不列入。标准操作程序由专门机构负责设计并定期更新。

1. 作用

SOP 是在实践操作中不断进行总结、优化和完善的产物，其作用主要是把行业内成员所积累的技术、经验，通过文件的方式来加以保存，达到个人知道多少、组织就知道多少的目的，也就是将个人的经验(财富)转化为集体的财富。这样就不会因为人员的流动导致整个技术、经验跟着流失。反之，如果没有标准化，老飞行员离职时，他将所有曾经发生过问题的对应方法、操作技巧等宝贵经验装在脑子里带走后，新飞行员可能重复发生以前的问题，即便在交接时有了传授，但凭记忆很难完全记住。此外，没有标准化，不同的师傅将带出不同的徒弟，其工作结果的一致性可想而知。相反，如果各类人员执行共同的标准，就能防止出现协调、协同方面的差错。因此，设计标准操作程序的主要目的体现在储备技术、提高效率、预防差错和教育训练4个方面。

2. 编写

(1) 编写人员要求。编写标准操作程序的人员一般应满足如下要求。

① 操作好，有经验，有一定写作基础。

② 善于沟通，有团队精神。

③ 拥有专门的时间和相关资料。

(2) 编写流程。编写流程不是固定的，但通常包括如下几个步骤(图4-1)。

① 编写计划。该环节要明确标准操作程序的编号、名称、编写人、初稿完成时间、小组讨论时间及最终的定稿时间等。

② 讨论修订。一般组织装备设计人员、操作人员、装备维修人员、管理人员以及 1~2 名与岗位无关的其他人员进行修订讨论，目的是统一认识、达成共识。

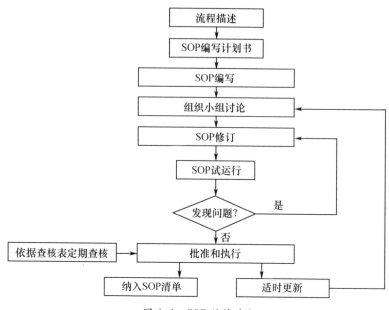

图 4-1　SOP 编修流程

③ 试运行。该阶段的目的是通过实践来检验标准操作程序的合理性和可操作性。

④ 适时更新。当工艺要求、设备状况等发生改变,或者一些操作方法得到改进时,要对标准操作程序进行评审和更新

3. 基本内容

标准操作程序基本内容应回答 8 个方面问题。

(1) 需要什么操作?

(2) 什么时机操作?

(3) 谁去操作?

(4) 根据什么进行操作?

(5) 如何进行操作? 即操纵动作的"向"(动作的矢量方向)、"量"(动作量的大小)、"时"(动作的时间长短)、"速"(动作的快慢缓急)、"力"(动作力量的大小)?

(6) 操作的标准是什么?

(7) 操作的信息反馈如何形成闭环、如何为连续性操作提供新的依据?

(8) 操作过程中,主操纵者与监控者之间如何配合?

在此基础上,还应明确自动设备使用、机组分工、检查单使用、标准喊话等基本原则、规则。

4. 衡量标准

衡量标准操作程序的基本标准如下。

(1) 具有适用性。满足规范要求;满足飞机使用规则要求;体现先进的机组资源管理理念;适应机组及其成员的实际状况;适应实际飞行需要;易于标准的自身管理。

(2) 具有可操作性。内在逻辑结构符合飞行进程;基本操作的阶段划分符合飞机座舱布局实际,按照一定的时间空间顺序实施;操作指令或建议结构合理,操作要领、标准清楚、规范;使用条件明确。

(3) 易于理解。概念、术语准确、统一;新概念及专用术语应适当解释;文字表述指向到位;兼顾使用者的文化背景。

(4) 机组职责划分明确。操作职责划分与机组成员在机组资源管理中的角色相符;符合飞机座舱结构要求;体现"均衡负荷、提高效率"原则;落实至每组甚至每条操作指令或建议。

5. 标准操作程序的执行

程序的执行应根据实际情况灵活选择,执行方式主要有如下两种。

(1) 背记默念式。将所有标准操作程序背熟记牢,在具体执行时一边默念、一边操作。这种方法执行标准操作程序,过程流畅、一气呵成,适用于长期只飞一种或有限数量型号飞机的飞行人员。

(2) 边念边做式。在具体执行标准操作程序时,一边念纸质版或电子版形式的程序、一边实施操作。这种方法执行标准操作程序,适用于在一个较短的时间内多种型号飞机混飞的飞行人员。

衡量标准操作程序执行情况,主要指标是规范性和熟练程度。执行标准操作程序,贵在标准和规范。规定的操作时机分秒不误,操作内容一项不少,操作要领一丝不苟,操作标准丝毫不差。程序执行流畅,机组配合默契,操作效率高,没有被检查单检测出来的差错。

二、标准喊话

标准喊话是飞行过程中座舱内部和空地之间进行有效信息交流的一种规范行为方式。对飞行状态、运行模式、关键参数等实施标准喊话,可保证机组共享相同的信息资源、状态认识和情景意识。

1. 标准喊话设计

标准喊话要求喊话者、受话方对喊话表达内涵具有唯一、正确的理解。设计标准喊话的专业术语必须规范、明确、简洁,防止产生歧义。标准喊话通常用表格形式确立,主要内容包括以下几方面。

（1）时机。明确飞行过程中何时、何种场景使用。

（2）发出指令、发起喊话者的喊话。明确做什么、发现了什么。

（3）受话方应对、应答。明确回答做到何种程度。

2. 基本格式

标准喊话格式中设置了发话者、回答者、复诵和执行情况等项目,为了防止说错、听错和理解错,要求回答者对指令性的内容和关键数据进行复诵。

3. 标准喊话使用

标准喊话应作为标准飞行程序的重要组成部分使用,机组作飞行简令时应对喊话内容、重点进行简述,增强适用性和针对性;标准喊话除通报飞机动态变化、偏差性质及偏差量外,还应预见飞机潜在的不安全趋势,进行适当提醒;喊话时,言语柔和、音量适中、态度诚恳,直截了当,不得拐弯抹角。

三、指令复诵

指令复诵是飞行过程中,机组成员、地面指挥人员发布或接收指令时,受话方对重要指令和通话内容进行重复确认的过程。指令复诵可以有效防止说错、听错、理解错,确保指令有效发送、准确接收、正确执行。

飞行中的空地通信,也需要一套通话的标准和规范。在这些标准、规范中,需要对术语、定义和缩略语做出具体的定义,对通话结构、通话基本要求、发音、标准单词、呼号的读法、通话、通信移交、许可的发布和复诵要求、无线电检查程序等提出明确的要求,对各种时机、功能的通话用语进行规范。

对于包含以下内容的指令,要求飞行员全部复诵。

（1）飞行员应向地面指挥人员复诵通过话音传送的放行许可和指示中涉及安全的部分,应复诵下述内容:空中交通管制航路放行许可;在进入跑道、起飞、着陆、穿越跑道和沿正在使用跑道的反方向滑行的许可和指令;正在使用的跑道、高度表拨正值、二次监视雷达编码、高度指令、航向与速度指令和过渡高度层。

（2）飞行高度指令、航向指令、使用跑道、航路放行许可、起飞和着陆许可,有关进入、穿越、占用使用跑道的指令和许可,应答机操作指令,高度表拨正值和无线电频率。

在管制过程中,地面指挥人员注意监听飞行员复诵的指令是否正确,尤其是是否与自己的意识指令、进程单指令完全一致。当飞行员或地面指挥人员之中的任何一方对某一个问题或指令产生疑问,应积极加以询问、证实。

地面指挥人员需要把握好一次通话内容的量。若一次发出的高度、航向、速度、进近方式、使用跑道、高度表拨正值等多个信息,机组很有可能抄收不完全或错误,复诵也容易出现偏差。一次通话时间过长,会影响其他飞机报告情况,多机指挥会造成无线电混乱和相互干扰。如果一次通话项目过少,势必增加通话次数,使频道拥挤。

指令复诵的基本要求包括语速放慢、语气加重、口齿清楚、完整复诵,以确认接收指令的正确性。如机组成员对收听到的指令有异议时,应再次进行核实(必要时换一种问法去证实),直到确认为止。指令复述完毕,应以航空器呼号作为此次认收结束的标志。

四、飞行简令

飞行简令是飞行某一阶段、某一动作实施之前,操纵飞机的飞行员自己或向机组成员复述、说明即将实施操作的意图、关键变化要素,即对某一动作的正常和非正常飞行程序、操纵要领、注意事项和机组分工进行简要复述,使机组成员明确各自的职责。飞行简令实质上是飞行前准备,与飞行前地面准备相比,更接近飞行实施,时效性、针对性更强。

1. 简令设计

任务简令应根据任务性质特点,并结合飞机手册、相关法规进行设计,以标准形式固定,并遵循如下原则。

(1)以时间为主线。简令内容以先后顺序安排,以飞行实施顺序为准,按照时间顺序逐次展开。

(2)以变量要素为主。操作目标以既定飞行程序中的变量性要素及临时性安排为主,一般不将常规性操纵程序、方法及飞行常量纳入其中。例如,在起飞飞行程序中,涉及机场气象信息、使用跑道、滑行路线等事先无法确定的信息,这些变量要素需要重点关注。

(3)正常与非正常情况兼顾。列出正常实施顺序的同时,一并列出常见的异常情况处置项。

(4)保持一定的开放性。根据不同的场景列出可选项或确定基本原则,供机组根据当时情况选定。

2. 基本格式

简令格式根据机型特点、飞行阶段、任务需要及空中实际情况确定。例如,某型运输机起飞前的任务简令主要内容应包括恶劣的天气条件及未来发展趋势、飞行调配的相关内容、不利的跑道条件、按最低设备清单放行项、中断起飞、起飞单发处置方法等。

3. 简令使用

任务简令必须通过正确使用,才能转化为安全驾驶行动。机组使用飞行简令,需要在实践中不断总结。基本的使用程序方法如下。

(1) 由主操纵者主讲与复述。在飞行中,拟实施下一段飞行的机组成员,谁主操纵谁主讲和复述简令,以保持角色的一致性。注意:在发动机工作的条件下,实施飞行简令前后必须交接操纵飞机。

(2) 主讲与复述内容应言简意赅、声音清晰。飞行中,主操纵者主讲与复述飞行简令内容应抓住要点、简明扼要、力求精炼,正常项按程序复述,防止遗漏;非正常情况和应急情况项的选取应紧贴实际,不可简单照搬。内容的操作性指向应十分明确,操纵什么、如何操纵、达到什么标准一一交代清楚;即使涉及标准格式之外的内容和变量,也以操作性语句表述,一般不阐述概念和理由。

(3) 边讲边听边做。机组成员均应按照简令的程序与节奏,边讲边听边实施预设、检查、确认等操作。

(4) 与标准操作程序或最新信息不符时,机组成员应及时通过交流达成共识,否则不得继续后续简令。

五、检查单

飞行检查单是以简洁的排列格式、严谨的逻辑程序、精炼的处置要点,为机组提供核实正常情况下运行操纵飞机的状况,处置非正常情况所必需的关键步骤和重点信息。使用飞行检查单的目的是建立标准的操作方法,对必须完成的程序进行交叉检查,确认其准确性,预防和纠正人为差错。

1. 检查单的设计

检查单分为"正常检查单"和"非正常检查单"。

正常检查单通常按飞行阶段划分、主要用于核实某些关键程序和步骤完成情况。设计要求:检查项目完整;使用参数准确;操作程序规范;职责分工明确恰当;秉承飞机设计思想;有利于降低机组工作负担。

非正常检查单又分为"记忆项目"和"参考项目"。"记忆项目"是必须靠记忆完成的关键动作,"参考项目"是边念边操作的动作。

2. 基本格式

正常检查单格式主要按照飞机地面检查、开车前、开车后、起飞前、上升、航行、下降、进近等阶段确定,每个阶段明确读单人、检查人、监控人和有关问题说明。

3. 检查单使用

机组在完成所有相关程序项目后,均应使用正常检查单进行核实确认。滑出前,由机长发令做检查单。滑行、飞行中,由主操纵者发令做检查单,机组成员负责各自责任区内系统控制和核实,并回答完成情况。当回答与检查单不一致时,必须停止检查单进程,确认以后再继续进行。

非正常检查单在飞行轨迹已经控制、飞机未处于起飞或着陆关键飞行阶段、所有"记忆项目"已完成的条件下使用。由主操纵者发令做非正常检查单。"记忆项目"由监控操纵者念出、完成相应动作,主操纵者重复回答。"参考项目"由监控操纵者念出,机组成员负责各自责任区内系统控制和核实,并回答完成情况。

检查单无法包含所有不可预见的情况,尤其是多种设备失效的情况。在这种条件下,机长必须进行综合判断,可以超越检查单项目,采取最安全的措施处置。

使用检查单的基本要求:注意力高度集中;检查内容完整系统;控制和核实动作准确;检查单念出与回答口齿清楚。

六、交叉检查

"航空百年,安全飞行的经验有很多。其中,交叉检查是加强个人和团队安全监控的标准策略。它既是集体型的错误检测工具,也是机组进行错误管理的职业工具。它之所以很有效,就是因为有句'旁观者清'的老话,别人比自己可能更容易觉察到一些错误。"老教员说,"说了这么多,你们只需要记住两句话:一是神仙都会犯错;二是交叉检查好。"

交叉检查,英文称为"CROSS CHECK",意思是机组成员间、设备间、机组和空中交通管制员(air traffic control,ATC)间进行相互检查及证实。

德克萨斯大学的研究人员观察了3500个航段后,得出了如下错误率:72%的飞行至少有一个错误,平均一次飞行有两个错误,85%的错误未造成任何后果,15%的错误对飞行有影响,违规或不按程序操作占错误总量的54%,常规程序错误占29%。所以说,在飞行中,谁都可能出错,任何人都要避免盲从和过度自信。有人对93起重大事故的原因及其所占比例进行过统计,其中"第二名机组成员交叉检查不充分"占26%。

强调交叉检查的理论基础是,凡是人都会出错;交叉检查是对人的注意力单通道性的最好弥补;别人比我们自己可能更容易地检测到一些错误。机组资源管理强调机组成员为一个整体进行工作,它可以保证机组不至于因个人失误导致整体出差错。交叉检查的实质,就是检查主体充分利用尽可能多的判断手段,对检查客体(其中也包含另一主体所做的动作及因此而收到的效果)进行证实性核查,力求发现不妥之处,并及时加以弥补,以确保飞机在安全裕度内运行。

做好交叉检查,需要做到以下3点。

(1)落实"标准喊话"。机组人员之间相互交叉检查,如若借助"标准喊话"

这种载体,将显得更加富有生气,纠正错误也更为顺理成章。当动设备、改变飞行状态或飞行方式,且条件允许时,都应进行"标准喊话",以唤醒机组其他人员同步实施交叉检查,将可能发生的错误消灭在萌芽状态。

(2) 对机组他员的动作保持警醒。机组成员之间,要相互依赖,但不能相互迷信。特别要注意驾驶舱内权力梯度太陡,机长是干部、教员、老同志或者个性较强,而副驾驶是新员的情况。在这样的机组搭配下,机长对副驾驶的操纵动作、监控起来肯定是实打实的交叉检查;而副驾驶对机长的动作,往往是赞赏多于评判、模仿多于检查,即使是发现了不妥之处,也只是小声提醒。实际上,在机组内部,每位飞行员都是另一位飞行员的备份,要及时验证对方的动作并随时准备接替主控飞行员的职责,这是飞行安全所必需的。

(3) 实时监控飞机状态变化。飞机各系统工作的可靠性并不都是绝对的百分之百的,因此对飞机的安全运行要实行全程、无隙监控。当主控飞行员因某种客观原因需要暂时减弱对某一部分的监控时(如处置应急情况、绕飞复杂天气等),要明确将这部分的监控职责完整地移交给另一位飞行员,防止出现监控"真空"。要充分利用驾驶舱资源、交叉验证各仪表的指示信息,避免因某一设备的失效性指示而导致飞行陷入危险境地。

参 考 文 献

[1] 杜俊敏. 人为因素与飞行安全[M]. 北京:北京航空航天大学出版社,2016.
[2] 葛盛秋. 民航机组资源管理. [G/OL]. [2015-09-25]. http://blog.sina.com.cn/s/blog_62d0df5b0100frgc.html.
[3] 术守喜,马文来. 人为因素与机组资源管理[M]. 北京:北京航空航天大学出版社,2015.
[4] 中国民用航空局飞行标准司. 机组资源管理咨询通告[S]. 北京,2011.
[5] Directorate of Defence Aviation and Air Force Safety. Australian air publication 6734.001-Defence Aviation Safety Manaual[S]. Australian Air Publication,2012.
[6] Dedale S. A. BRIEFINGS-A human factors course for pilots and aviation professionals course manual[R]. 中国民用航空总局,2000.

第五章 典型案例

案例是典型事件的调查材料,是从实际工作中总结出来的、有代表性的、普遍适用的、具有示范与启发效应的事件。它是一个实际情境的描述,包括一个或多个疑难问题,同时也包含解决这些问题的方法。案例教学是借助现实典型案例,引导学习者对特定情境下疑难问题进行分析讨论,从而启发解决问题的创造性思维,提高学习者解决实际问题能力的教学活动。

飞行事故案例分析坚持以学员为主体,以个体探索和与他人讨论解决问题为基础,以自主学习、合作学习、研究型学习、创新性学习为核心,以提高思维、决策和解决实际问题能力为目标,以高度的拟真性、灵活的启发性、鲜明的针对性和师生的互动性为特征,体现了现代教育思想的价值意蕴和客观要求,有利于教学观念、目标、内容、方法、评价等方面的一系列变革和新型师生关系的建构。在机组资源管理训练中开展案例分析,有利于提高学员分析解决实际问题的能力、转变学员的学习方式、启迪学员的灵感和智慧、提高学员处理人际关系的能力,也有利于提升教员的教学能力水平。

第一节 1977 年荷兰航空与泛美航空特内里费空难

一、事故概况

1977 年 3 月 27 日,荷兰航空公司一架 B747 飞机和泛美航空公司的一架 B747 飞机在西班牙特内里费(Tenerif)群岛的机场跑道上相撞,造成 583 人死亡[1-4]。

二、机场与天气情况

加纳利群岛是西班牙的海外属地,位于北非西部国家摩洛哥外海 250 海里左右的大西洋上。该群岛虽小,但位于热带,旅游业发达。长久以来,该群岛一直是北部的欧洲人在冬天南下避寒的度假胜地。此外,该群岛地理位置很重要,是南北美洲的游客进入地中海地区的门户,因此,每年飞往加纳利群岛的旅客非常多。加纳利群岛上有两个机场,分布在两个相距不远的岛上。其中一个机场位于西班牙的 Tenerif 岛,即发生两机相撞的洛斯洛德奥斯机场。洛斯洛德奥斯机场于1941年投入使用,设施十分简陋,这里没有监控地面飞机的雷达监控器,跑道中央的照明灯已损坏。机场每年的旅客吞吐量为400万人次;另一个是拉斯帕尔马斯机场,每年的旅客吞吐量比前者更大,达450万人次。

加纳利群岛是西班牙殖民地,这里的官方语言是西班牙语。而在世界民用航空中,各国机场和通信联络的通用语言是英语。加纳利群岛的居民一般不会说英语,当然机场工作人员是例外。

事发前,整个机场被大雾吞了下去,能见度降到300m,航管员无法看到他们指挥的飞机。如果天气晴好,这起事故应该不会发生。

三、事故经过

1. 爆炸事件引发机场秩序混乱

1977年3月27日,拉斯帕尔马斯国际机场大厅的花店发生了爆炸,爆炸本身没有造成什么重大伤亡,爆炸后一个名为"加那利群岛自决独立运动"的恐怖组织很快发表声明,称他们就是爆炸事件的主谋,对此次爆炸事件负责,而且他们还在机场里安放着另外一颗炸弹,准备引爆。在这种情况下,航管当局与当地警察被迫对机场封闭疏散和检查,航管单位迫于无奈,只好将所有原定要降落在拉斯帕尔马斯的国际航班全部转降到隔邻的特内里费岛洛斯洛德奥斯机场。他们要在那里先等候一段时间,等炸弹拆除后,再飞往拉斯帕尔马斯国际机场。这一突如其来的情况,导致洛斯洛德奥斯机场一时间停满了被迫转降而来的飞机,造成机场秩序混乱,这也为隐患埋下了伏笔。

2. 两架飞机在机场滞留

当天下午14时30分,警方已经宣布清除了炸弹。荷兰皇家航空公司的飞机正在滑行道上加油,加油需要30min。这架荷兰航空公司的B747飞机在准备起飞之前,机长在计算了飞机重量后,认为可以再加2.1万加仑汽油,以便在飞抵荷兰首都阿姆斯特丹之后,无须在那里再加油就可以飞回拉斯帕尔马斯机场。因此,本来可以早早起飞的飞机被推迟了起飞时间。

加油后,西班牙警方在没有说明理由的情况下,让飞机又停了超过2h。

3. 美国飞机错过C3出口,挡住了荷兰飞机的道路

美国泛美航空公司的飞机是以机长的名字命名的,称为克利伯·维克多号飞机。机长维克多,是一位经验丰富的驾驶员。他已有32年的驾龄,在第二次世界大战期间,就已经开始驾驶飞机在空中翱翔了,人们给他起了一个美名"铁鹰"。"铁鹰"维克多十分喜欢这架飞机,对它的操纵可以说是得心应手,万无一失。无论起飞还是着陆，他都能驾驭自如，十分平稳。

机长维克多征得管制中心调度员的同意后，飞机开始离开候机楼向跑道前进。当天 17 时 02 分，航管员向泛美航空公司的飞机发出指示，让它紧随荷兰航空公司的飞机在跑道上滑行。泛美航空公司的飞行员得到指示，要在第三个出口转向。

洛斯洛德奥斯机场很小，只有一条跑道和一条滑行道。在滑行道和飞机跑道之间，有 4 条通道可以进入机场。飞机太多，只能停在滑行道上。为了到达起飞位置，所有飞机必须使用跑道。

相撞前 4 分 46 秒，美国泛美航空公司的机组正在利用一张小地图寻找 C3 出口，但是这张地图上并没有清楚的标记 C3 的位置。他们沿跑道滑行时，从飞机驾驶舱的窗户往外看，试图在经过转弯处时，数清楚经过了几个出口，首先是 C1 出口，然后是 C2 出口、C3 出口。泛美航空公司的这架维克多号飞机继续在跑道上滑行，在它的左侧已经看到由跑道转向滑行道的岔路口，在飞行图上标记是 C3。这是专门为必须迅速离开跑道的飞机使用的。

美国飞机的机长为什么没有转向呢？C3 只允许飞机在一个很小的角度里进行一个难度很大的转弯。因此，泛美航空公司的机长维克多没有进入这个岔口，因为若要进入这个岔口，飞机必须来一个 135°的大转弯，如图 5-1 所示。这是一架大型飞机，要作这样的大角度转弯会有一定困难，一则可能使起落架的轮子压坏跑道边上的信号灯，再则可能使轮胎被扎破。因此，维克多没有按照塔台的指令立即离开跑道，继续向前滑行。事后的事故调查人员也认为，泛美航空公司的飞机根本就转不过去。但是，如果转弯难度大，航管员为什么要求飞机这样做呢？也许他们不熟悉 B747，也许其他飞机很容易做到。与此同时，机长维克多在耳机中听到了塔台调度员与荷兰飞机机长的谈话声、荷兰公司的飞机已如期滑行到跑道起点，等待批准起飞。

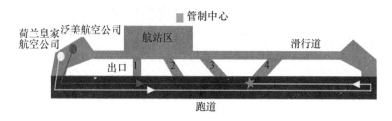

图 5-1　洛斯洛德奥斯机场跑道示意图

事故调查表明，灾难发生前 1min6s，泛美航空公司的大型客机经过了 C3 出口，在跑道上继续向荷兰航空公司的飞机前进。

4. 荷兰机长在没有获得飞行许可的情况下起飞

16时56分,荷兰皇家航空公司的高级飞行员范桑坦机长要求起飞。2min后,航管中心同意了他的请求。整个机场被大雾吞了下去,能见度降到300m,任何航管员都无法看到他们指挥的飞机。

弥漫的大雾让机长感觉到了沉重的压力。录音表示,荷兰飞机驾驶舱的紧张气氛还在逐渐加剧。机长表现得非常匆忙,该架飞机在岛上等了将近3.5h。这次延误让范桑坦机长十分担心,他负责将近300名乘客带回阿姆斯特丹。如果迟到,机组人员将会受到停飞待命的处罚。荷兰航空公司还将为乘客提供一晚的食宿费用。

美国航空公司飞行员协会也对造成这起事故的心理因素进行了分析。范桑坦机长是荷兰航空公司的高级讲师,是一名出色的荷兰飞行员,是荷兰航空公司的形象代言人,有27年驾龄,有丰富的驾驶经验。6年来,他大部分时间都在训练其他飞行员。其实际飞行能力已经大打折扣。6年来,他每月只飞行21h。在最近的12周里,他甚至根本没有飞行过。协会认为他患有训练综合征,这让飞行员混淆了真实世界与非真实世界的差别。在飞行模拟器上的训练,让他认为想做什么就做什么。训练时,飞行指导者就像是空管员,通常他向机组人员宣布空中管制许可令和起飞许可令,没必要等待一个真正航管员的许可。范桑坦机长有没有得训练综合征,永远无法证明。

但是,范桑坦机长的确在没有得到起飞许可令的情况下擅自起飞了,而美国飞机也错过了出口,滞留在了跑道上。

事故调查表明,在灾难前35s,荷兰飞机的副驾驶员对航管员说,我们起飞了。美国飞机的副驾驶员立即插话,我们滑行,1736号航班还在跑道上滑行。荷兰飞行机组应该能听到美国飞机在他们跑道上的消息,但荷兰机长范桑坦却全速开动了发动机。

两架飞机的飞行员都没有遵循航管员的指示,这是怎么回事呢?通过舱音记录发现,那些在塔台能够清楚听到的一些指示,在荷兰飞机的驾驶舱内根本听不清。范桑坦机长通过无线电接收信息时,一声又长又尖的噪声把一个重要指示抹掉了。飞机上装有双向特高频无线电装置,机场的所有飞机把无线电通信装置调到了相同的频率,这样他们不仅能够接到指示,还能知道周围的情况。打电话时两个人可以同时讲话。飞机的交流就像是步话机,你必须按一下才能讲话,一次只能有一个人在这个频率上发言。每个想要发言的人都必须耐心等待自己的次序。如果两个人同时使用这个频率,就会产生一个又长又尖的噪声,也就是外差振荡音。听到外差振荡音是无害的现象,造成事故的概率非常低。特内里费岛的事故却成了例外。

两架飞机相撞的67s之前,副驾驶员提示等,我们还没有收到空中管制许可令。范桑坦机长回答:是的,我知道,快去问。

两架飞机相撞前44s,荷兰副驾驶员向航管中心重复获得飞行许可令要求时,飞机数据记录器表明飞机已经加速了。机长没有等到副驾驶员等到答复,就起动了飞机。

相撞前37s,航管员指示荷兰等候起飞,"好的,等候指令,我会通知你"。这时,美国飞机的舱音记录器表明,机组人员也做出了回答:"我们还在滑行,1736号航班还在跑道上滑行。"他们同时做出了回答,同时通过无线电讲话,造成了一声外差振荡音。范桑坦机长只听到了"好的"这个词,他没有听到其他内容;他也没有听到美国人的话:"我们还在滑行,1736号航班还在跑道上滑行。"如果他听到两句话中的任何一句,都不会上跑道的。简要的舱音记录如下:

KLM4805:The KJM4805 is now ready for take-off and we are waiting for our ATC clearance.

TOWER:. . . you are cleared to the PaPa Beacon, climb to and maintain flight level nine zero, right turn after take-off, proceed with heading. . .

KLM1805:Roger, sir, we are cleared to the PaPa Beacon, flight level nine zero until intercepting the three two five, we are now at take-off.

TOWER:OK. . . Stand by for take-off, I shall call you.

Pan Am 1736:we are still taxing down the runway.

显然,干扰噪声让荷兰机长没能听清重要的指示信息,并全速驶向跑道。其实,新的装置可以避免无线电产生干扰噪声。外差振荡音是可以避免的,可以在飞机的无线电通信系统上装一个封锁装置,它能避免声音同时传播。随机配备一个造价13000美元的反封锁装置,与飞机高达2亿美元的造价相比,这根本不算什么。虽然有些公司愿意安装,但是他们没有必须安装的硬性规定。

5. 荷兰机长错过最后一次提示

在相撞前24s,西班牙航管员:"1736号航班离开跑道后,请离开报告。"美国飞机的副驾驶员做出了回答:"离开后我们会报告的。"这条信息在荷兰飞机的驾驶舱内可以听到。只有一名机组人员(飞机的随机工程师)注意到了这次谈话,他是机组中年纪最小、资历最浅的成员。随机工程师于是提醒机长,"美国的飞机还没有离开吗?"机长回答:"你说什么?"飞行工程师回答:"美国的飞机还没有离开。"机长答道:"我知道!"遭到受人尊敬的机长驳斥后,工程师没有进一步追问。

西班牙和美国的调查人员根据舱音记录,对机长的行为都进行了批评。

6. 两机相撞

相撞前4s,航管员指示美国飞机在第三个出口转弯,并离开跑道。而两架飞机相撞点在第四个出口附近,靠近荷兰飞机起飞的位置。

就在范桑坦的飞机就要撞上美国飞机时,范桑坦机长试图要从美国飞机上面飞过去。范桑坦机长额外给他的飞机加了55000L燃料,目的是节省时间。这额外的燃料使飞机的机身过重,否则,这起灾难也许就可以避免。因为过重,飞机起飞需要的距离就会增加。

在这万分危急的关头,维克多还是做了努力,把飞机扭了一个角度离开了跑道的中心线——这一扭尽管位置挪动不大,实在非同小可,它挽救了本架飞机上的61条性命,其中包括"铁鹰"维克多本人在内的6名机组人员。

飞机上的396人,只有61人幸存了下来。一共有583人在这起事故中丧生,这是人类史上最严重的航空事故之一。

四、原因分析

尽管事故原因存在很多争议,但以下是得到普遍认同的几个主要原因。

(1) 荷兰皇家航空公司的机组在没得到空中交通管制许可确认的情况下强行起飞。

(2) 荷兰皇家航空公司的机长在听到泛美机组报告还在跑道上滑行时,没有及时中止起飞操作。

(3) 当荷兰皇家航空公司的飞航工程师对泛美航班是否已经让出主跑道而向机长提出质疑时,荷兰皇家航空公司的机长贸然做出了肯定的判断。

(4) 无线电通信问题(当一机组同另一机组以及塔台同时通话时,发生通讯中断现象)。

通过案例分析,结合机组资源管理的各项技能,可以得出如表5-1所列的结论。

表5-1 特内里费空难中的机组资源管理

技 能	表 现
交流	1. 由于外差振荡音的影响,荷兰飞机驾驶舱内听不清航管员与美国机长的指令 2. 范桑坦机长忽略了随机工程师的提示
领导与协作	1. 机组搭配不够合理,工程师年纪最小、资历最浅 2. 范桑坦机长直接驳斥了工程师的提醒 3. 工程师不敢直陈自己的正确意见

续表

技能	表现
工作负荷管理	1. 机组面临处罚的压力。如果航班延误或迟到,机组人员会受到停飞待命的处罚;荷兰航空公司将为旅客提供食宿费用 2. 为节约时间,范桑坦机长额外给飞机加了五万五千升燃料
判断决策	1. 美国飞机错过 C3 出口转向,没有按塔台指令离开跑道 2. 范桑坦机长在没有得到起飞许可令的情况下擅自起飞 3. 维克多机长努力把飞机扭了一个角度、离开跑道中心线

第二节 1978 年美联航 DC-8 飞机重大飞行事故

一、事故概况

1978 年 12 月 28 日,美联合航空公司一架 DC-8 飞机在执行 173 号航班时,坠毁在俄勒冈州波特兰机场附近。飞机在着陆过程当中,信号灯显示起落架未放下来,机组忙于查明原因,实际情况是信号灯报虚警。在查找原因过程中,机长曾几次问空中机械师,燃油剩多少,副驾驶也提醒机长燃油情况。但是他们犯了一个致命错误,就是没有把剩余油量换算为可飞时间。当他们致力于解决起落架问题时,突然发现燃油不够,导致飞机由于燃油耗尽坠毁在机场附近。最终,飞机上 189 人中有 2 名机组人员和 8 名乘客共 10 人遇难,另有 24 人重伤[5-8]。

二、事故经过

当飞机接近机场、放下起落架之后,机长发现有一个指示灯没有亮。这一故障意味着飞机有一组机轮及其支撑装置在着陆时可能毁坏,甚至会导致飞行事故。机组人员决定让飞机作椭圆形盘旋飞行,以确定起落架是否真正损坏。随着盘旋飞行时间越来越长,燃油量降低到了危险水平。机长全神贯注于不亮的指示灯,未能注意到飞机的其他情况。尽管飞行工程师再三警告燃油越来越少,机长却充耳不闻。等他做出反应并试图着陆时,已为时太晚。飞机 4 台发动机都停止运转,飞机没有抵达跑道就坠落到一片长着树木的地带上。事故调查表明,飞机的唯一问题就是该指示灯出了故障,即产生了虚警。机长的错误不在于想要排除一个可能危及生命的机械故障,而在于他没有对在高度紧张的情况下驾驶飞机的其他关键因素给予足够注意。

三、原因分析

1. 机长领导力缺失

机长墨尔本·麦克布鲁姆是一位喜欢发号施令的上司,他的脾气让跟他一起工作的人感到害怕。由于其他机组成员害怕麦克布鲁姆发怒,致使他们即使在灾难来临时也不敢说话。

2. 机组成员缺少应有的直陈

在事件整个过程中,副驾驶员和飞行工程师始终明白燃油情况,但在机长只关心起落架故障的情况下,他们只是被动希望机长能够做出正确决策,而没有主动采取有效方法引起机长注意。

通过此次事故,负责事故调查的是美国国家运输安全委员会第一次明确地讨论了情景意识、机组协作等因素对飞行的巨大影响。注意倾听以及主动表达真实想法的技巧逐渐得到重视,它们作为社会智力的基本要素和驾驶术一样需要进行针对性训练。

第三节 2000年新加坡航空B747飞机特大飞行事故

一、事故概况

2000年10月31日晚上10时50分,一架编号SQ-006的新加坡航空公司B747-400型客机,自中国台北桃园中正机场计划于05左跑道(05L)起飞,准备前往美国洛杉矶。晚上11时18分,飞机起飞失败,爆炸起火。该机共载有乘客159名、机组人员20名;事故导致79人死亡,84人受伤住院,另外16人无恙。客机起飞失败后,机头着地爆炸,机身断成3节,每节相距约20m,其中机头部分的商务舱受损最为严重,猛烈的大火将舱内烧得面目全非,许多罹难者被飞机残骸压住,必须有大型的起重机才能将遗体搬运出来。消防人员在接到消息后,立刻赶往现场抢救,10min后即扑灭火势。出事现场05右跑道(05R)上,有施工痕迹,地面上有坑洞积水,而两部挖土机有被破坏的状况,挖斗与机身分离。

二、机组情况

正驾驶员于1959年出生,1979年3月12日加入新加坡航空公司。事故发生时总飞行时数11235h,其中B747-400飞行时数2017h。

副驾驶员于1964年出生,1994年6月6日加入新加坡航空公司。事故发生时总飞行时数2442h,其中B747-400飞行时数552h。

另一个副驾驶员于1962年出生,1992年3月9日加入新加坡航空公司。事故发生时总飞行时数5508h,其中B747-400飞行时数4518h。

三、原因分析

事故调查由中国台湾飞航安全委员会(Aviation Safety Council ,ASC)主导,由于牵扯多方单位,飞安会还邀请了新加坡交通与咨询科技部、美国国家运输安全委员会、民航局和澳洲运输安全局。为了查明事故原因,新航机师实地操作了一家新航飞机模拟了当天的情况。

最后的调查报告于2002年4月24日公布。调查人员发现飞机相撞点是在05R跑道,而并非机组人员自认为的05L跑道。事故原因如下。

(1) 我国台湾省位于亚洲飓风区,桃园中正机场当晚受到台风"象神"(Typhoon Xangsane)剧烈的袭击,天气出现强风、暴雨,能见度降低。

(2) 机组人员以为空中交通管制员能够掌握飞机在滑行中的位置,但是事实上空中交通管制员并不知道飞机的位置,更不会在飞机进错跑道时给予及时的提醒。当晚能见度只有600m左右,而塔台距跑道1600m,因为机场没有配备地面雷达,空中交通管制员只能通过无线电得知飞机的具体位置。

(3) 桃园机场有3条跑道,06跑道在机场最南端,新加坡航空006号航班用的是05L跑道,与之平行的是05R跑道,05R跑道因施工而关闭。新加坡航空公司通常使用06跑道,机组人员对当日使用的05跑道区域都很陌生。机场考虑到05R跑道是着陆飞机滑回航站楼的必经之路,因此没有对正施工的05R跑道设置障碍物。

在模拟飞行中,调查员在驾驶舱中没有看到任何提醒飞行员该跑道停用的标志,而代表着可用的绿灯依然亮着,绿灯通向05R跑道。而在理想情况下,应有指示灯导向05L跑道,如图5-2、图5-3所示。

(4) 起飞过程中,过强的侧风会影响飞机滑行。飞行员想在天气变差之前起飞。台风来袭时,任何航班都有被取消的可能性。新航006号航班的飞行员很明白他们的航班有随时被取消的可能,因此,当时飞行员将注意力都集中在了强风、低能见度以及湿滑跑道等情况上,完全忽略了窗外明显的跑道标识。也就是说,飞行员关注的问题是如何安全地滑行至跑道上,而不是他们将要滑向哪里。他们的确很安全的滑行到了跑道上,悲剧恰恰在于他们滑行到了一条错误的跑道。这也被安全专家誉为典型的"隧道视野",飞行员在各种因素的影响下,正确的判断力会受到严重的侵扰。人的大脑总是在说服自己在掌控全局,当收到相左的信息时,就会出现证实性偏见(conformation bias,过于关注支持自己决策的信息)的倾向,即在矛盾信息出现时,人的大脑总是会说服自己专注在既

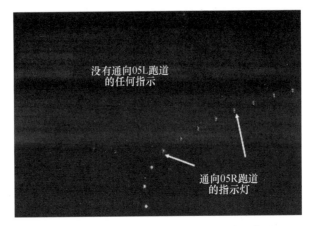

图 5-2　事发前中国台北桃园机场跑道示意图

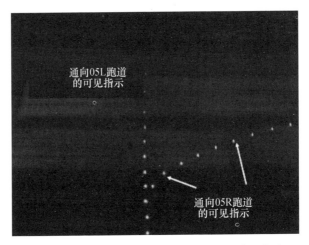

图 5-3　理想情况下中国台北桃园机场跑道示意图

设的认知上。机长以远低于平时的滑行速度前行,所以花费好长时间完成了转弯,他误以为滑行的距离已足够远,已经到了 05L 跑道。

此外,机组人员为赶在台风"象神"全面造成影响前及时离场所造成的时间压力,以及强风、低能见度、湿滑跑道等情况,均潜在地影响机组组员下达决策和维持状况警觉之能力。飞机在雨中滑行时,光线在雨中的反射与折射会让飞行员产生"鱼缸效应",从而进一步降低能见度。

(5) 机长忽视了目视辅助系统的警告信号,错过避免悲剧的最后机会。目视辅助系统(para-visual display,PVD)通过使用仪表着陆系统的信号,为飞行员指示飞机是否偏离跑道的中心线。它是一种装有黑白相间的旋转柱体,以旋转的形式提醒飞行员向左或者向右。在能见度极差的情况下,PVD是起飞时的重要参考。当副驾驶提醒机长PVD系统没有对准时,机长完全无视了这个警告信号,而且说能够看清楚跑道。

结合机组资源管理的各项技能,可以得出如表5-2所列的结论。

表5-2 新航空难中的机组资源管理

技 能	表 现
情景意识	1. 机组人员的注意力集中于复杂天气的影响,使得对外界感知能力降低,导致忽略跑道信息和正常程序; 2. 机组无人关注飞机滑行的信号信息
交 流	1. 当PVD系统没有对准时,机长忽略了副驾驶的提醒; 2. 副驾驶没有进行有效质询
工作负荷管理	机组在时间压力下,急于赶在台风来临前起飞
判断决策	飞机进错跑道

第四节 1995年美国航空B757飞机特大飞行事故

一、事故概况

1995年12月20日,美国航空965号班机(定期航班)从迈阿密机场飞往哥伦比亚考卡山谷省首府卡利的阿拉贡国际机场。飞此航班的B757飞机在降落前5min在考卡山谷省布加附近撞山坠毁。机上有到哥伦比亚庆祝圣诞的155名乘客和8名机组人员。其中,机长57岁,拥有13000多小时的飞行经验,其中飞行波音757飞机超过2000h;副驾驶员39岁,在泛美航空公司飞行9年时间,但对于965号航线属于首飞。最后,机上的163人,仅有4名乘客和一只狗生还。这次空难是1995年度世界最严重的空难,是美国航空史上首次B757事故,是B757飞机的首起飞行事故,也是美国继洛克比空难后最严重的空难。

二、事故经过

1. 延迟起飞

事故当日,飞机原定于16时40分起飞。由于当天的风雪影响东北部航班,飞机延迟了30min以等待从东北部到迈阿密机场搭乘这班飞机的乘客。又由于迈阿密国际机场繁忙的假日交通量,飞机又在滑行道上等候,最后飞机在18时35分起飞,整整延迟了2h。

2. 改变航线

由于1992年反政府游击队的攻击,阿拉贡国际机场没有雷达监视飞机的航向及高度。因此,965班机上的机组人员只能通过无线电通信与管制员联络,同时借助指定信标进行仪表飞行。该机场进场航线上设置了多个无线电信标,以引导飞机安全飞过卡利附近的山峰和峡谷。在965航班起飞前,地勤人员已经把无线电信标输入飞机的飞行管理系统。理论上讲,凭借这些原先输入的资料和机组的控制,飞机能够安全降落于阿拉贡国际机场。

由于当时阿拉贡国际机场附近无风,管制员向965班机的机组人员建议将原本绕飞降落到01跑道的航线改成直接在19跑道降落。由于航班已延误2h,所以机组同意此安排。

但机组人员误解了管制员话中"直接"的意思,将其理解为不需要经过图卢阿(Tulua)信标、直接到达卡利机场即可,于是,机组把预先输入飞行管理系统的无线电信标清除。随后,当管制员要求飞机飞抵卡利北方的Tulua信标时回报,机组人员方知犯错,立即打开地图寻找该信标的坐标。同时,为增加可用时间,机组为减小飞机速度、增大下滑速度打开了飞机的减速板。但当机组人员找到Tulua的坐标时,飞机已飞过此处。于是,机组决定继续飞行下一进场点Rozo。

3. 逼近山丘

9时37分,机组经管制员批准飞过Rozo后使用标准机场航线在19跑道着陆。于是,机组尝试将Rozo的坐标输入飞行管理系统。在飞行管理系统中,信标Remeo位于首都波哥大附近,其代号是"R";信标Rozo的代号不是"R",而是"ROZO"。但是,根据飞机上的地图,信标Rozo的代号是"R"。当机长在飞行管理系统中输入"R"后,飞行管理系统提供了十几个信标站供选择,全都以R开头。通常情况下,名单上的第一个应该是距离最近的Rozo,于是机长想当然地选择了第一个代号为"R"的信标。殊不知,他已经指示飞行管理系统将飞机引向波哥大。此后,飞机立即向东掉头。9时39分,机组人员发现飞机出现了大幅度转向,而标准机场航线是不需要大幅转向的。于是,机组立即解除自动驾驶系统,指令飞机右转。此时,飞机已经逼近一个与预定航线平行、高3000m的山丘。

4. 飞机撞山

9时41分,近地告警系统响起警报。机械师和副机长立即拉起机头,试图避免飞机撞向山丘。但是,由于打开的减速板降低了飞机的爬升率,结果飞机在接近山顶位置撞山。飞机撞山后,与进场管制员失去联系。事发地点位于一片森林,位置偏远,加上搜救直升机没有夜视装备,因此搜索行动于翌日早上开始。其后,有7名幸存者被救出,但是,其中3名乘客伤重不治身亡,令最终的幸存人数降至4人。幸存者约在机翼正上方。飞机空难航迹如图5-4所示。

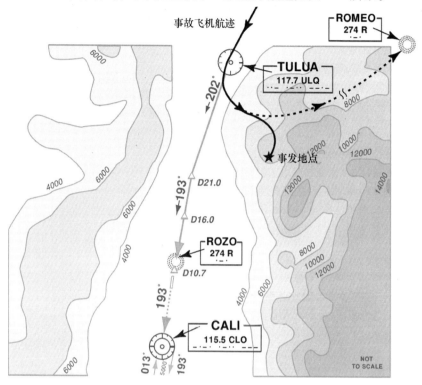

图5-4　1995年美国航空B757飞机空难航迹图

三、事故结论

事发过程中部分舱音如下：

21:34:40 机长(空地对话):卡利进场,美航965。
21:34:44 航管:美航965,晚上好,请讲。
21:34:47 机长(空地对话):呃,晚上好,先生。美航965离开230,下降到200,请讲。
21:34:55 航管:DME(测距仪)测到离卡利多远?
21:34:57 机长(空地对话):DME显示6-3。
21:34:59 航管:收到,准备卡利进场,下降并维持到高度15000英尺,高度3002……
21:35:09 副驾驶:15000。
21:35:09 空管:……无延迟进场,报告图卢阿。
21:35:14 机长(空地对话):好的,明白,准许直接进场卡利,报告图卢阿,高度15,也就是15000,3002,对吗先生?
21:35:25 空管:确认。

247

续表

21:35:27 机长(空地对话):谢谢。

21:35:28 机长:我替你输入直飞卡利。

21:35:29 副驾驶:谢谢。

21:35:44 副驾驶:差 250 到 10。

21:35:47 机长:嗯。

21:36:20 公共消息:空乘请为降落做好准备,谢谢。

....

21:36:29 机长(空地对话):965,请讲。

21:36:31 空管:风势平静,先生。您能从 19 号跑道进场么?

21:36:36 机长:你喜欢直插 19 号跑道落么?

21:36:38 副驾驶:哦,我抓紧时间下降,我们能做到这点。

21:36:40 机长(空地对话):好的先生,我们需要马上降低高度。

21:36:43 空管:收到。美航 965 允许 VOR DME 进近 19 号跑道。Rozo 1 进场,报告图卢阿。

21:36:52 机长(空地对话):VOR DME 进近 19 号跑道,Rozo 1 进场,报告 VOR,谢谢先生。

21:36:58 空管:报告图卢阿。

21:37:01 机长(空地对话):报告图卢阿。

21:37:03 机长:我必须首先帮你选定图卢阿。你想直接去卡利……呃,图卢阿?

21:37:09 副驾驶:呃,我想他说的是 Rozo 1 进场?

21:37:10 机长:是的,他是这样说的。我们有时间把它拉出来?

21:37:11 [驾驶舱声音:类似翻书的沙沙声]

21:37:12 机长:……图卢阿 1……Rozo……在这儿。

21:37:25 机长:啊,看,飞过了图卢阿。

21:37:27 副驾驶:好的。

21:37:29 机长(空地对话):美国航空 965 可以直接飞往 Rozo,然后执行 Rozo 进场么?

21:37:36 空管:确认。选择 Rozo 1 和 19 号跑道,风势平静。

21:37:42 机长:好的,Rozo。Rozo 1 到 19 号跑道,谢谢,美航 965。

21:37:46 空管:(多谢)……报告图卢阿,21 英里,5000 英尺。

21:37:53 机长(空地对话):好的,报告图卢阿 21 英里,5000 英尺,美航 965。

21:37:59 副驾驶:好的,那么我们现在下降高度到 5?

21:38:01 机长:对,删掉 Rozo……我要把它调出来。

21:38:26 机长:看,我搞定了。

21:38:27 副驾驶:好。

21:38:28 机长:……位于 21 英里,在 5000 的部分完成进近,是吗?

21:38:31 副驾驶:好的。

21:38:33 机长:离开 ULQ,让我把 ULQ 输进去,17-7 让我想要和你使用初始数据。

21:38:39 空管:美航 965,当前距离?

21:38:42 机长(空地对话):您需要什么,先生?

21:38:45 空管:DME 距离

21:38:46 机长:好的,到卡利的……距离是 38。

21:38:49 副驾驶:我们在哪里?

21:38:49 空管:收到。

21:38:52 副驾驶:我们要……

21:38:54 机长:我们首先去……图卢阿,怎么样?

21:38:58 副驾驶:嗯,我们现在朝向哪里?

21:38:58 机长:17-7,ULQ,我不知道这个ULQ是什么意思?这究竟是怎么回事?

21:39:04 副驾驶:手册。

21:39:05 机长:我们好像有点步入正轨了。

21:39:06 副驾驶:要想知道我们机头朝向哪里?

21:39:07 机长:ULQ。我让你马上直飞图卢阿。

21:39:10 副驾驶:好的。

21:39:10 机长:……马上。

21:39:11 机长:你找到了么?

21:39:13 副驾驶:好的。

21:39:14 机长:然后……

21:39:18 机长:应该在你的航图上。

21:39:19 副驾驶:好的,向左,向左转。

21:39:22 机长:嗯,我马上确认它,虽然我……

21:39:25 [机长操纵导航计算机的声音:莫尔斯码的声音,"嘀嘀嘀嗒,嗒嘀嘀嘀"]

21:39:25 机长:好的,我找到他了,17-7。在我看来好像不对,但是我不知道为什么?

21:39:29 [导航电脑:莫尔斯码的声音,"嘀嘀嗒嗒嘀嘀嗒嗒嘀嘀嗒嘀"]

21:39:30 副驾驶:左转,你想要一个左转绕回ULQ?

21:39:32 机长:不,不……不,我们按到……

21:39:35 副驾驶:呃,我们究竟按到哪里?

21:39:37 机长:图卢阿。

21:39:39 副驾驶:你应该是对的。

21:39:40 机长:我们去哪里?一二……到右面。我们先去卡利吧。让我们,我们找到了,是吧?

21:39:45 副驾驶:是的。

21:39:46 机长:直接去……C…L…O。我们怎么读到#这儿了?

21:39:54 机长:往右,马上,往右,马上。

21:39:56 副驾驶:呀,我们,我们正在朝向正确的方向。

21:39:59 [机长操作电台的点击声]

21:40:01 机长(空地通话):美航,呃,卡利以北38miles,你希望我们去图卢阿,然后执行Rozo,进入跑道?到跑道19?

21:40:11 空管:* * *,你可以降落,跑道19,你可以使用,跑道19。(你的)高度和到卡利的DME?

21:40:21 机长(空地通话):好的,我们当前DME 30-7,1万英尺。

21:40:24 机长:你状态良好。你现在处于很好的状态。

21:40:25 空管:收到。

续表

21:40:26 机长:我们正在向……
21:40:27 空管:报告5000和,最终到11,跑道19。
21:40:28 机长:我们朝向正确的方向,你想……
21:40:32 机长:你想现在执行19么?
21:40:34 机长:向右,现在向右到CA卡利,怎么样?
21:40:35 副驾驶:好的。
21:40:40 机长:那是#图卢阿么,我找不到任何原因。
21:40:44 机长:看,我找不到,好,现在,不,图卢阿,上。
21:40:48 副驾驶:好的。
21:40:49 机长:但是如果你需要它,我能把它放到框里。
21:40:52 副驾驶:我不想要图卢阿。我们直接去中心线延长到……
21:40:56 机长:那个Rozo?
21:40:56 副驾驶:Rozo。
21:40:56 机长:为什么我们不直接去Rozo呢,怎么样?
21:40:58 副驾驶:好的,我们……
21:40:59 机长:我马上把它放好。
21:41:00 副驾驶:……来点高度,我们现在不到10了。
21:41:01 机长:好的。
21:41:02 空管:965,高度?
21:41:05 机长(空地通话):965,9000英尺。
21:41:10 空管:收到,当前距离。
21:41:15 [驾驶舱:terrain,terrain,whoop,whoop(近地告警)]
21:41:17 机长:啊。
21:41:18 机长:……拉起来,小伙子。
21:41:19 [驾驶舱:pull up,whoop,whoop,pull up(近地告警)]
21:41:20 [驾驶舱:好像是震杆的声音]
21:41:20 副驾驶:好了。
21:41:21 [驾驶舱:pull up(近地告警)]
21:41:21 机长:好的,做这不难,做这不难。
21:41:22 [驾驶舱:自动驾驶关闭的声音,警告和震杆的声音停止]
21:41:23 副驾驶:(不)
21:41:24 机长:向上,小伙子……
21:41:25 [驾驶舱:震杆的声音再次出现]
21:41:25 机长:……再来,再来。
21:41:26 副驾驶:好。
21:41:26 机长:向上,向上,向上。
21:41:27 [驾驶舱:whoop,whoop,pull up(近地告警)]。
21:41:28 录音结束

事故调查得到可能原因包括以下几方面。

(1) 机组未能正确运用自动导航系统。首先,机长冲动行事,想当然地选择了第一个信标。其次,根据操作流程,在执行选择 R 这样的动作之前,要先跟另一名驾驶员确认。显然,机组忽略了该动作。确认选择后,屏幕会显示暂定航线的虚线,这也没有引起机组人员的注意。

(2) 机组人员欠缺对近地告警系统警报的应变能力,对重要的无线电信标间的相对距离缺乏认知。航空界有句俗语"操控飞机飞往某处之前,大脑要提前 5min 思考。"机组在特殊情况下对飞机状态失去警觉,等他们发现位置不对时,应关闭自动驾驶仪,然后放弃进场并立即爬升到最低安全高度,然而他们没有放弃进场和向上爬升,此时飞机仍在降低高度。

(3) 机组人员在紧急情况下没有转用传统的无线电导航方式进场;继续依赖令他们工作量大增的自动导航系统。

(4) 机组人员为减少延误时间,一直在尝试加速进场及着陆。

(5) 机组人员在尝试避免撞山时,忘记收起打开的减速板。根据事后分析,如果机组人员在近地告警系统的警报响起时立即收起减速板,飞机可以避免撞山。

(6) 飞行管理系统的设计存在问题。当使用其他方法进场时,该系统必须删除原本已经输入系统的所有坐标。

(7) 飞行管理系统内的导航信息与地图显示不一致。

四、理论分析

从情景意识的若干维度入手,分析本起事故的具体情况如下。

1. 自我意识

由于长时间的延误,机组人员迫切希望能够早点进场。在 21:35:09 时,机组把"直接进场"理解为"直接到达卡利进场"。机组执行删除途经信标这个重大更改时,没有与空管进行确认。而且对空管要求的"报告图卢阿"没有正确理解。此后,机组没有遵守标准流程,输入 Rozo 信标时没有通过副驾驶进行确认。进场前,也未完成检查单。同样,从 19 号跑道进场的任务也为机组带来了重大的时间压力,副驾驶在 21:36:38 提出要抓紧时间下降。正是由于急于进场,机组的时间压力很大,在时间压力下,标准程序所形成的操作习惯被打破,机组人员的注意力全部转移到降低高度进场这个任务上,从而进入管状思维,进而丧失自我意识。

2. 任务意识

21:35:09 时,空管中心通知机组无延迟进场,机组回复直接进场。这里空管所说的无延迟是指没有任何等待直接进场。而机组却认为无需经过任何导航点(图卢阿)直接到达卡利即可。实际上,空管的正确表述应该是有"取道图卢阿(via Tulua)"。正是由于空管遗漏了关键的话语,认为报告图卢阿隐含取道的信息,引起了机组人员对飞行任务的误解。21:36:43 时,空管要求机组到达图卢阿时报告,而机组的复诵却是报告 VOR,后来经过空管纠正,机组也回复"报告图卢阿"。机组发现已经通过图卢阿后,于 21:37:29 请求直飞卡利,空管中心回答"确认",但是随后又要求报告图卢阿。可见,空管中心不知道飞机已经飞过图卢阿。此后机组一直在纠结是去 Rozo 还是图卢阿的问题,飞行任务处于不明确、不断修改的状态。由于机组在飞机进场前没有执行检查单和飞行简令,使机组人员对进近任务的细节掌握不够。随后,机组打开减速板,盲目下降高度,从而导致灾难发生。此外,该机场有信标台 Rozo,还有 Rozo1 进场方式,机长在 21:37:29 将 Rozo1 进场称为 Rozo 进场。

3. 位置意识

21:38:26 时,机长将 Rozo 错输为 Remeo,引起飞机飞行轨迹改变,机组人员直到 21:39:22 才发现航线偏离。从飞机的航迹来看,正常进场航迹是由北向南飞行,修改后的航迹要进行大幅度的左转,偏离航线。在管状思维的影响下,机组忽视了飞机航迹的变化,从而引起位置意识的丧失。

4. 团队意识

按照规定,重要操作需要机组进行复核。而副驾驶没有对机长输入的新航迹进行复核,从而引起航迹偏离。21:35:14 时,机长将空管所说的无延迟进场理解成直接进场,并删掉中间信标点,副驾驶没有指出空管所说"报告图卢阿"需要途经图卢阿的问题,完全在机长的思维牵引下思考,丧失了团队意识。

5. 系统意识

使用飞行管理系统时,机长输入 R,系统显示排在第一位的是 Remeo,机长按照习惯选择了第一个信标。航图上用 R 代表 Rozo 信标台,而飞行管理系统中的 R 代表首都波哥大附近的 Remeo 信标站。

此外,波音飞机在爬升过程中,已打开的减速板不能自动关闭,这是波音飞机的系统缺陷。机组成员听到近地告警只把注意力放到拉杆爬升,忽视了减速板被打开,从而使飞机升力不足而撞山。机组缺乏对飞机的全面认识和监控,从而丧失了系统意识。

6. 时间意识

按照飞机所处位置,直接下降高度从 19 号跑道进场对机组来说时间相对较短。机组成员认为,只要下降高度就可以直接进场,丧失了时间意识。由于时间意识丧失,致使机组成员未完成降落检查单,也未通过飞行简令的形式对更改后的降落过程进行描述。总之,时间意识的丧失是机舱混乱的开始,也是本次事故的重要因素。

7. 威胁意识

飞机航线要从一个两侧山高 14000 英尺的山谷穿过。但是,机组过于相信飞行管理系统,对周围的地形缺乏应有的关注。当飞机转弯偏离航线后,机组没有核实飞机与山谷的相对位置,最终酿成灾难。

第五节 2001年意大利米兰机场MD-87飞机特大飞行事故

一、事故概况

2001年10月8日,北欧航空686号班机搭载着104名乘客和6名机组成员,于意大利米兰连尼治机场(Linate Airport)起飞,准备前往丹麦哥本哈根,执行该航班的是麦道MD-87。但飞机在跑道(图5-5)加速时,却撞上一架准备前往法国巴黎的一架塞斯纳公务飞机,两架飞机上的乘客全部罹难。686号班机坠入跑道北端460m处的行李仓库,造成仓库内4死4伤。本次事故共导致118人死亡,是意大利史上严重的航空事故。在受伤者前来求助之前,航空管制人员与机场管理人员竟对此事毫不知情。MD-87飞机的机长任职北欧航空数十年,副驾驶拥有MD-87飞机超过2000h的飞行经验,二人经验都很丰富。

二、事故经过

2001年10月8日早上,浓雾笼罩着连尼治机场,机场能见度最低时只有50~100m。北欧航空686号航班于7时54分获准滑行至跑道36R。8时05分,准备前往巴黎的塞斯纳飞机获得滑行许可,地面管制命其沿滑行道R5滑行。但由于能见度低、机场条件不尽人意以及管制员的不正确引导,塞斯纳错误的进入了R6滑行道并上了主跑道。8时09分,北欧航空686号航班获准起飞,在碰撞之前飞机前轮已经离地,速度达到146节(270.5km/h)。

两机于早上8时10分在跑道上相撞,公务机上4人即时死亡,而686号班机则失去了右边的发动机和起落架。此时,瑞典籍机长企图尝试起飞,根据飞行记录仪显示飞机升空了9s,但剩余的左边发动机吸入了一些碎片,最终失去了动力,飞机又从空中摔下来,机长只得启动推力反向器及刹停飞机,又尝试以机上的飞行操纵装置引导飞机方向避免撞机,但这些举动完全无法令客机停止。最终飞机撞入了离跑道460m(1500英尺)的行李仓库,导致其部分坍塌,机上110人立即死亡。后来发生的爆炸和大火又殃及仓库内的工作人员,4名意大利

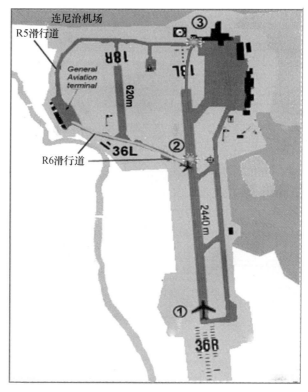

图 5-5　Linate 机场跑道示意图

籍工人死亡,另有 4 人受伤。

三、原因分析

通过对这起事故发展过程分析,我们可以看出事故发生的直接原因是塞斯纳误闯跑道,但根本原因是机场管理的缺失,主要表现在管制交流障碍、不符合标准的地面标示、地面雷达缺失、"跑道入侵感应器"形同虚设等。

1. 低能见度

事发时,浓雾笼罩机场,能见度为 50~100 英尺。MD-87 飞机在起飞滑行 40s、滑行距离 1500 英尺后撞上赛斯纳飞机,然后 MD-87 飞机又撞上行李棚。

2. 无效的联络

根据赛斯纳飞机的录音,管制人员要求"DVX,沿 R5 滑行道往北滑行,到主跑道延长段停止线灯再呼叫我"。但赛斯纳飞机没有往北走,反而上了 R6 滑行道,而无人注意到这一情况。滑行道是从停机坪到跑道的道路,机场有多个停机坪与滑行道。当管制员说"接近 S4"时,他并不知道 S4 在哪里。就在事发前一天下午,航管员让一架飞机滑行至 R5 滑行道,但飞机实际上了 R6 滑行道,由于能见度较好,并没有导致意外发生。当时的舱音记录如下。

ATC:"Delta Victor Xray taxi north via Romeo 5,QNH 1013,call me back at the stop bar of the ⋯ main runway extension."

CJ2:"Roger via Romeo 5 and ⋯ 1013,and call you back before reaching main runway."

3. 机场管理缺失

赛斯纳飞机为何偏离路线?首先,机场只有一条跑道,相关标识应该非常清楚。实际情况是相关标示少,仅有的几个标示还被草遮住了。事后调查发现,在 R5 滑行道与 R6 滑行道交汇处,即使在能见度好时也难以辨识,飞机本应左转但实际向右转了。其次,S4 画在通往跑道的 R6 滑行道上,但地图上并未标,如果航管员知道,就会明白赛斯纳飞机走错路。再次,机场装备的"跑道入侵感应器"形同虚设,在飞机越过停止线后并没有发出应有的音响警报。出现此情况的原因是,机场管理人员在多年前将其关闭了,目的是为防止警报在动物、车辆经过时发出不必要的响声。最后,机场虽然有雷达,但一直存在仓库,并未安装,否则管制员会有机会发现赛斯纳飞机的位置。

4. 应急救援无力

在飞机爆炸 25min 后,相关救援才迟迟赶到。验尸表明,赛斯纳飞机上 3 人肺内有大量烟,说明他们在撞击发生后还活着,是被烟火烧死的。

5. 风险意识淡薄

据航管员反映,机场平均每月都会发生一次跑道入侵。但即使在这样的情况下,人们都已习惯了失效的系统,对身边的风险缺乏应有的感知。

第六节 1989 年飞虎航空 B747 飞机重大飞行事故

一、事故概况

飞虎航空 66 号班机是专营货运的航空公司飞虎航空的一条定期航线,从新加坡前往马来西亚的吉隆坡。1989 年 2 月 19 日,一架 B747 货机执行此次航班,在抵达吉隆坡机场之前坠毁于离机场 12km 的山区,机上 4 名机组人员,无一幸存。

二、事故经过

1989 年 2 月 19 日早上,66 号班机载着一批计算机软件及邮件从新加坡起飞。飞机抵达吉隆坡上空,机组人员以无方向信标(non-directional beacon, NDB)准备降落吉隆坡机场的33号跑道。机场塔台指示飞机下降至2400英尺(Descend two four zero zero!),机组却理解为下降到400英尺(Descend to four zero zero!)。结果,飞机下降至远低于最低进场高度(minimum altitude),并撞向离机场12km,海拔600英尺高的山丘上,飞机立即爆炸解体,并引发大火燃烧。

三、原因分析

导致这起B747飞机坠毁事件的直接原因在于通话用语的非标准表达方式上。

(1) 发信者在信息表达和编码时,表达不当。一般的航空交通管制如要求飞机下降至2400英尺时,应该以"descend to two four zero zero"或"two thousand and four hundred"的字眼,以免引起机组误会。

(2) 由于无线电信号只有语音信息,导致因同音字词产生误会。

(3) 接收者在接收信息时出现偏差。

(4) 接收者给发信者反馈信息时,缺乏给发信者必要的反馈或者说反馈不充分、不准确。

第七节 2002年俄罗斯巴士基尔航空乌伯林根空难

飞机相撞事故,尤其是空中相撞事故,相对其他飞行事故来说,发生的概率相对比较低,但是一旦发生了后果极为严重。俄罗斯巴士基尔航空2937号航班,是一架图-154M客机,原计划由俄罗斯首都莫斯科飞往西班牙的巴塞罗那。DHL快递公司611号航班,是一架B757-200SF型货机,原航线是从巴林国际机场经意大利的贝加莫国际机场飞往比利时的布鲁塞尔。两架飞机于2002年7月1日21时35分在德国南部康士坦茨湖畔邻近瑞士的城市乌伯林根上空发生相撞。这场空难被为乌伯林根空难。

一、事故经过

事发当日两架班机同在约11000m的高度以互相冲突的航线飞行,尽管两机已经进入德国领空,但此地区空域由位于瑞士苏黎世的空管公司"瑞士航空导航服务公司"负责。当晚瑞士航空导航服务公司空管中心只有空管员彼得·尼尔森一人值班,他同时在两个控制台上进行调度操作,直到空难发生前1min他才发现两架班机的航线冲突,随后,他首先同BTC2937班机取得了联系,通知其飞行员降低高度300m以避免同DHX611班机相撞。

俄方机组依照指挥开始下降高度,但是几秒后,飞机的空中防撞系统(TCAS)提示他们将飞机拉高。几乎在同一时刻,另一方611号航班上的空中防撞系统提示机组下降飞机高度。如果两架航班上的飞行员都按各自的防撞系统提示操作,即可避免这场灾难。611号航班遵照防撞系统的提示下降了高度,由于他们将注意力都集中在了雷达屏幕上的2937号航班,而没有及时将自身状况通知空管员。在碰撞发生前8s,611号航班的垂降速度已经低于碰撞范围,依照空管的要求达到了每分钟730m。而此时另一方的俄国飞行员则是按照空管员的指示也在继续下降高度,并第二次将他们的磁方位向同一方向又更改了10°。

随后,尼尔森再次提示2937号班机下降高度,由于事发当晚空管中心的主雷达正在维修中,这意味着空管员必须在很慢的系统速度下指挥往来航班,而这也导致了尼尔森向2937号航班机组提供的611号班机的方位信息出现错误。就这样,俄航班遵照空管员的指示而忽视了来自防撞系统的警告,继续下降高度。不过,随着机上防撞系统指示有飞机越来越接近及不断提示要爬升,机组人员已开始质疑空管员的指示。两机在相撞前3.8s终于可以互相目视对方,尽管俄方机组员已立即爬升飞行高度,但毕竟为时已晚。

终于,两架班机在10068m左右高空相撞,611号航班的垂直尾翼从2937号航班机身左下方划过,图-154客机随即爆炸并解体为两段,611号班机则失去控制并勉强飞行了7km,2min后坠毁在一个山腰附近,其一部发动机在坠机前爆炸并脱离机翼,两架航班上共计71名乘客及机组人员全数遇难。

二、事故分析

这次事故有着很多的巧合:当晚瑞士航空导航服务公司空管中心只有空管员彼得·尼尔森一人值班,他同时在两个控制台上进行调度操作。灾难发生前他正为其他航班的调度焦头烂额。一个位于地面的用来提示空管员避免撞机的光学碰撞预警系统在事发前因例行检修而被关闭,空管员必须在很慢的系统速度下指挥往来航班,而这也导致向2937号航班机组提供的611号班机的方位信息出现错误。另一部安装在空管中心内的音频防撞预警系统在碰撞发生前32s发出了声响警报,但并没有被任何人听到。空管中心的专线电话也因检修工作而暂时被切断,这部电话本可接收到德国境内卡尔斯鲁厄空管中心的空管员对事发空域异常情况的报警。两架飞机相撞之前,611号航班按照防相撞系统的指示下降,而2937号航班没有按照防相撞系统上升的指示,而是按照航管员的指示进行下降。而在此过程中,611号航班却无法与空管中心进行联络。

正如海因里希法则所揭示的,这起惨剧故背后,有着很多偶然性因素,导致了很多意外。这些意外中的任何一项如果没有发生的话,事故或许就不会发生。

但是这些意外的形成却不是偶然的,下面我们分析一下事故的必然原因。

1. 空管中心管理混乱

空管中心的航管人员并没有严格落实规章制度,本该两人值班却让一个人休息,另一个人照看两个控制台。事发当天遇到雷达检修和电话联络不通,计算机系统运行速度缓慢,却并没有安排足够的人手。这是因为他们已经对违反规定习以为常了。空管中心管理混乱,空管人员麻痹大意,成为了这次灾难的主要原因。

2. 飞行人员处置失误

2937号航班机长,在收到防相撞系统提示上升和空管人员提示下降的情况下,没有按照防相撞系统的提示来操作。611号班机虽然按照防相撞系统的指示进行了下降,但是却在听到俄航和航管中心的对话后,没有做灵活的处理。这是造成这次空难的重要原因。

苏联时期,人们习惯于服从权威。到了俄罗斯时期,这种传统保留了下来。在冷冰冰的机器提示和空管人员急切催促中,俄航的机长选择了服从空管员的命令。这种文化差异造成的不安全因素,也有人做过研究。

3. 飞机防相撞系统的使用没有统一的规定

由于飞机相撞概率极低,飞机防相撞系统的使用在国际上没有一个统一的标准。当空管员的指令和飞机防相撞系统冲突时,应该遵从谁的指示,对此并没有明文规定。

三、事故启示

这次事故给了我们以下几点启示。

(1)当空中防撞系统建议与航管指示有冲突时,飞行员应遵从空中防撞系统的指示。这成为了预防空中相撞,国际上通用的新规定。

(2)飞行员应加强应对防相撞应急情况的演练。只有经过多次的相撞应急情况处置演练,才能真正做到当遇到紧急情况时能够沉着应对,正确处理。

(3)空管中心必须严格落实规章制度,以避免因空管员的疏忽或失误导致事故的发生。

第八节 2009年全美航空A320飞机飞行事故

一、事故概况

2009年1月15日,全美航空公司的空客A320飞机由机长切斯利·沙林伯格驾驶,从纽约拉瓜迪亚机场起飞,准备执行经停夏洛特道格拉斯机场,至西塔科-西雅图塔科马机场的1549号航班任务。起飞时间是15时26分左右,起飞仅1min,机长就发现飞机两个发动机均遭遇飞鸟撞击,丧失全部动力,要求掉头折返。但机长在获准折返后却发现方向系统失灵,飞机根本无法掉头,只得再次呼救,被塔台紧急引导,准备飞往前方不远的新泽西州泰特伯勒机场备降。但此时飞机高度不断下降,机长经计算后得出结论——根本无法安全抵达泰特伯勒机场,而周围都是人烟稠密的都市区,唯一空旷的备降场地,就是贯穿纽约市区的哈德逊河。他立即紧急通告塔台,自己准备在哈德逊河上迫降。

随后机长在通信完全中断的情况下,操纵丧失动力的庞大飞机小心翼翼地滑行至哈德逊河道上空,首先让机尾入水,随后用机腹触水滑行,并缓缓在曼克顿附近河面上停住。

飞机刚停下,机长便从容指挥乘客按照先妇孺后男子的顺序有序快速撤离,自己反复检查客舱两遍,确信空无一人后才最后撤退,尽管机身此时已开始下沉,但所有乘客和机组人员都有秩序地站在机翼或紧急充气救生滑梯上等候救援,如图5-6所示[9]。

图5-6　1549号航班飞机水上迫降后的情况

附近目睹这一场面的船只纷纷驶来救援,5~7min后,警方和消防队的蛙人和直升机也随即赶到,在迅速周密的救援下,全体乘员都被救起,无一人死亡。事故仅造成机身损毁以及尾部滑梯和救生筏不能使用。

二、事故分析

事后人们总结认为,"哈德逊河奇迹"之所以能够出现,原因是多方面的。

但是,其中最重要的原因:第一,机长系战斗机飞行员出身,又曾多次参与美国国家运输安全委员会协助调查飞机失事事故工作,还曾在加州大学伯克利分校教授灾难危机管理学,飞行经验、应急处理能力都首屈一指,且拥有难得的相关理论知识;第二,在事故发生期间,飞行机组人员的决策和他们的机组资源管理表现出色;第三,在迅速撤离飞机期间,客舱内机组人员履职尽责,表现优异。

在 Highest Duty 一书中,机长 Sullenbergere 多次提到机组资源管理在其飞行职业生涯以及本次事件处理中发挥的重要作用。通过梳理这些与机组资源管理有关的细节,有助于飞行人员从中获得启发和收益,结合机组资源管理的各项技能,可以得出如表 5-3 所列的结论。

表 5-3　机长 Sullenbergere 关于 CRM 的体会

技　能	表　现
情景意识	1. 飞行时必须时刻明确自己的处境,做好各方面的准备; 2. 飞行活动中对可能做什么、不能做什么要一直保持准确的情景意识; 3. 飞行员要对外部实际情况如飞机、环境、情景建立等保持实时意识
交　流	机长只有善于征求大家意见并乐于接受意见,才能找到解决突发意外问题的办法
领导与协作	1. 父亲多次对我讲,作为一名指挥员,如果因为缺乏预见或因决策错误,导致下属受伤或送命,他会在余生备受煎熬; 2. 作为机长,我要让机组感到我是一个平易近人的人,我希望机组成员成为我的"眼睛"和"耳朵"; 3. 我总是想着在驾驶舱内对机组成员个人以及他们的风格加深了解; 4. 飞行员与乘务员、空中管制员形成紧密协作的团队,指挥者和被指挥者彼此明确自己的角色定位和职责要求

第九节　1988 年伊朗航空 655 号班机空难

一、事故概况

1988 年 7 月 3 日,一个阳光明媚的星期天,当地时间上午 10 时 47 分,伊朗航空公司 655 号航班从阿巴斯港机场起飞,准备飞往阿联酋迪拜机场。这架民航客机是欧洲空中客车 A300,机长穆尔辛·礼萨扬是一位拥有 7000h 飞行经验的资深机师。飞机上除了 16 名机组人员外,还有 274 名乘客。655 号航班起飞后,飞机开启应答器由阿巴斯港机场向海湾前进。飞行航线是惯常编定的琥珀 59 空中走廊,航程 200miles、总计 28min,直线飞往迪拜机场。因为距离短,飞机采用简单飞行模式,先爬升至4300m,巡航片刻后在迪拜降落。当地时间上午10时55分,655号航班正飞行在海湾南部地区上空,其航线正好与美国海军"文森斯"号巡洋舰的航线相交叉,让人诧异的是,"文森斯"号巡洋舰此时竟然处在伊朗领海内。就在此时,悲剧发生了,在伊朗客机距"文森斯"号约14km时,"文森斯"号突然发射了两枚"标准-2型"防空导弹,其中一枚直接命中655次客机机翼,飞机随即起火,坠落于大海之中,机上290人全部遇难,无一人生还,其中还包括60多名12岁以下儿童[10]。

二、事故分析

1988年,正处于两伊战争期间,海湾局势异常紧张。美军于1987年7月决定派军舰去海湾护航后,多次与伊朗发生军事冲突,军事紧张局势不断升级。1987年,伊朗用导弹击中美国油轮和挂美国旗的科威特油轮多艘,美军则随后进行报复,击沉伊朗登陆舰一艘、采油平台两座。1988年4月,美军一艘护卫舰触雷,造成19名官兵受伤,美国军舰随即摧毁伊朗两座采油平台、击沉击伤伊朗军舰6艘。因此,袭击客机事发生前,双方都处于高度紧张状态。另有消息说,在客机被击落前,美军海湾部队曾得到情报称,伊朗空军F-14战斗机正在海湾地区加强活动,可能要对美军采取行动。由此看来,不能排除美国故意击落伊朗民航客机的可能性。

那么,美国"文森斯"号巡洋舰为什么会出现在伊朗海域呢?2012年,美国《新闻周刊》披露了这起灾难事件的有关内幕。1988年7月3日,当地时间6时33分,位于霍尔木兹海峡的美国"文森斯"号巡洋舰舰长威尔·罗杰斯,接到正驶过海峡西面入口的美国海军"蒙哥马利"号护卫舰报告,6艘伊朗革命卫队炮舰离开海岛基地。罗杰斯舰长随即下令"文森斯"号巡洋舰进入作战状态,以每小时30nmile的速度向伊朗炮舰接近。据美国海军后来提供的官方说法,"蒙哥马利"号护卫舰当时发现13艘伊朗炮舰。据说,其中几艘正围着一艘名叫"斯托瓦尔"号的利比里亚油轮转。

"蒙哥马利"号护卫舰又报告:利比里亚油轮附近发出5~7声爆炸声。听到这些神秘爆炸声的报告后,设在巴林的美国舰队指挥部立即与"文森斯"号巡洋舰联系,中东联合特遣队司令安东尼·莱斯少将命令"文森斯"号巡洋舰前去支援"蒙哥马利"号护卫舰。"文森斯"号巡洋舰上一架"海鹰"直升机奉命出击,20min后飞到伊朗炮舰上空盘旋。直升机驾驶员马克·科利尔发现,伊朗炮舰正围着一艘德国货轮转,没有射击,只是一般的骚扰。这时,美伊两国军舰都已进入阿曼海域。阿曼海岸警备队通过无线电命令伊朗革命卫队炮舰返航,并希望美国的"文森斯"号巡洋舰也离开。"文森斯"号和伊朗炮艇随后被一艘阿曼军舰驱逐。当时,美国"赛茨"号军舰和"蒙哥马利"号护卫舰都在附近。此时,美军巴林指挥部的水面战斗指挥官理查德·麦肯纳上校回到指挥中心,看到"文森斯"号巡洋舰越过他命令的位置40n mile,即将进入伊朗领海,非常吃惊。他很恼火,问舰长罗杰斯搞什么名堂。罗杰斯回答称,在支援"海鹰"直升机,追击伊朗炮艇,还说通信联络出了故障。随后,"海鹰"直升机机长罗杰·赫夫报告,直升机受攻击,正在逃避。舰长罗杰斯当即命令"文森斯"号巡洋舰加速前进。

那么,这起误击事件真的是由罗杰斯的个人攻击倾向导致的吗?此事件被广泛用作"压力情景下决策错误"的示例。所谓"压力",包括时间压力、恐惧心理以及不确定性等。大多数人都认定,"文森斯"号巡洋舰船员进行决策的过程,存在着明显的缺陷与偏见。

当时,伊朗军队和美国海军之间的敌意持续累积。除了1988年4月18日的"F-4战斗机盘旋骚扰事件"之外,波斯湾还发生过一次类似事件。这一次被侵扰的是美国海军"维恩莱特"号军舰,它发射了3枚导弹,并且击毁了敌机。1988年6月中旬,伊朗将大量F-4战斗机转移到了阿巴斯机场,该机场既可作为民用,也可作为军用。之后,一架伊朗F-14战斗机飞近了美国巡洋舰,虽被警告,仍未止步,终于被火力控制雷达锁定。另有一次,一架伊朗商用客机从阿巴斯机场出发时,另一架伊朗F-4战斗机就潜伏在客机正下方躲避雷达侦测。美国海军"斯塔克"号军舰被伊拉克战斗机攻击之后,美军修改了作战规定。新下发的规定为指挥官赋予了更多的自卫自由,即使对方没有首先发动攻击,指挥官亦有权力先发制人。

另外存在的一个问题,就是使用"敌我识别"(identification friend or foe,IFF)系统来辨别飞机。商用及军用飞机均装备有相关电子设备,发送其特征信号。如果有另外一个同样的电子装备发出信号,则飞机所携带的电子装备将做出回应。在美国,倘若回应属于"模式四"类型,那就说明对方是军用飞机,而且属于我方或者友方,并配置有当天的密码。商用飞机在受到探测时,则会返回"模式三"信号。他国的军用飞机则会发送"模式二"信号。尽管如此,伊朗军用飞机过去就曾经发出过"模式三"信号,借以伪装自己是商用飞机。

此外,美军最近针对伊朗开展了若干军事行动,伊拉克也取得了军事上的部分胜利。同时,情报显示,伊朗将在7月份的第四个周末,发起若干挑衅性行为,这很有可能是针对舰船的自杀式袭击。伊朗革命护卫队在1988年7月2日,开始了针对商用船舶的一系列攻击,这预示着更广泛的作战行动即将开始。战争局势一触即发。1988年7月3日,美军"蒙哥马利"号被隶属于伊朗海军的13艘炮艇层层包围,并受到攻击。上午10时,文森号距离"蒙哥马利"号35~40英里,遂前往驰援,并派遣一架直升机去侦察情况,结果直升机被伊军攻击。"文森斯"号赶到事发海域后,也被炮艇攻击。炮艇分为了两组,水面冲突就此一发不可收拾。"文森斯"号作为一艘大型的美国海军巡洋舰,居然会被小小的炮艇所威胁,听起来是一件怪事。事实上,"文森斯"号的任务是防空作战,其装备特点并不适用于应对小型的水面目标。相反,炮艇发射出的弹药则能够毁坏"文森斯"号的上层结构,进而伤害到船员。"文森斯"号上只有两杆枪可以应付炮艇,结果其中一杆还出了故障。"文森斯"号不得不急速转弯,将好用的那杆枪对向敌人。这就是空中客车飞机飞近时的水面情势。665 航班飞机航线情况如图 5-7 所示。

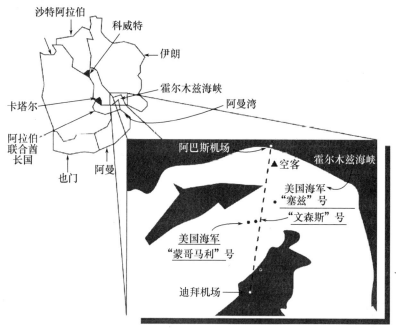

图 5-7　655 号航班飞机的出发地、目的地以及航线情况

伊朗空中客车 655 号航班于当地时间上午 10 时 17 分起飞,较预定时间推迟了 27min。其飞行路径恰好就位于"文森斯"号正上方。655 号航班一路攀升,高度已升至 12000 英尺。在飞机准备继续上升到 14000 英尺的过程中,不幸被导弹击中。以下是当天所发生事件的始末。

10:17——"文森斯"号上的计算机系统,将目标认定为"未知目标,推测为敌人",因为其起飞机场为伊朗的军民两用机场。计算机设定其追踪号码为"4474"(计算机中的每个目标——包括飞机、水面舰艇或者潜水艇——皆会设定追踪号码,作为目标的代称。这些追踪号码可以用于舰上人员高效地讨论目标)。

10:18——第二艘位于事发海域的军舰,美国海军"塞兹"号,同样侦测到 655 号航班的轨迹,并赋予了其另外一个追踪号码"4131"。计算机网络系统推断 4474 和 4131 代表的是同一架飞机。因此,计算机最终将追踪号码设定为 4131——"塞兹"号挑选的追踪号码,弃用了"文森斯"号选定的号码。目前尚不清楚,追踪号码变更一事是否曾经在"文森斯"号的内部沟通网络中有所宣布。这时候,"文森斯"号的一名舰员查询了商用飞机的时刻表,发现 655 号航班本来应该在上午 9 时 50 分起飞,并没有任何客机会在 10 时 17 分从阿巴斯机场出发。与此同时,"文森斯"号又意识到,一艘伊朗 P-3 侦察机也在相同海域。P-3 军用飞机具备监控功能,在战斗中可用于指挥其他战斗机。此时,空中客车距离"文森斯"号为 44n mile。

10:19——"文森斯"号首先向未知飞机发送了第一次警告信息,催促其离开事发海域。之后的几分钟内,"文森斯"号又同时使用军用及商用频道,向飞机发送了两次警告信号。针对这些警告,飞机却并未做出任何回应。罗格斯上尉认为这种情况极其不同寻常。过去,他曾经向两艘商用客机发送过警告信息,每一次都得到了对方的回应。他认定,任何商用客机都会按照规定持续开启国际求救频率。"文森斯"号内部也曾探讨过是否应该联系空中交通管制部门,可惜,巡洋舰上没有足够的电台供其使用。

10:20——此时,"文森斯"号战斗信息中心的舰员报告,敌我识别系统收到了"模式二"信号,说明对方是一架伊朗军用飞机,很有可能是 F-14 战斗机。我们现在当然知道,此判断是错误的。但在当时,"文森斯"号战斗信息中心的舰员则认定,他们面对的就是一架伊朗 F-14 战斗机。"神盾"计算机系统并不会接收敌我识别系统的数据,因此,计算机没有自动储存上述错误信息。舰员需要手动将信息输入到大屏幕上予以显示。此外,信息中心舰员的判断也通过内部声音通信系统告知了全体成员。"文森斯"号当时确定,其面对的是一架直接朝自己飞来的 F-14 战斗机,而且刻意忽略了己方所发出的信号。舰员们下定决心开展空中攻击或许就是从这一刻开始的。当然,并非所有舰员都认同此论断。一位舰员就告诉罗格斯上尉,他认为对方是一架商用客机。

负责指挥空中战争的战术行动军官要求,"文森斯"号在飞机距自己 20n mile 之内时再发射导弹进行自卫。罗格斯上尉否定了这个请求。因为该飞机并没有携带任何常规性质的攻击武器,如搜索雷达或者火力控制雷达。罗格斯的使命是减少冲突,而不是挑起争端。他希望在开火之前,搜集到更丰富的信息,即使为此面对更多风险也在所不惜。这是因为,他对"神盾"系统很有信心,不仅如此,他不相信哪名飞行员胆敢鲁莽地攻击这么强大的军舰。于是,"文森斯"号开启了其火力控制雷达,以便随时向飞机开火;这样做还有一个目的,就是让对方飞行员知道,飞机已经进入到了"文森斯"号的视野当中。即便如此,飞机仍然没有对信号做出回应,而且还偏离了商用客机的空中走廊中心线行驶。空中走廊共宽10mile,虽然飞机仍然处于走廊内,但是如同罗格斯上尉所说,按照规则,它本应该像"虫子在电线上行走"那样直线飞行。当飞机被导弹击中时,飞机朝着"文森斯"号的方向,已经偏离了中心线 3.35n mile。

10:22—罗格斯上尉问道:"4474 现在怎么样?""文森斯"号舰上数名成员报告飞机正在下降。这不是什么可喜迹象,因为如果目标是客机,一定会持续攀升高度。根据这些舰员所言,飞机的表现恰恰属于典型的攻击属性——速度加快,高度降低,而且距离变近。尽管如此,仍有几名舰员认为,飞机高度其实还在上升。无论如何,如果飞机携带了空地导弹,那么,当时"文森斯"号已经处于被攻击范围之内了。

10:24—罗格斯上尉已经忍无可忍了。倘若任由飞机靠近,那么,"文森斯"号上的武器系统即将失效。他已经等到了最后一刻,只好命令导弹立即发射。空中客车在13500mile、距"文森斯"号 8n mile 的地方,不幸被导弹击中。

开火决策还是比较直截了当的,如下所有线索都表明,对方是一架具有攻击性的飞机。

(1) 敌我识别系统显示对方是一架 F-14。

(2) 对方没有回应无线电警告信息。

(3) 飞机起飞时间与炮艇进攻时间一致。

(4) 飞机朝着"文森斯"号方向下降。上述情况虽然无论是哪种都存在着与实际不符之处,但那些都不属于本质问题,可以轻易地做出解释。第一点不符之处,飞机虽然并没有使用雷达或者其他目标锁定相关电子设备,但是该区域的P-3 侦察机有能力向己方军机提供目标信息,或者飞行员希望通过视觉接触判断"文森斯"号的情况,待进一步靠近时再开启火力控制雷达。第二点不符之处,是飞机发出了"模式三"区分敌我系统信号,看似说明目标是商用客机,不过,伊朗军机先前就曾经使用类似的阴谋诡计。第三点不符之处,飞机忽略了"文森斯"号发出的军事空中急救无线电信号,但这也或许恰巧说明了其居心叵测,正符合"文森斯"号的预期。

与之相比,如果认定飞机是商用客机,则事件发展中的漏洞就太多了。为什么空中交通管制部门会引导飞机进入一片发生水上战争的海域呢?为什么飞行员不精准地沿着空中走廊的中心线飞行呢?为什么起飞时间与预定计划不符呢?为什么机组成员要忽略"文森斯"号发出的国际空中急救无线电信号呢?更令人困扰的是,为什么飞机会发出"模式二"敌我识别信号呢?最令人迷惑不解的是,为什么飞机会朝着"文森斯"号方向下降高度(这一点得到了绝大多数舰员的报告证实)呢?既然有如此多的不符之处,实在难以据此构建出一个合理的理由。对方是商用客机这一论断,轻易即可推翻。

指责罗格斯上尉没有做出正确的决策固然非常容易,因为站在事后的角度,可以轻松地看出罗格斯所犯下了错误。然而,美国军舰"塞兹"号的指挥官也看了同样的雷达图,并且最后正确地判定对方是一架商用客机。当然,"塞兹"号当时并没有受到F-14战斗机的威胁,也没有被炮舰所攻击。但是,"塞兹"号在时间极其有限的情况下,仍然做出了正确的决策。为什么呢?"文森斯"号当时所收集到的信息之中,出现了两个错误:首先,655号航班从没有发出过"模式二"区分敌我系统信号;其次,它的高度也未曾下降过。"塞兹"号在这两点上都精准地判断了眼前局势。"文森斯"号舰员在误以为对方是F-14战斗机之后,这种想法就模糊了他们的双眼,影响了他们的思维方式。随后,在认定飞机高度有所下降之后,舰员们就再无任何疑惑了。两个错误当中,第一个更为致命。如果"文森斯"号从未收到过"模式二"区分敌我系统信号,那么,舰员们很有可能判定对方是一架商用客机。第一个错误很好解释。"文森斯"号战斗信息中心的某位舰员负责雷达目标的解读。他使用远程控制显示器,去联络飞机的异频雷达收发机器,试图接收敌我识别系统的信号。在655号航班从机场起飞时,舰员成功地连接到了它,但接下来的90s中,双方却失去了联系。按照敌我识别系统的工作原理,波门会一直定位在阿巴斯机场的跑道末端,即使在655号航班飞向"文森斯"号时,仍是如此。这段时间里,地面上的飞机会干扰到区分敌我系统的信号。如果一架军用飞机恰巧就在波门覆盖的位置出现,"文森斯"号这边就很可能接收到"模式二"信号。巧合的是,当天一架从阿巴斯机场出发的伊朗军用飞机,恰恰向"文森斯"号发出了"模式二"信号。"模式二"信号的来源,正是这架军用飞机。可见,根本不存在什么决策错误,只是因为人的失误,才将空中客车和代表军用飞机的"模式二"信号联系起来。第二个错误则更具争议性:判定飞机高度在下降。事实上,在被导弹击中之前,飞机一直是在攀升高度的。计算机系统的报告也显示,飞机持续在上升,"塞兹"号也正确地判断出了这一点。美国海军针对此事件所发表的官方《弗加提报告》总结认为:"在此事件中,压力、对于任务的执着、针对数据的无意识扭曲,或许都扮演着相当重要的角色。在接收到……短暂的'模式二'信号之后,舰员认定,4131追踪号码代表着一架伊朗F-14战斗机。某舰员报告有'模式二'信号之后,另一位舰员则似乎扭曲了对于数据流的解释结果,其无意识的动机是希望将搜集到的证据与事先认定的情境相互匹配(情境满足)。"尽管如此,按理来说,训练有素的舰员也不应该扭曲原本并不模糊的数据,而设法搪塞与己见不符的证据。根据《弗加提报告》,舰员们并没有如"最小解释法"般搪塞各种反证。他们只不过在尽心竭力地扭曲数字而已。这样的结论并不能让我们满意。另有5人组成的领导力决策研究小组受邀调查此事件,并向国会下属的一个委员会就事发原因进行报告。小组当中的部分成员也十分同意《弗加提报告》的观点。其中2人就认定应将此事归结为"错误的决策结果"。一位成员指出,该事件出现了明显的"预期谬误(expectancy bias)",也就是说,人们只能看到自己所预期的东西,即使事实与预期不符,他们仍然固执己见。他引用了布鲁纳和博斯特曼于1949年发表的一篇研究,该研究中实验参与者首先要观看快速呈现的扑克牌图像,并说明牌面是什么。当方块J的图案为黑色时,参与者完全没注意到这一异常现象,仍会将其指认为方块J。这名成员指出,"文森斯"号对于飞机高度的误判,十分符合预期谬误的特征,由于实验参与者会被自己的预期影响思维和认知,因此他们所作出的判断并不值得信赖。从《弗加提报告》中,可以看到一个团队面临着意料之外的战斗,竭尽全力去猜测是否会有F-14战斗机摧毁己方舰船,他们因为担心犯错,所以直到最后一刻才做出决定。他们一直希望能够得到飞行员的回应,因此甘愿冒着生命危险,去争取更多的双方联络时间。

为了更加审慎地考虑所谓的预期谬误,不妨试想,倘若"文森斯"号当时并没有开火,之后却被F-14战斗机攻击又将如何。《弗加提报告》指出,从1988年6月2日至7月2日,波斯湾地区的美国驻中东部队,总共发起了150余次针对飞机的攻击。其中,83%被攻击飞机为军用飞机,而只有1.3%为商用客机。因此,可以推断,如果波斯湾地区发生战斗,那么,美军的作战对象十有八九会是伊朗战斗机。继续设想这种场景,即"文森斯"号没有开火,反而被F-14攻击。那么,决策研究者还是会说"文森斯"号舰员出现了决策谬误,只不过这一次的谬误是忽略了基本概率,也忽略了预期的内容。按此逻辑,"文森斯"号无论如何都将受到苛责。假如按照预期开展行动,结果犯了错,那么,你就犯了预期谬误。假如没有考虑到预期情况,结果犯了错,那么,你就忽略了基本概率与预期情况。这也就意味着,决策谬误所解释的事物范围过广。设若决策谬误可以在结果出现之后解释一切,那么,这也就意味着无论发生什么事情,它都无法作出可靠且可信的解释。为了排除"情境满足"及"预期谬误"的干扰,必须提出更加合理的解释方式。《弗加提报告》还指出了一个明显的问题:"文森斯"号上配备的计算机屏幕非常难以辨认。虽然舰上设有一块巨大的屏幕,用于显示巨幅图片,但是该显示屏并不显示高度信息。相反,高度是呈现在主显示屏幕附近的字母数字显示器上的,而且只有4位数字,所以"13000英尺"仅显示为"1300"。这个数字周围还夹杂着距离、速度和方位等多串数字。小屏幕本身就不便于阅读,再加上舰员往往需要将目光从自己重点负责的监视器上挪开,转而去注视小屏幕,因此出错概率难免大幅提升。《弗加提报告》又提出一个更为关键的问题,那就是计算机没有显示数据变化趋势。为了探明数据变化趋势,舰员们必须定时计算4位数字的变化情况。有研究人员询问罗格斯上尉,舰员推断出高度数据需要多长时间,他说大概5~10s。乍看起来,这段时间也不是很长,但请试想,舰员们身处嘈杂的房间当中,头上戴着耳机,左耳有信息输入,右耳也有信息输入,房间中的大喇叭同时还在播放着通告,同时可能还有人说出新的信息。在这种情况下,舰员很有可能无法及时记录高度数据以推断其变化走势。"文森斯"号事件中,关键决策用时共189s。这种情况下,10s就不再显得那么短暂了。《弗加提报告》推荐,将来高度变化信息应该在大屏幕上予以清楚地展示。这个建议是有其依据的。可是,它仍然无法完全解释,为什么如此多的舰员坚称自己当时看到飞机高度正在下降。答案可能是,另有一架无人知晓的飞机导致了误会的产生。罗格斯上尉提及了第二架飞机存在的可能性。他说,事件起始阶段出现了一些异常情况。当时,"文森斯"号给655号航班设定的编号是4474,与此同时,"塞兹"号为同一架飞机设定的编号则是4131。电子化系统判断出4474与4131实际上是同一架飞机,因此,只能设定同一个追踪号码。计算机最终选择了"塞兹"号为655号航班设定的编号4131。为避免号码数量不足,计算机仍然将4474置于内存中,以备循环使用。几分钟后,派上了用场,指定给了数百英里外的一架美国海军A-6战斗机。无巧不成书,事发当时的10:20—10:24,该A-6战斗机正在加速下行。这是罗格斯针对当时情况所作出的推断,当然,他不敢确保这种猜测的可靠程度。

《弗加提报告》指出,事发过程中,"文森斯"号众舰员的思维活动不啻为一场骚乱,每个人对于飞机的情况都有不同的认识。罗伯茨和杜特维于1995年重新分析了此事件的证据,并总结指出当时"文森斯"号上存在着两种认知状态。一部分舰员认为,飞机的高度绝对在上升,他们的观点完全符合空中客车的飞行模式;另一部分舰员则认为,飞机的高度绝对在下降,他们的观点符合A-6战斗机的飞行模式。换言之,由于体制缺陷,"文森斯"号的舰员们或许一直都在同时监测着两架飞机。追踪号码改变这一事实,并没有及时而明确地通告给全舰成员。为了追踪某一目标的高度,需要在屏幕上使用追踪球锁定它。鉴于船身激烈摇晃,"文森斯"号船员都会手动将追踪号码输入到计算机中。很明显,大多数船员也是那样做的,而且输入了错误的编号。当罗格斯上尉询问"4474现在怎么样了"时,舰员们随即进行查询,得出了飞机高度在下降这一结论。可见,无须诉诸"情境满足"及"预期谬误"。事件起因就是舰员们所观看到的4位数字是错误的。

参 考 文 献

[1] 天空之殇——特纳里夫撞机致583人死亡.[G/OL].[2019-12-08].http://phtv.ifeng.com.
[2] Cineflix. Air crash investigation.[G/OL].[2019-09-15].http://www.nationalgeographic.com.au/tv/air-crashi-investigation/.
[3] 葛盛秋.民航机组资源管理.[G/OL].[2015-09-25].http://blog.sina.com.cn/s/blog_62d0df5b0100frgc.html.
[4] 托尼·科恩.进近与着陆[M].刘洪波,译.北京:中国民航出版社,2005.
[5] 保罗·艾拉曼.通话[M].杨洪海,译.北京:中国民航出版社,2003.
[6] 托尼·科恩.文化、环境与CRM[M].北京:中国民航出版社,2003.
[7] 徐宝纲,李永平,童小兵.机组资源管理[M].北京:清华大学出版社,2012.
[8] 陈力华,李永平,王悦.飞行人因工程[M].北京:清华大学出版社,2012.
[9] Sullenberger C B.Jeffrey Zaslow. Highest Duty[M]. New York:Harper Collins Publishbers,2011.
[10] 加里·克莱因.如何做出正确决策[M].黄蔚,译.北京:中国青年山版社,2006.